Hessen

Spektrum
PHYSIK

Gymnasium
6/7

Schroedel

Spektrum Physik 6/7

Hessen

Bearbeitet von

Thomas Appel, Northeim
Gerhard Glas, Frankfurt/Main
Jürgen M. Schröder, Frankfurt/Main
Rainer Serret, Kassel

Unter Mitarbeit von

Jürgen Bissel, Frank Eiselt, Ulrich Fries, Jens Gössing,
Norbert Goldenstein, Dagmar Günther,
Frank Küchenberg, Prof. em. Dr. Hansjoachim Lechner,
Dr. Michael Müller, Wolfgang Rieger, Reinhard Stumpf,
Kerstin Sube, Petra Ullrich, Thea Wolf,
Gottfried Wolfermann, Martin Zieris

© 2006 Bildungshaus Schulbuchverlage
Westermann Schroedel Diesterweg
Schöningh Winklers GmbH, Braunschweig
www.schroedel.de

Druck A [5]/ Jahr 2009
Alle Drucke der Serie A sind im Unterricht parallel verwendbar.

Redaktion: Bernd Trambauer
Herstellung: Udo Sauter
Fotos: Frank Eiselt, Michael Fabian, Frank Küchenberg,
Reinhard Stumpf, Hans Tegen
Grafik: Liselotte Lüddecke, Karin Mall, Günter Schlierf
Grundlayout: Atelier tigercolor Tom Menzel
Einbandgestaltung: Janssen Kahlert Design & Kommunikation GmbH

Satz: Jesse Konzept & Text GmbH, Hannover
Druck und Bindung: westermann druck GmbH, Braunschweig

ISBN   978-3-507-**86366**-8

Die Strukturelemente des Buches

Versuche und Aufträge

Hier können die relevanten physikalischen Inhalte anhand einfacher Freihandversuche oder problemorientierter Gedankenversuche selbstständig erarbeitet werden.

Pinnwand

Die Pinnwände bieten vielfältige Anregungen, die im Unterricht erarbeiteten Inhalte mit alltäglichen Beobachtungen in Beziehung zu setzen, zu verknüpfen und so das Gelernte zu festigen.

Streifzug

Die Streifzüge enthalten fächerübergreifende und anwendungsorientierte Bezüge. Sie vertiefen die Inhalte der Sachtexte oder ergänzen sie durch Ausblicke in die Geschichte, Technik, Biologie, Medizin oder Sozialkunde.

Werkzeug

Hier werden Arbeitstechniken und Fertigkeiten vorgestellt und erarbeitet, die für eine erfolgreiche Auseinandersetzung mit den physikalischen Inhalten unabdingbare Voraussetzung sind.

Lernen lernen

Hier werden Einzelaspekte naturwissenschaftlichen Arbeitens reflektiert. Die dabei erworbenen Kompetenzen befähigen zur bewussten Auseinandersetzung mit naturwissenschaftlichen Verfahren und ihren Ergebnissen.

Prüfe dein Wissen

Die Aufgaben fordern zu selbstständigem fachlichen Argumentieren auf. Sie helfen bei der Vorbereitung auf Tests und bei der Analyse von Erfahrungen, tragen also zum Entwickeln von Strategien und zu selbstreguliertem Lernen bei.

Inhaltsverzeichnis

Inhaltsverzeichnis

*Diese Inhalte sind fakultativ.

Der elektrische Stromkreis

Bildquellen

action press, Hamburg: 115.5 – AGG, Düsseldorf: 147.2 – AKG, Berlin: 63.1; 63.3 – Th. Appel, Northeim: 157.1 – Astrofoto Koch, Sörth: 17.1; 26.1; 26.2; 26.3; 27.1; 27.2; 27.3; 28.2; 28.3; 56.1; 56.2 – Bildarchiv Steffens, Mainz: 63.2 – BSF, Bremen: 146.4 – Busch & Müller KG, Meinerzhagen: 135.2 A/B; 135.4; 135.5 A/B – Canon Deutschland GmbH, Krefeld: 84.2 – Cateye, Japan: 135.3 – DaimlerChrysler AG, Stuttgart: 147.3 – Deutsche Bahn AG, Frankfurt: 124.1; 134.1 – Deutsche Bundesbahn, Rüstwerk Opladen: 45.6 – Deutscher Wetterdienst, Frankfurt: 119.1 – Deutsches Museum, München: 34.1; 100.2; 131.1; 131.2; 132.1; 133.2; 150.1 – dpa, Frankfurt: 69.5; 103.1; 115.3; 144.4 – R. Dröse, Hannover: 12.1 – Druwe und Polastri, Cremlingen: 126.1 – Dyckerhoff & Widmann AG, Ascheim: 42.2 – van Eupen, Hemmingen: 14.1 – FH Brandenburg/Physikalische Ingenieurwissenschaften/ Forschungsgruppe Thermografie: 117.2 A/B – Fraunhofer Institut für solare Energiesysteme, Freiburg: 116.2 – FRD, Berlin: 53.5 – U. Fries, Stadthagen: 49.1; 126.4 – R. Fröhlich, Sarstedt: 65.2 – K. Glas, Frankfurt: 7.1; 7.2; 7.3; 10.1; 10.2; 89.1 – Getty Images, München: 69.3 – Helga Lade, Frankfurt: 92.1 – Hella KG, Lippstadt: 144.1 A; 148.1 – IWZ, Stuttgart: 129.3 – Karwendel Foto Hubert Walther, Kochel am See: 114.4 – Mannesmann Demag Fördertechnik, Wetter: 145.2 – H. Marx, Andernach: 113.2 A/B – Mauritius, Mittenwald: Titel Hintergrund; 6.1; 10.3; 13.1; 16.1; 94.1; 104.1; 114.3 – Meckes © eye of science, Reutlingen: 101.2 A – Medenbach, Witten: 103.2 A/B – NASA: 31.1 – Olympus Optical CO, Hamburg: 70.2 A/B – Oventrop, Olsberg: 109.3 – Panini Comics, Nettetal-Kaldenkirchen: 21.3 – Photo Press/Silvestris, Kastl: 32.1 – PR-Stuttgart: 43.3 – RWE AG, Essen: 133.3; 133.4 A/B – Schott GmbH, Mainz: 70.1; 140.1 – J. Schröder, Frankfurt: 8.1; 8.2; 8.3; 10.5 – R. Serret, Kassel: 11.4; 77.1 – Silvestris, Kastl: 33.1; 33.2; 114.1; 114.2; 115.1 – Spektrum der Wissenschaft Verlagsgesellschaft, Heidelberg: 51.7 – H. C. Starck Berlin, Werk Goslar: 131.4 – STEAG AG, Essen: 45.4 – B. Trambauer, Hemmingen: 123.3; 144.1 B – Zefa, Hamburg: 65.1

Es war nicht in allen Fällen möglich, die Inhaber der Bildrechte ausfindig zu machen und um Abdruckgenehmigung zu bitten. Berechtigte Ansprüche werden selbstverständlich im Rahmen der üblichen Konditionen abgegolten.

Die Firmen ELWE GmbH, Klingenthal; LEYBOLD DIDACTIC GmbH, Köln und PHYWE SYSTEME GmbH & Co KG, Göttingen stellten freundlicherweise Geräte für Versuchsaufbauten bzw. Illustrationsfotos zur Verfügung.

Physik als Naturwissenschaft

Wer mit offenen Augen durch die Welt geht, sieht viele interessante Erscheinungen. Manche lassen uns staunen, manche sind gewohnt und alltäglich. Erst beim genaueren Hinsehen erkennt man, dass sie gar nicht so alltäglich sind, sondern dass eine ganze Menge an naturwissenschaftlichen Gesetzmäßigkeiten hinter ihnen steckt.

Lassen sich diese Beobachtungen physikalisch erklären? Was müssen wir tun, um die Erklärungen zu finden? Und wie können die Erkenntnisse dann noch weiter angewendet werden?

Auf Fingerdruck sinkt das Teufelchen tiefer oder steigt auf – ohne dass sonst irgendetwas mit ihm gemacht wird.

Wie das? Zauberei oder Physik?

Du hast sicher schon einmal an einer Türklinke einen „Schlag" bekommen oder beim Ausziehen eines Pullovers ein Knistern gehört. Manchmal „fliegen" frisch gewaschene Haare beim Kämmen. Alle sagen, das wäre „elektrisch".
Wie kommen diese Vorgänge zustande? Was steckt hinter dem Wort „elektrisch"?

Seifenblasen

Sie begegnen uns immer wieder: beim Waschen, Duschen oder beim Geschirrspülen. Und meistens schauen wir nicht genauer hin. Dabei lassen sich sehr viele überraschende Experimente mit ihnen machen. Alles, was wir dafür brauchen, kann leicht besorgt werden: Seifenblasenlösung, Stecknadeln und Strohhalme. Rezepte für Seifenblasenlösungen gibt es auch im Internet.

Fliegende Seifenblasen können wir wieder einfangen und sie genauer betrachten. Wir sehen, wie sie sich langsam verändern. Wir sehen auch, dass manche platzen, wenn sie einen Gegenstand oder den Boden berühren, andere aber nicht. Das wollen wir in einem Versuch genauer untersuchen.

Versuch 1: Wir pieksen Seifenblasen mit einer Stecknadel an. Wie viele lassen sich mit einer Stecknadel nacheinander zum Platzen bringen?
Wir machen das mit ein und derselben Nadel einige Male hintereinander und beobachten, dass die Nadel auf einmal die Seifenhaut durchdringt ohne sie zu zerstören! Woran kann das liegen? Anfangs hat die Nadel doch jede Seifenblase zum Platzen gebracht und jetzt schafft sie es nicht mehr!

Vermutung: Von den zerstörten Blasen ist die Nadel nass geworden, anfangs war sie trocken. Offensichtlich bringt nur eine trockene Stecknadel Seifenblasen zum Platzen, eine nasse durchdringt die Seifenhaut ohne sie zu zerstören.

Diese Vermutung überprüfen wir durch einen weiteren Versuch.

Versuch 2: Wir tauchen eine Stecknadel zuerst in Seifenlösung und versuchen dann, mit ihr Seifenblasen platzen zu lassen: Es gelingt nicht oder nur sehr selten. Wir trocknen die Stecknadel ab und versuchen es erneut. Jetzt klappt das Platzen wieder!

Als **Ergebnis** unserer Versuche können wir festhalten:

> Gegenstände können in Seifenblasen eindringen, wenn sie vorher in Seifenlösung getaucht wurden.

Wenn das stimmt, dann müssten wir mit einem Strohhalm eine Seifenblase auch nachträglich noch weiter aufblasen können oder eine Seifenblase in eine andere hinein pusten und darin fliegen lassen können!

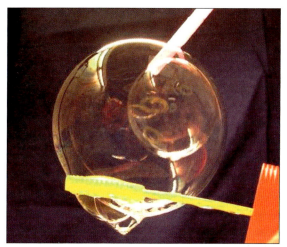

Eckige Seifenblasen und Architektur

Müssen Seifenblasen eigentlich immer kugelrund sein oder können wir auch z. B. würfelförmige Seitenblasen herstellen? Um das zu versuchen biegen wir aus Draht einen Würfel (oder andere Körper). Dann tauchen wir ihn in Seifenlösung und ziehen ihn langsam und vorsichtig wieder heraus. Es haben sich Seifenhautflächen gebildet.
Dieses Verfahren wird auch in der Architektur angewandt. Das neue Stadion in Frankfurt oder das Olympiastadion in München wurden mithilfe von Drahtmodellen und Seifenlösung entwickelt.

Brennglas

In Wohnungen stehen oft Gegenstände auf Fensterbänken, ohne dass es zu solchen Katastrophen wie in der Zeitungsmeldung rechts kommt. Deshalb die *Vermutung:* Wenn ein Gaskolben Sonnenlicht zu bündeln vermag, hängt das mit seiner Form und dem Inhalt (voll Wasser) zusammen.

Um die Vermutung zu überprüfen, *experimentieren* wir: Gibt es beim Lichtdurchgang durch leere oder gefüllte beziehungsweise verschieden geformte Gefäße Besonderheiten, die sich auf die Form der Gefäße zurückführen lassen?

Versuch 1: Wir lassen einmal einen leeren und zum andern einen mit Wasser gefüllten Rundkolben von Licht durchströmen.

Beobachtung: Offensichtlich wird das den wassergefüllten Glaskolben durchdringende Licht hinter dem Glaskolben in einem Punkt gesammelt. Beim leeren Kolben gibt es hingegen keine sichtbaren Besonderheiten, wie das Schattenbild zeigt.

Versuch 2: Wir lassen einige andere mit Wasser gefüllten Gefäße unterschiedlicher Form gleichermaßen von Licht durchfluten.

Beobachtung: Bei den Gefäßen mit den ebenen oder nach innen gewölbten Seitenflächen ist keine Bündelungswirkung zu sehen. Es gibt zwar farbige Stellen auf einer weißen Unterlage, aber das interessiert uns in diesem Zusammenhang nicht. Halten wir also fest:

Ergebnis: Nur der wassergefüllte Glaskolben sammelt das Licht hinter sich in einem Punkt. Bringen wir die Hand an diese Stelle, so wird sie sofort heiß. Das entspricht genau der Stelle, an der sich ein Blatt Papier nach

FfM: **Aufregung an der Bettinaschule.**
Bei herrlichstem Sonnenschein fingen auf einer Fensterbank im Physikvorbereitungsraum liegende Blätter aus Papier Feuer. Die Blätter lagen in unmittelbarer Nähe eines mit Wasser gefüllten Glaskolbens, der das einfallende Sonnenlicht brandgefährlich zu bündeln vermochte. Ein zufällig in den Raum kommender Physiklehrer konnte die mögliche Brandkatastrophe gerade noch rechtzeitig verhindern. Nicht auszudenken, wenn dieses Ereignis an einem Wochenende stattgefunden hätte – Physiker sollten es eigentlich besser wissen!

einer Weile entzünden kann. Deshalb wird dieser Punkt, in dem das Licht von dem wassergefüllten Glaskolben gesammelt/vereinigt wird, auch als **Brennpunkt** bezeichnet.

Einen Brennpunkt gibt es nur bei „gläsernen" Gegenständen, die eine bauchige Form haben, d. h. die in der Mitte dicker sind als am Rand.
Solche im Vergleich zu den Randbereichen in der Mitte dickeren Gläser heißen *Sammellinsen,* umgangssprachlich auch *Brennglas.*

Nach außen gewölbte Gegenstände aus Glas (oder Kunststoff) bündeln Licht in einem Punkt, dem Brennpunkt.
Sie heißen Sammellinse oder Brennglas.

Ein Brennglas kann noch mehr!
Wird ein Brennglas nahe genug an einen Gegenstand herangebracht, erscheinen der Gegenstand oder Einzelheiten des Gegenstandes größer als wenn man sie ohne Sammellinse betrachtet – **Lupe.**

Als Lesehilfe benutzt korrigiert ein Brennglas Sehfehler bei Menschen, die weitsichtig sind, d. h. die nur Gegenstände in der Ferne scharf sehen können – **Brille.**

Schall

„Keine Angst, das Gewitter ist noch 6 Kilometer entfernt", sagt die Mutter, nachdem ein Blitz den Himmel erhellt hatte und kurz danach der Donner zu hören war. Wie kommt sie zu dieser Aussage?

Sie kennt sicher die alte Bauernregel: „Zähle die Sekunden zwischen Blitz und Donner und teile die Zahl durch Drei. Das Ergebnis ist ungefähr die Entfernung des Gewitters in Kilometern." Worauf beruht diese alte Bauernregel – denn sie stimmt!?

Wenn wir ein Gewitter genauer **beobachten**, dann stellen wir fest, dass zu jedem Blitz am Himmel auch ein Donner gehört und dass zwischen dem Blitz und dem Donner immer eine gewisse Zeit vergeht .

Der Blitz ist eine Lichterscheinung, die wir *sehen*, der Donner ist ein Geräusch, das wir *hören*. Das Geräusch kommt später bei uns an, so dass wir **vermuten** können, dass ein Geräusch Zeit braucht, um zu uns zu gelangen.

Wie schnell bewegt sich ein Geräusch? Das ist eine der unendlich vielen Fragen, die sich aus der Beobachtung der Natur für uns ergeben. Können wir sie auch beantworten? Aus Erfahrung wissen wir, dass das Geräusch sehr schnell zu uns gelangt. Wollen wir herausfinden, *wie* schnell es sich bewegt, müssen wir etwas ausprobieren, d. h. einen **Versuch** oder ein **Experiment** durchführen:

Versuch: Ein Mitschüler schlägt für alle sichtbar zwei Bretter im Takt zusammen. Zwischen den Schlägen soll jeweils eine Sekunde liegen. Als Unterstützung für einen regelmäßigen Takt nehmen wir ein Metronom oder ein Stroboskop, das im Sekundentakt Lichtblitze erzeugt. Die anderen Schülerinnen und Schüler entfernen sich von ihm, können das Schlagen aber sehen.

Jetzt ist es gleichzeitig

Das Klapp kommt genau dazwischen an!

Wir sind 300 m weit weg

Dabei stellen sie fest, dass zwischen dem Sehen des Schlagens und dem Hören ein immer deutlicher werdender zeitlicher Unterschied besteht. Bei einer bestimmten Entfernung sehen und hören sie das Schlagen wieder gleichzeitig.

Wenn die Schläge genau im Takt einer Sekunde gemacht worden sind und der Ton jetzt im gleichen Takt zu hören ist, dann hat das Geräusch genau eine Sekunde gebraucht, um bis zum Ohr zu gelangen. Wird jetzt noch die Entfernung zur Schallquelle gemessen, kann die Schallgeschwindigkeit **berechnet** werden:

$$\text{Geschwindigkeit} = \frac{\text{zurückgelegter Weg (in Meter)}}{\text{Zeit (in Sekunden)}} = \frac{300 \text{ m}}{1 \text{ s}}$$
$$= 300 \frac{\text{m}}{\text{s}}$$

Der Schall braucht für 300 m etwa 1 Sekunde. Er bewegt sich mit einer Geschwindigkeit von 300 $\frac{\text{m}}{\text{s}}$.

Wo liegt der Fehler?

Ihr werdet bei eigenen Versuchen sicherlich nicht den oben angegebenen Wert erhalten. Das kann verschiedene Ursachen haben z. B. unterschiedliche Reaktionszeiten beim Stoppen der Zeit, Fehler beim Messen der Entfernungen, Taktschläge nicht im Rhythmus von 1 Sekunde. Zu jeder Versuchsreihe muss deshalb auch eine **Fehlerbetrachtung** angestellt werden. Untersucht euren Versuch auf diese und mögliche andere Fehlerquellen.

Wir sind weiterhin davon ausgegangen, dass das Licht keine Zeit braucht, um uns zu erreichen. Was wäre, wenn es doch Zeit braucht? Auch das ist eine Überlegung, die das Ergebnis beeinflussen würde.

Unsere Vorgehensweise

Wir haben die Umstände untersucht, warum Seifenblasen platzen, warum Glasgefäße Licht bündeln und wie lange Schall für seine Ausbreitung braucht. Die Vorgehensweise dabei war im Prinzip immer die gleiche. Wir wollen diese **naturwissenschaftliche Vorgehensweise** hier noch einmal durch einen Vergleich deutlich machen.

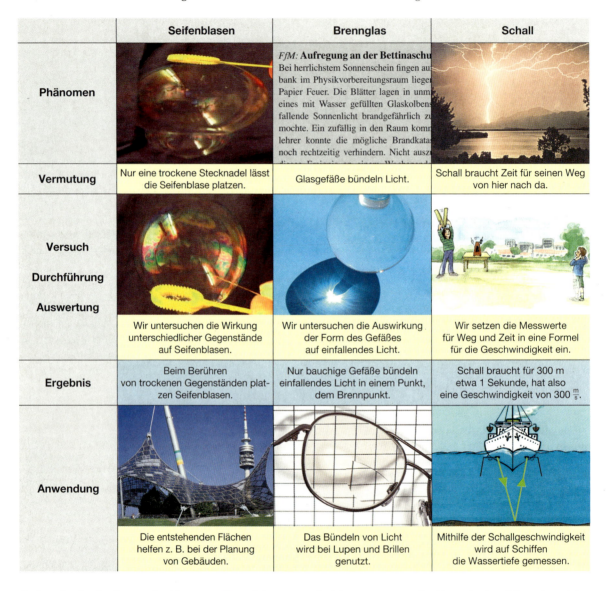

	Seifenblasen	Brennglas	Schall
Phänomen		*FfM:* **Aufregung an der Bettinaschu...** Bei herrlichstem Sonnenschein fingen au... bank im Physikvorbereitungsraum liege... Papier Feuer. Die Blätter lagen in unm... eines mit Wasser gefüllten Glaskolbens... fallende Sonnenlicht brandgefährlich zu... mochte. Ein zufällig in den Raum komm... lehrer konnte die mögliche Brandkatas... noch rechtzeitig verhindern. Nicht ausz...	
Vermutung	Nur eine trockene Stecknadel lässt die Seifenblase platzen.	Glasgefäße bündeln Licht.	Schall braucht Zeit für seinen Weg von hier nach da.
Versuch Durchführung Auswertung	Wir untersuchen die Wirkung unterschiedlicher Gegenstände auf Seifenblasen.	Wir untersuchen die Auswirkung der Form des Gefäßes auf einfallendes Licht.	Wir setzen die Messwerte für Weg und Zeit in eine Formel für die Geschwindigkeit ein.
Ergebnis	Beim Berühren von trockenen Gegenständen platzen Seifenblasen.	Nur bauchige Gefäße bündeln einfallendes Licht in einem Punkt, dem Brennpunkt.	Schall braucht für 300 m etwa 1 Sekunde, hat also eine Geschwindigkeit von 300 $\frac{m}{s}$.
Anwendung	Die entstehenden Flächen helfen z. B. bei der Planung von Gebäuden.	Das Bündeln von Licht wird bei Lupen und Brillen genutzt.	Mithilfe der Schallgeschwindigkeit wird auf Schiffen die Wassertiefe gemessen.

● Aus der **Beobachtung der Natur** ergeben sich Fragen, warum etwas so abläuft, wie wir es sehen.
● Wir entwickeln daraus eine **Vermutung.**
● Durch **Experimente** wird die Vermutung überprüft.

Denn Experimente stellen die Natur unter vereinfachten oder gezielt veränderbaren Bedingungen nach: Bei der Durchführung des Experiments versuchen wir, alle störenden Faktoren (Parameter) auszuschalten oder bei jedem Versuchsdurchgang gleich zu halten.

● Die **Auswertung** des Versuchs bestätigt oder widerlegt unsere Vermutung.
● Daraus können wir dann ein **Ergebnis** ableiten.

Mit den Ergebnissen müssen die zuvor gemachten Beobachtungen erklärt werden können. Würden sie irgendetwas anderes ergeben, wären sie nutzlos als Antwort auf die gestellten Fragen. Sie hätten dann nichts mehr mit den Fragen zu tun, die aus den Beobachtungen abgeleitet wurden.

Die Frage bestimmt das Ergebnis

Seltsam, ein leeres Ei mit einem Loch und etwas Wasser darin wird zu einem Antrieb für ein Boot. Das macht uns neugierig:
● *Warum* schwimmt das Ding eigentlich?
● Ist der Treibstoff das Wasser im Ei oder das Wachs in der Kerze?
● *Weshalb* strömt der Dampf nach hinten und das Boot fährt trotzdem nach vorne?
● Fährt das Boot auch, wenn zwei Löcher an entgegengesetzten Seiten im Ei sind?
● *Wie schnell* ist das Boot eigentlich?

Die Fragen führen zu unterschiedlichem Ausprobieren (naturwissenschaftlich „Versuchen" / „Experimenten"):
● Beim Schwimmen müssten wir untersuchen, unter welchen Bedingungen ein Gegenstand schwimmt.
● Die Frage nach dem Treibstoff hat eine Untersuchung der Stoffe zur Folge.
● Die entgegengesetzten Bewegungsrichtungen von Dampf und Boot lassen fragen, was überhaupt die Ursache der Bewegung des Bootes ist.
● Bei der Frage „Wie schnell …" müssten wir messen und festlegen, was Geschwindigkeit sein soll.

Ein Boot – viele Fragen – viele Blickrichtungen bei der Suche nach Antworten. Jeder will über die gleiche Sache etwas Anderes wissen. Erst wenn alle Gesichtspunkte ausgeleuchtet sind, kennt man „die Sache" wirklich. Immer aber gehen wir gleich vor:
Wir **fragen**, wir **versuchen**, wir **finden Antworten** – und fragen dann möglicherweise von Neuem.

Antworten zu finden setzt voraus, die richtigen Fragen gestellt zu haben:
● Fragen nach dem Wie, Warum, Weshalb …sind Fragen an die Beschaffenheit, an die Qualität einer Sache: **qualitative Fragen.**
● Geht es um das Wie-Viel, ist nach messbaren Mengen gefragt, nach Quantitäten: **quantitative Fragen.**

Messen auf Umwegen

Volumenmessung

Wir kennen aus der Mathematik Formeln zur Berechnung des Volumens V von Quadern und anderen regelmäßig geformten Körpern. Doch wie wird das Volumen unregelmäßiger Körper – z. B. eines Schlüssels oder eines Steins – bestimmt?
Eine einfache Methode ist die Messung des durch den Körper verdrängten Wasservolumens.

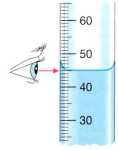

● Zunächst wird das Volumen V_1 der Wassersäule im Messbecher abgelesen. Das ist schon recht schwierig, da sich das Wasser an den Seiten des Bechers nach oben wölbt. Die Grafik rechts zeigt, wie am besten abgelesen werden kann: Der Blick muss genau parallel zur Oberfläche auf die Skala gerichtet werden.

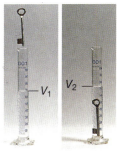

● Dann wird der zu messende Körper untergetaucht, wobei er genauso viel Wasser verdrängt, wie er selber Platz einnimmt. Dadurch steigt der Wasserspiegel an. Ein erneutes Ablesen gibt uns das neue Volumen V_2 im Messbecher an.
● Durch die Rechnung

$$V_{\text{Körper}} = V_2 - V_1$$

erhalten wir das Volumen des Körpers.

Längenmessung

Wie dick ist eigentlich eine Seite dieses Physikbuches?
Um das zu bestimmen, können wir nicht ohne weiteres auf unser Lineal zurückgreifen, da die Einteilung in Millimeter hierfür zu grob ist.
Wir sind aber in der Lage, mit dem Lineal die Dicke aller Seiten zusammen zu messen und wir können auch die Anzahl der Seiten angeben. Mit diesen beiden Angaben lässt sich die Dicke einer Seite ziemlich genau bestimmen:

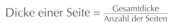

$$\text{Dicke einer Seite} = \frac{\text{Gesamtdicke}}{\text{Anzahl der Seiten}}$$

Daraus ergibt sich für unser Buch:

$$\text{Dicke} = \frac{14\,\text{mm}}{168} = \frac{1}{12}\,\text{mm} \approx 0{,}08\,\text{mm}.$$

Wo könnten wir Fehler gemacht haben?

Licht

Überall dort, wo es hell ist,
können wir Dinge sehen.
Der Nachthimmel dagegen
ist schwarz, nur der Mond
und die Sterne sind zu sehen.
Wie sehen wir Gegenstände
und wann bleiben sie unserem
Auge verborgen?
Wo hat Licht seinen Ursprung,
was bewirkt es dort, wo es
ankommt – und wie verläuft
es dazwischen?
Was ist Licht überhaupt?

Die Welt um uns herum ist bunt. Ein Blumenstrauß leuchtet in den schönsten Farben. Wie entstehen die Farben von Körpern? Sind Weiß und Schwarz auch Farben?

Über seinen Schatten zu springen ist gar nicht so einfach. Wie entstehen Schatten und wovon hängt das Schattenbild ab? Was macht den Unterschied, ob Licht auf Klarglas, Milchglas oder einen Spiegel fällt? Wo bleibt das Licht, wenn es auf helle und auf dunkle Gegenstände trifft?

Licht und Sehen

Licht ist wichtig! Kapitäne hielten früher auf See Ausschau nach den Leuchtfeuern der Leuchttürme. Mit der Helligkeit von einigen hunderttausend Kerzen waren sie nachts so weit zu sehen, dass die Schiffe sicher entlang den Küsten gesteuert werden konnten. Wie kommt es dazu, dass man einen Gegenstand sehen kann?

Lichtquellen und Sehvorgang

Das Kind sieht nur etwas, weil die linke Glühlampe als **Lichtquelle** Licht erzeugt und aussendet. Ein Teil davon gelangt direkt in sein Auge. Deshalb sieht es die Lichtquelle.

Doch auch die rechte Glühlampe ist zu sehen, obwohl sie selbst kein Licht erzeugt. Sie wird von der linken Lampe **beleuchtet** und wirft das Licht in alle Richtungen zurück. Ein Teil hiervon gelangt ebenfalls in das Auge des Kindes.

Das Auge ist ein **Lichtempfänger.** Es nimmt Licht auf und wandelt es in elektrische Impulse um, die von den Nerven an das Gehirn weitergeleitet werden. Dort erst entsteht der Seheindruck *Lampe.*

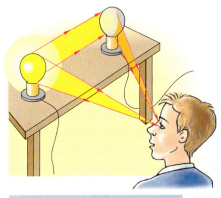

● Unter den vielfältigen *natürlichen Lichtquellen* ist für uns die Sonne die wichtigste. Wie alle anderen Sterne ist sie heiß. Das Glühwürmchen dagegen bleibt bei der Lichterzeugung kalt. Auch manche Tiefseefische und tropische Pilze können kaltes Licht erzeugen.

Zu den gefährlichen natürlichen Lichtquellen zählen der Blitz und das Feuer.

● Die Erfindung des Dochtes war ein wichtiger Schritt, um *künstliche Lichtquellen* zu erschaffen. Heutzutage haben die elektrischen Lichtquellen die größte Bedeutung. Weitverbreitet ist immer noch die vor etwa 150 Jahren erfundene Glühlampe, die aber zunehmend durch Leuchtstoffröhren und Energiesparlampen ersetzt wird.

Laser als neuartige Lichtquellen werden für besondere Zwecke in Technik und Alltag bereits vielfach eingesetzt.

> Wir sehen einen Gegenstand, wenn Licht von ihm in unser Auge fällt.
> Wir unterscheiden bei Körpern, die Licht aussenden:
> • Lichtquellen, die Licht selbst erzeugen;
> • beleuchtete Körper, die auftreffendes Licht nur zurückwerfen.

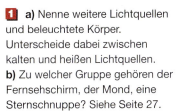

Aufgaben

1 **a)** Nenne weitere Lichtquellen und beleuchtete Körper. Unterscheide dabei zwischen kalten und heißen Lichtquellen.
b) Zu welcher Gruppe gehören der Fernsehschirm, der Mond, eine Sternschnuppe? Siehe Seite 27.

2 **a)** Beschreibe den Lichtverlauf, wenn du sagst: „Ich sehe Oma".
b) Weshalb ist die Redeweise „Jemandem feurige Blicke zuwerfen" physikalisch falsch? Suche nach ähnlichen Redeweisen.

Licht ist unsichtbar!

Fällt Licht von einer Taschenlampe auf eine Wand, dann sehen wir dort einen hellen Fleck. Stecken wir den Taschenlampenkopf in eine Pappröhre und setzen wir vor die Wand eine innen geschwärzte Tonne, dann sehen wir – selbst wenn der Raum abgedunkelt ist – kein Licht mehr! Dass aber nach wie vor Licht von der Taschenlampe zur Tonne unterwegs ist erkennen wir sofort, wenn wir ein Buch in den Zwischenraum halten oder Kreidestaub bzw. Rauch hineinblasen. Wir sehen also nicht das Licht selbst, sondern nur die Gegenstände, von denen es ausgeht.

Auch den Weg, den das Licht von der Quelle „Taschenlampe" zum hellen Fleck auf der Wand nimmt, können wir nicht verfolgen, denn wir sehen ja nur, dass es an einer bestimmten Stelle angekommen ist. Wie es dorthin und von dort in unser Auge gekommen ist, verrät uns das Licht nicht.

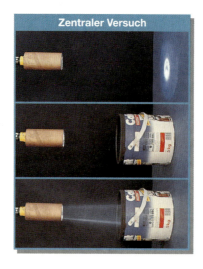

Zentraler Versuch

Licht selbst ist unsichtbar. Es macht aber Gegenstände sichtbar, auf die es fällt.

Aufgaben

1 Ulf sagt: „Der Mond muss eine Lichtquelle sein, denn ich habe nachts noch nie Licht auf ihn treffen sehen!" Was sagst du dazu?

2 In sehr staubigen Räumen glaubt man, das Sonnenlicht durch das Fenster fallen zu sehen. Sieht man dabei wirklich das Licht?

3 Von manchen Wohnräumen sagt man, dass sie lichtdurchflutet sind.
a) Kann man Licht „fluten" sehen?
b) Wie macht sich die Lichtflut bemerkbar?

Licht und Farben

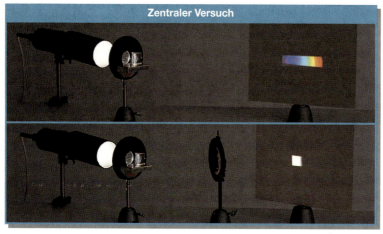

Zentraler Versuch

Geht weißes Licht durch ein dreieckiges Glas (Prisma), so zerfasert es in viele Einzelfarben, die so genannten **Spektralfarben.** Sie reichen von Rot über Grün bis zu Violett. Offenbar sind sie im weißen Licht enthalten.

Bringt man alle Einzelfarben mit einem gerundeten Glas (Sammellinse) auf einem Schirm wieder zusammen, so vereinigen sie sich wieder zur Farbe Weiß.

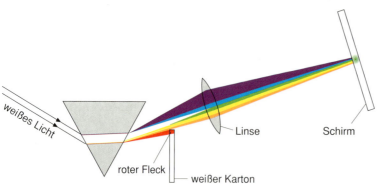

weißes Licht

Linse

Schirm

roter Fleck

weißer Karton

Fehlt auch nur eine Farbe in der Mischung, so fügen sich die übrigen nicht mehr zu weiß zusammen:

Blenden wir zum Beispiel Rot aus dem Farbenbündel aus, indem wir einen Karton in das aufgefächerte Lichtbündel bringen, so ergeben die verbleibenden Spektralfarben auf dem Schirm zusammen jetzt die Mischfarbe Grün.

Damit können wir verstehen, wie ein Gegenstand seine Farbigkeit erhält:

Wird er mit weißem Licht beleuchtet, so werden von dem Körper die darin enthaltenen Spektralfarben nicht alle gleichermaßen zurückgeworfen. Gibt er z.B. die Farbe Rot überhaupt nicht zurück, während er alle anderen ungeschwächt wieder abgibt, so hat der Körper die bereits bekannte Mischfarbe Grün.

Hält der Gegenstand das Licht einer anderen Spektralfarbe zurück, so wechselt auch seine Körperfarbe.

Weißes Licht fällt auf die Körper

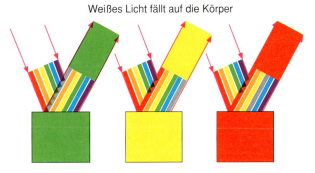

ausgeblendete Spektralfarbe

Mischfarbe des Restes

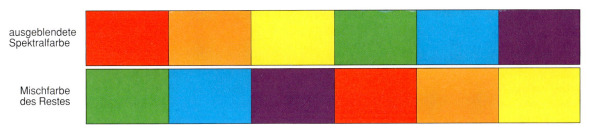

Außer dem Körper selbst ist aber auch die Lichtquelle an dem entstehenden Farbeindruck beteiligt: Ein Blumenstrauß leuchtet im Sonnenlicht in den schönsten Farben. Im gelben Spektrallicht gewisser Straßenlaternen verliert er dagegen seine Farben und wirkt blass gelblich.

Da das Licht in dem Fall nur aus dem gelben Anteil besteht, erscheint uns der Körper entweder gelb, wenn er Gelb zurückwirft, oder schwarz, wenn er Gelb einbehält.

> Weißes Licht ist eine Mischung aus allen Spektralfarben.
> Wird weißem Licht eine Spektralfarbe entzogen, so fügen sich die übrigen Farben zu einer Mischfarbe zusammen.
> Eine Körperfarbe ist eine Mischfarbe. Sie entsteht dadurch, dass der Körper eine Farbe nicht zurückwirft.

Aufgaben

1 Erkläre, was man unter einer Spektralfarbe versteht. Wie kann man sie sichtbar machen?

2 Erläutere, wie die gelbe Farbe eines T-Shirts zustande kommt.

3 Was ist auf einem Schirm zu sehen, wenn aus einem weißen Lichtbündel gelb ausgeblendet wird?

4 Eine Laserlichtquelle sendet Licht der Spektralfarbe Rot aus. Wie würde der Blumenstrauß der Abbildung oben in diesem Licht aussehen?

Versuche und Aufträge

V1 Schneide eine runde Pappscheibe aus (Ø etwa 10 cm). Teile sie in sechs gleichgroße Abschnitte ein. Färbe oder beklebe dann die einzelnen Abschnitte mit den sechs Spektralfarben. Wenn du nun einen kurzen Bleistift genau durch die Mitte der Scheibe bohrst, hast du einen Farbkreisel. Drehe den Farbkreisel möglichst schnell und beobachte ihn dabei von oben.

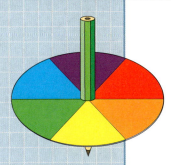

a) Was stellst du fest?

b) Wie lässt sich die Beobachtung erklären?

Lichtausbreitung

Im Wald ist es überall neblig. Das Sonnenlicht schneidet an gewissen Stellen scharf umrissene Nebelstreifen fächerartig aus.

Verrät uns die Natur damit etwas darüber, auf welchem Weg sich Licht bewegt? Läuft es auf ganz bestimmten Bahnen? Sind sie gerade, wie kleine Kinder Lichtstrahlen immer malen, oder krumm?

Wie breitet sich Licht aus?

Bauen wir das Naturschauspiel mit einer Lampe und mehreren Blenden in einem staubigen Raum nach, so sehen wir:

● Der Lichtraum wird von den Blenden immer weiter eingeengt.
● Die einzelnen Ränder des Lichtraums sind immer geradlinig.
● Alle Ränder können geradlinig bis zur Lichtquelle zurück verlängert werden, so dass ineinander liegende Lichtkegel entstehen.

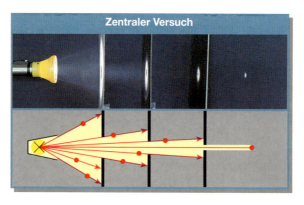

Zentraler Versuch

Durch weitere Blenden lassen sich immer engere Lichtbündel erzeugen, deren Ränder immer weniger auseinander laufen. Sie unterscheiden sich schließlich nicht mehr von dem, was wir aus der Mathematik als „Strahl" kennen.
Wir können somit die Ausbreitung des Lichts mithilfe von Strahlen zeichnen. Lichtbündel werden dann durch ihre beiden Randstrahlen dargestellt.

Die Ausbreitung von Licht lässt sich gut mit einem **Modell** verstehen, das ALBERT EINSTEIN (1879–1955) vor ca. 100 Jahren entwickelt hat: Danach schleudert eine Lichtquelle ständig eine unvor-

stellbar große Anzahl winziger Teilchen wahllos in alle Richtungen hinaus. Diese Lichtteilchen heißen **Photonen.** Sie sind Energie in kleinsten Portionen. Je heller ein Lichtbündel ist, desto mehr Photonen befinden sich in ihm. Photonen bewegen sich enorm schnell. In einer Sekunde kommen sie nahezu 300 000 km weit, also etwa von der Erde bis zum Mond.

Die Ränder der Lichtkegel im zentralen Versuch sind scharf begrenzt und zwischen den Blenden geradlinig. Die Photonen fliegen somit auf allen Randbahnen geradlinig. Da sich die Bündel beliebig einengen lassen, sind alle Bahnen geradlinig. In diesem Modell sind Lichtstrahlen also die Bahnen der Photonen, die von der Lichtquelle ausgesendet werden.

Die Energie der Photonen bestimmt den Farbeindruck, den das Licht beim Auftreffen auf die Netzhaut in unserem Auge hervorruft: Gelangen energiearme Photonen in unser Auge, so haben wir den Farbeindruck Rot, bei energiereichen Photonen sehen wir Blau.

Wegen der Vielzahl der Photonen, die in jeder Sekunde unser Auge selbst bei schwachem Licht erreichen, nehmen wir nie ein einzelnes Photon als Seheindruck wahr, sondern stets ihre Gesamtheit. Dies ist vergleichbar mit einem prasselnden Regenschauer auf einer Fensterscheibe, wo auch nur noch das „Konzert" aller Regentropfen zu hören ist und nicht mehr der Aufprall einzelner Tropfen.

Photonen sind winzige Energiepakete, die auf geradlinigen Bahnen fliegen.
Zeichnerisch stellen wir die Ausbreitung von Licht mithilfe von Strahlen dar. Ein Lichtstrahl kann dabei als Bahn eines Photons aufgefasst werden.

Blick in die Vergangenheit

Bei der ungeheuren Geschwindigkeit der Photonen wird klar, dass wir bei unseren alltäglichen, kleinen Entfernungen nichts von einer Zeitdauer für die Lichtausbreitung merken.

Anders ist dies jedoch bei den großen Entfernungen, mit denen wir es im Weltall zu tun haben. So benötigt das Licht für seinen Weg bis zur Erde

– vom Mond	1,28 s
– von der Sonne	8,3 min
– vom nächsten Fixstern (α Centauri)	4,3 Jahre
– vom Polarstern	470 Jahre
– vom Andromeda-Nebel	2 000 000 Jahre.

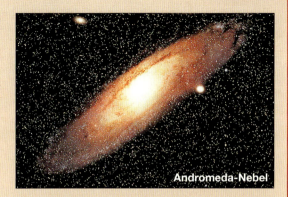

Andromeda-Nebel

Ein Blick in den Sternenhimmel ist also ein Blick in die Vergangenheit! Wie z. B. der α Centauri heute aussieht, weiß niemand, da von ihm keine schnellere Botschaft als das Licht zu uns gelangen kann. Erst im Jahr 2010 klärt sich die Frage, wie dieser Stern im Jahr 2006 ausgesehen hat.

Aufgaben

1 Ein außerirdisches Wesen auf dem Polarstern möge mit seinem (extrem guten) Fernrohr heute die Erde beobachten. Welche geschichtlichen Ereignisse würde es in diesem Augenblick sehen?

Aufgaben

1 Zeichne die Lichtkegel der Lichtquelle L. Welche Bereiche auf den Schirmen (S) werden beleuchtet sein? Übertrage dazu die Anordnung in dein Heft; 1 Kästchen $\triangleq$ 5 mm.

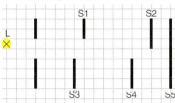

2 Der italienische Naturwissenschaftler GALILEI wollte vor ca. 400 Jahren mit zwei Lampen die Lichtgeschwindigkeit bestimmen. Er blitzte einem 4 km entfernten Helfer zu und wollte die Zeit messen, bis dessen Lampenlicht als Antwort wieder bei ihm eintraf. Weshalb musste GALILEI erfolglos bleiben?

3 Landvermesser peilen mit Laserstrahlen entfernte Objekte an, um ihre Entfernungen und Höhen zu bestimmen. Welche Eigenschaft von Licht nutzen sie dabei?

Lichtausbreitung

V1 a) Stelle verschiedene Lochblenden (2 cm, 3 cm, 5 cm) zwischen eine Pappe und eine kleine Glühlampe. Miss die Durchmesser der Lichtkreise auf der Pappe.
b) Übertrage den Aufbau in der Seitenansicht in dein Heft. Halbiere dazu alle Maße. Zeichne den jeweiligen Lichtkegel mit ein.
c) Kannst du die Größe deiner gemessenen Lichtkreise durch die Zeichnung bestätigen?

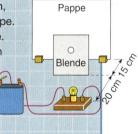

Pappe

Blende

20 cm 15 cm

V2 Ordne zwei Taschenlampen (TL) in der gezeigten Stellung vor einer Pappe an.
a) Überprüfe, ob sich die Beleuchtung der Pappe beim Einschalten von TL2 ändert. Werden die Photonen aus TL1 durch die kreuzenden Photonen aus TL2 merklich von ihrer Bahn abgelenkt? Was besagt dein Ergebnis über die Photonen?
b) Führe den gleichen Versuch statt mit Licht sinngemäß mit Wasser durch. Verwende statt der Taschenlampen zwei Spritzflaschen. Beschreibe deine Beobachtung. Was schließt du daraus?
c) Vergleiche deine Beobachtungen aus a) und b). Der Versuch verdeutlicht einen wichtigen Unterschied in den Eigenschaften von Photonen und Wasserteilchen. Welcher ist das wohl? Lies dazu noch einmal den Text zu den Photonen auf der linken Seite.

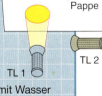

Pappe

TL 2

TL 1

Gegenstände – vom Licht getroffen, vom Auge gesehen

Damit wir einen Gegenstand sehen, muss Licht von ihm in unser Auge gelangen. Wie sich die Photonen verhalten, wenn sie auf einen Körper treffen, hängt entscheidend von seiner Oberfläche ab. Bei einem Motorrad zum Beispiel treffen die Photonen des Sonnenlichts auf unterschiedliche Materialien. Je nach der Beschaffenheit dieser Stoffe werden die Photonen von dort mehr oder weniger gut in das Auge zurückgeworfen. Was kann ihnen alles passieren?

① Ist die Oberfläche besonders glatt („spiegelglatt") wie z. B. die Kunststoffplatte im Bild rechts, so entfernen sich alle Photonen in einer ganz bestimmten Richtung vom Gegenstand und erzeugen auf dem Papier der Rückwand den Lichtfleck. Wir sprechen in diesem Fall von **Reflexion.**

② Fällt Licht auf eine raue Oberfläche (z. B. Stoff), so wird die Rückwand überall ein wenig erhellt. Also müssen die Photonen vom Stoff wahllos in alle Richtungen weggeschickt worden sein. Wir sprechen von **Streuung.**
Selbst winzige Staubteilchen können die auftreffenden Photonen streuen. Überall da, wo Lichtwege sichtbar werden, sind Photonen auf Staub-, Kreide- oder Nebelteilchen geprallt und gestreut worden.

③ Der Stoff erscheint schwarz, obwohl auch dort Photonen auftreffen. Sie hinterlassen jedoch nirgends eine sichtbare Spur. Offenbar verlassen sie die Oberfläche nicht wieder sondern verschwinden in ihr. Da aber Photonen Energiepakete sind, müssen sie

ihre Energie an den Körper abgeben. Er wird warm. Diesen Vorgang nennen wir **Absorption.**

Zentraler Versuch

① ② ③

Spiegel   rau, hell   rau, dunkel

Werden aus dem Sonnenlicht nur gewisse Photonen mit bestimmter Energie absorbiert, so erscheint der Körper farbig. Schwarz ist damit als „Farbe" verstehbar, bei der alle Photonen absorbiert werden.

Neben diesen Vorgängen, die sich auf der Oberfläche von Gegenständen abspielen, können Photonen aber auch durch bestimmte Körper hindurchdringen.
④ Gehen sie wie bei der Windschutzscheibe unabgelenkt und vollständig hindurch, so sprechen wir von einem **durchsichtigen Körper.** Derartige Körper können wir gar nicht erkennen, da die

Photonen nur hindurchfliegen. Wir sehen nur lichtaussendende Gegenstände hinter oder Verunreinigungen auf dem durchsichtigen Körper.
⑤ Milchglas dagegen streut die Photonen bereits beim Durchdringen in alle Richtungen. Dadurch wird es selbst sichtbar, während der lichtaussendende Körper dahinter nicht mehr scharf gesehen werden kann. Gegenstände wie Milchglas nennt man **durchscheinend.**

In Wirklichkeit treten die beschriebenen Vorgänge nie alleine auf: Bei einer 1 cm dicken Glasscheibe werden von 100 auftreffenden Photonen etwa 5 reflektiert, 5 absorbiert und 90 gelangen hindurch. Kratzer oder Staub auf der Scheibe führen zusätzlich zu Streuung.

> Treffen Photonen auf einen undurchsichtigen Körper, so können sie reflektiert, gestreut oder absorbiert werden.
> Bei lichtdurchlässigen Körpern unterscheidet man zwischen durchsichtig und durchscheinend.

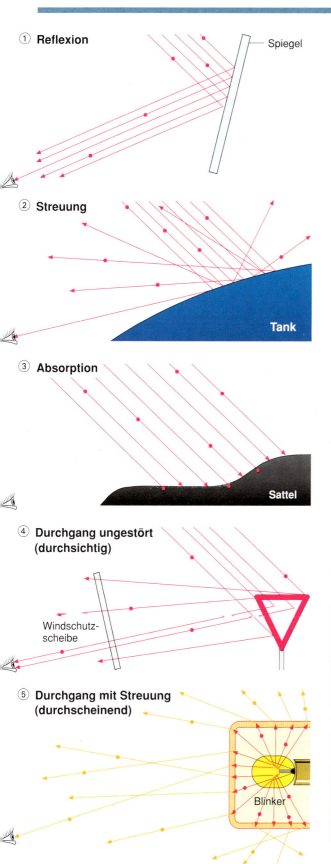

① **Reflexion** — Spiegel

② **Streuung** — Tank

③ **Absorption** — Sattel

④ **Durchgang ungestört (durchsichtig)** — Windschutzscheibe

⑤ **Durchgang mit Streuung (durchscheinend)** — Blinker

1 Welche Vorgänge können stattfinden, wenn Licht auf einen Gegenstand trifft? Nenne jeweils Beispiele.

2 Wie verhält sich Licht an folgenden Oberflächen: ruhender, ungestörter Gebirgssee; heller Strandsand; diese Buchseite (Unterschiede beachten!)?

3 Warum werden rahmenlose Glastüren leicht übersehen? Wie kann die Verletzungsgefahr verrringert werden? Was wird unternommen, damit Vögel nicht gegen große Scheiben fliegen?

4 Vitamine in Fruchtsäften werden leicht durch Lichteinwirkung zerstört. Erkläre, warum bei der Abfüllung dunkle Flaschen verwendet werden. Gibt es auch Nachteile durch die dunklen Flaschen?

Versuche und Aufträge

V1 a) Beleuchte mit einer Taschenlampe verschiedene Gegenstände, z. B. Alufolie (beide Seiten!), Pergamentpapier, Buchseite. Verfolge mit dem Finger den Lichtweg bis zu deinem Auge.
b) Fertige eine Skizze zum Lichtverlauf.
c) Weshalb sind die Körper unterschiedlich hell?
d) Erkläre, was mit den Photonen an der Körperoberfläche passiert.

V2 a) Fülle Wasser in ein klares Glasgefäß und lasse das Licht einer Taschenlampe senkrecht darauf fallen. Beschreibe, wie sich die Photonen verhalten, wenn die Oberfläche nach einiger Zeit ganz zur Ruhe gekommen ist.
b) Gib nacheinander tropfenweise Milch in das Wasser und verrühre sie. Was beobachtest du? Beschreibe, wie sich die Ausbreitung der Photonen durch die Flüssigkeit geändert hat.

V3 Stecke auf eine Taschenlampe anstelle des Reflektors eine Papprohre und drücke sie vorne zu einem schmalen Schlitz zusammen.
a) Lasse das Lichtbündel streifend entlang der Pappe von schräg oben auf einen Spiegel fallen und zeichne den gesamten Lichtweg nach.
Pappe
Spiegel
b) Bestimme die Winkel, die diese Strahlen mit der Spiegeloberfläche bilden.
c) Wiederhole den Versuch bei steilerem und flacherem Lichteinfall. Notiere deine Messergebnisse.
d) In welche Richtung wird das Licht immer reflektiert?

Auge und Lochkamera

Unser **Auge** ist eines der fünf Sinnesorgane, über das wir eine Fülle von Informationen aus unserer Umgebung aufnehmen. Es ist im Prinzip sehr einfach aufgebaut. Auf der Vorderseite des Augapfels befindet sich die Pupille, durch die Licht eintreten kann. Dieses Licht trifft auf der Rückseite des Augapfels auf die Netzhaut.

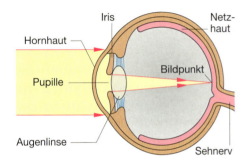

Eine **Lochkamera** (Camera obscura) ist wie das Auge aufgebaut. Sie besteht aus einem lichtdichten Quader (= Augapfel), der an einer Seite eine kleine Öffnung (Pupille) und an der gegenüberliegenden einen durchsichtigen Schirm (Netzhaut) hat.

Im Versuchsfoto oben ist eine Lochkamera nachgebaut. Dabei wurden nur die für die Bildentstehung wichtigen Teile verwendet, nämlich Lochblende und Schirm.

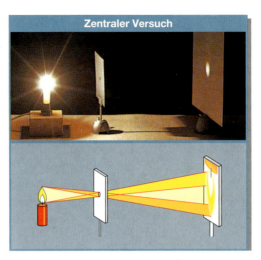

Zentraler Versuch

Das Foto oben zeigt, dass tatsächlich ein Bild der Kerze auf dem Schirm entsteht. Es steht Kopf und ist seitenverkehrt.

Die Grafik darunter zeigt, wieso das so ist:
● Das von jedem Punkt der Kerze ausgehende Lichtbündel geht durch die Öffnung und trifft auf den Schirm, wo ein nicht punktförmiger Bildfleck entsteht. Die Summe all dieser Bildflecke ergibt dann auf dem Schirm das Bild des Gegenstandes. Weil sich dieses Bild nicht aus winzigen Punkten zusammensetzt sondern aus ausgedehnten Flecken, die sich überlagern, ist das Bild nicht scharf sondern verwaschen.
● Die von der Kerze ausgehenden Lichtbündel kreuzen sich im Loch. Deshalb steht das Bild auf dem Schirm Kopf und ist seitenverkehrt.

Welchen Einfluss hat die Größe des Lochs? Wenn wir seine Größe verändern, stellen wir fest, dass sich sowohl die Schärfe des auf dem Schirm entstehenden Bildes als auch seine Helligkeit verändern.

Die Bildentstehung beim Auge funktioniert genauso. Nur dreht unser Gehirn dann das Bild so um, dass wir es als aufrecht empfinden. Dass das Auge scharfe Bilder erzeugt, liegt an der Augenlinse. Die Lichtmenge, die ins Auge tritt, wird durch die Pupille geregelt: Sie wird umso größer, je dunkler es um uns herum ist.

> Auge und Lochkamera erzeugen Bilder, die Kopf stehen und seitenverkehrt sind.

1 a) Zeichne zunächst eine Lochkamera mit einem frei gewählten Lochdurchmesser. Zeichne dann die von drei übereinander liegenden Punkten ausgehenden Lichtbündel und die entstehenden Bildpunkte auf dem Schirm.
b) Wie ändert sich das Bild, wenn die Punkte näher zur bzw. weiter weg von der Öffnung rücken? Kannst du eine Gesetzmäßigkeit erkennen?
c) Wie ändert sich das Bild, wenn du größere bzw. kleinere Lochdurchmesser in deiner Zeichnung verwendest?
d) Erkläre anhand deiner Zeichnung, warum nur unscharfe Bilder entstehen.

2 Was geschieht, wenn der Schirm einer Lochkamera durch eine saubere Glasscheibe ersetzt wird?
3 Aus einem Schuhkarton wurde eine Lochkamera gebastelt. Wo musst du deinen Freund/Freundin hinstellen, um ein Passfoto zu bekommen?
4 a) Welche Buchstaben sehen auf dem Schirm der Lochkamera genauso (eventuell verkleinert) aus wie der Buchstabe selbst?
b) Gibt es Gegenstände, bei denen der gleiche Effekt auftritt?
c) Welche Form müssen Gegenstände generell haben, damit das Lochkamera-Bild auf dem Schirm und das Original gleich aussehen?

Der Sehwinkel

Beim Blick von hohen Gebäuden oder aus dem Flugzeug sehen Autos und Spaziergänger sehr klein aus. Bei einer Baumallee beobachten wir, dass die weiter entfernten Bäume viel kleiner erscheinen als die unmittelbar vor uns stehenden, obwohl alle etwa gleich groß sind. Woran das liegt, zeigt die folgende Grafik.

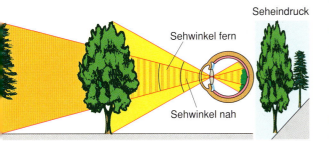

Der Winkel zwischen den beiden Randstrahlen von den äußersten Punkten des Gegenstandes durch den Mittelpunkt der Augenlinse heißt **Sehwinkel.**
● Je kleiner der Sehwinkel ist, desto kleiner ist das Netzhautbild. Dies wiederum hat zur Folge, dass uns der betrachtete Gegenstand klein erscheint.
● Bei einem großen Netzhautbild werden mehr Sehzellen gereizt als bei einem kleinen. Daher erscheint uns ein Gegenstand, der näher am Auge ist, größer als der entfernte.

Bei Nacht können wir beobachten, dass die beiden Scheinwerfer eines entgegenkommenden Autos in

großer Entfernung wie ein einziger Lichtpunkt wirken. Wie ist das möglich, wo doch zwei Lichtquellen vorhanden sind? Auf der Netzhaut des Auges sind die Sehzellen in einem bestimmten Abstand voneinander angeordnet. Das Auge ist nur in der Lage, zwei Gegenstände getrennt wahrzunehmen, wenn die Lichtreize der Gegenstände auf zwei Sehzellen treffen, die mindestens durch eine weitere getrennt sind.
Im Fall der weit entfernten Autoscheinwerfer treffen die von ihnen ausgehenden Lichtbündel auf eine oder zwei unmittelbar benachbarte Sehzellen. Daher ist eine getrennte Wahrnehmung der beiden Scheinwerfer nicht möglich.

> Je größer der Sehwinkel, desto größer ist das Netzhautbild des Gegenstandes und damit seine wahrgenommene Größe.

Sehen – physikalisch und umgangssprachlich

So wie bei Supermanns „Hitzeblick" wird auch sprachlich oft ein falsches Bild der physikalischen Wirklichkeit vermittelt. Redewendungen wie „Ein Auge darauf werfen", „Er hat einen durchdringenden Blick" oder „Wenn Blicke töten könnten" lassen vermuten, dass das Sehen eines Gegenstands so verläuft,

als würden wir aktiv Licht/Blicke dorthin aussenden, aus denen wir dann Informationen über den Gegenstand beziehen können.

Physikalisch läuft der Sehvorgang umgekehrt ab: Der Gegenstand sendet Licht in alle möglichen Richtungen aus. Ein Teil dieses Lichts gelangt in unser Auge und erzeugt auf der Netzhaut den Seheindruck. Dabei ist es egal, ob die Gegenstände selber Licht erzeugen – wie die Sonne, eine Flamme oder eine Glühlampe – oder ob sie auftreffendes Licht streuen.

1 Finde weitere Redewendungen, die das Sehen
a) physikalisch falsch darstellen;
b) physikalisch richtig wiedergeben.
2 Kannst du in einem völlig schwarzen Raum das Licht einer Taschenlampe, deren Öffnung nicht auf dich gerichtet ist, von der Lampe weggehen sehen? Begründe deine Antwort.

Versuche und Aufträge

V1 a) Baue aus einem Schuhkarton eine Lochkamera. Verwende als Hilfe die Abbildung rechts.
b) Betrachte mit der Lochkamera helle Gegenstände deiner Umgebung und beschreibe ihr Bild. Vergleiche Bild und Gegenstand.
c) Suche dir einen hellen Gegenstand zum Betrachten. Beschreibe sein Bild, wenn du das Loch vergrößerst bzw verkleinerst. Trage deine Beobachtungen in eine Tabelle ein.

weißes Papier
Löcher
Knete
Papp-röhre

Licht und Schatten

Mit Licht lässt sich spielen, indem die Finger und Handflächen so geschickt geformt werden, dass ein Freund das dargestellte Tier an der Wand erraten kann. Schade nur, wenn der Schatten bei aller Fingerfertigkeit so verwaschen und unscharf wird wie im Bild rechts.

Wann wird ein Schatten scharf, wann wird er unscharf? Wie entstehen Schatten überhaupt? Wovon hängt es ab, wie groß die Schatten sind? Gibt es immer einen Schatten?

Schatten einer Lichtquelle

Beleuchten wir mit einer sehr kleinen, hellen Lichtquelle, einer so genannten *Punktlichtquelle* unterschiedliche Gegenstände, so erkennen wir Schattenbilder an einer entfernten Wand.

Je nachdem, wie weit Lichtquelle, Gegenstand und Wand oder Schirm voneinander entfernt sind, ergeben

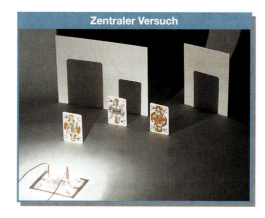

Zentraler Versuch

sich unterschiedlich große Schattenbilder auf dem Schirm. Die Schattenbilder sind umso größer,
● je weiter entfernt der Schirm hinter dem Gegenstand steht;
● je näher der Gegenstand an die Lichtquelle rückt.

In allen Fällen sind die Schattenbilder scharf umrissen.

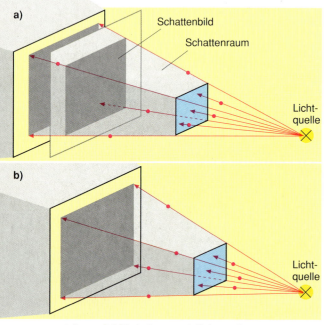

1 Schattenbild bei einer Punktlichtquelle

Mit den Photonen und ihren geradlinigen Flugbahnen lassen sich die Eigenschaften der Schattenbilder leicht erklären: Von der Punktlichtquelle fliegen viele Photonen fort, die auf die undurchdringliche Körperoberfläche treffen. Der dahinter befindliche Raum ist also photonenleer. Wir nennen ihn **Schattenraum.** Er wird seitlich von solchen Photonenbahnen begrenzt, die genau am Körperrand entlangstreifen. Stellt man einen Schirm hinter den beleuchteten Körper, so ist die Schirmfläche, die im Schattenraum liegt, dunkel. Dies ist das **Schattenbild.** Es wird begrenzt von der ersten Helligkeit, die die Photonen der Randbahnen auf dem Schirm erzeugen.

● Da die Randbahnen von der Punktlichtquelle aus immer weiter auseinanderlaufen, ist ein Schattenbild auf einem entfernteren Schirm größer (Abb. 1a).
● Wird der Gegenstand näher an die Lichtquelle herangerückt, so verbreitert sich der Schattenraum, da die Randbahnen jetzt in stärkerem Maß auseinander laufen. Auch dadurch vergrößert sich das Schattenbild (Abb. 1b).

Schatten von zwei Lichtquellen

Das Schattenbild des Holzklotzes wird von den beiden Lampen erzeugt. Bild 2b) zeigt, warum zwei unterschiedliche Schatten entstehen:

● Die beiden Lichtquellen L1 und L2 erzeugen jede für sich einen eigenen Schattenraum. In den Bereich KS können von keiner Lichtquelle Photonen eindringen. Dieser gänzlich photonenleere Bereich heißt **Kernschatten.** Dort ist der Schirm schwarz.

● Daneben gibt es aber noch die Bereiche HS, die von Photonen aus einer Lichtquelle durchquert werden. Diese Bereiche HS, in denen der Schirm deshalb halbhell leuchtet, werden **Halbschatten** genannt.

● Außerhalb der Halbschatten ist es hell. Dort kommen die Photonen beider Lichtquellen an.

Schatten von ausgedehnten Lichtquellen

Die Leuchtstoffröhre in Bild 3 ist eine ausgedehnte Lichtquelle. Das stark verwaschene Schattenbild verstehen wir, wenn wir uns die Lichtquelle aus vielen einzelnen, aufgereihten Punktlichtquellen zusammengesetzt denken. Die Grafik zeigt dies für fünf Lichtquellen: Jetzt überlagern sich die Schattenräume von mehreren Lichtquellen. Die Helligkeit nimmt beidseitig neben dem Kernschatten gleichmäßig zu. Der Kernschatten zerfließt also nach außen; man spricht von einem **Übergangsschatten.**

Eine solche ausgedehnte Lichtquelle ist offenbar auch für die Schattenspiele im Bild links oben benutzt worden. Um scharfe Bilder zu erhalten, hätte man also eine Punktlichtquelle verwenden müssen.

> Punktlichtquellen erzeugen scharf umrissene Schattenbilder, deren Größe zunimmt, wenn
> • der Körper an die Lichtquelle heranrückt
> • der Schirm vom Körper wegrückt.
> Bei ausgedehnten Lichtquellen entsteht neben dem Kernschatten ein weicher Übergangsschatten.
> Bei zwei Lichtquellen nennt man diesen Schatten Halbschatten.

Aufgaben

1 Erläutere die Begriffe „Schattenraum" und „Schattenbild". Fertige dazu auch eine Skizze.

2 Welcher Begriff ist gemeint, wenn man sagt:
a) Im Schatten eines Baumes ist es angenehm kühl.
b) Abends ist der Schatten länger.

3 **a)** Was versteht man unter „Kernschatten", „Halbschatten", „Übergangsschatten"?
b) Oft ist der Kernschatten schmaler als der Gegenstand selbst. Wann passiert das? Siehe Abb. 2 und 3.

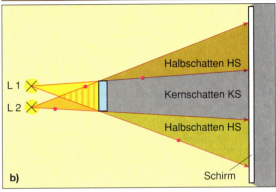

2 Schattenbild bei zwei Punktlichtquellen

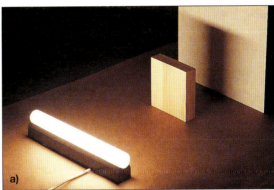

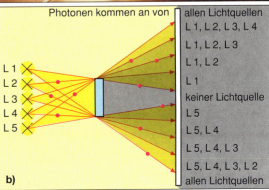

3 Schattenbild einer ausgedehnten Lichtquelle

4 Zeichne die Anordnung mit den angegebenen Maßen in dein Heft.

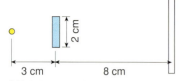

3 cm   8 cm

a) Zeichne das Schattenbild auf dem Schirm ein. Wie hoch ist es?
b) Was geschieht mit dem Schattenbild, wenn die Lichtquelle 6 cm vom Gegenstand entfernt ist? Zeichne.
c) Versuche zeichnerisch herauszufinden, wo die Lichtquelle stehen müsste, wenn das Schattenbild 10 cm hoch sein soll.

5 Die Sonne ist eine ausgedehnte, sehr weit entfernte Lichtquelle.
a) Fertige ein Schattenbild mit einer (vereinfachten) Skizze.

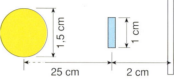

25 cm   2 cm

b) Woran liegt es, dass das Schattenbild (fast) so groß ist wie der Gegenstand?
c) Erzeugt die Sonne einen Übergangsschatten?

6 Das Auto strahlt das Hinweisschild an. Wie sieht das Schattenbild auf der Hauswand aus?

a) Löse die Aufgabe zeichnerisch, indem du die Meter-Angaben in Zentimeter-Längen umwandelst.
b) Wie hat sich das Schattenbild verändert, wenn das Auto 3 m vorgefahren ist? Fertige dazu eine neue Zeichnung und vergleiche.

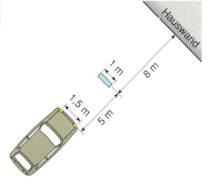

Schattenfreie Beleuchtung

Obwohl es sich um dieselbe Frau handelt, wirkt sie auf beiden Fotos ganz unterschiedlich auf uns: Links hat sie weiche, runde Gesichtszüge, rechts dagegen wirken sie durch die Schatten hart und eckig. Der Unterschied bei der Aufnahme liegt nur in der Beleuchtung. Während rechts ein direktes Blitzlicht verwendet wurde, wählte der Fotograf links eine indirekte, schattenfreie Beleuchtung. Eine solche erhält er im Studio, indem er einen weißen Schirm von innen anstrahlt und das großflächige Streulicht zur Beleuchtung nutzt.

Im Wohnzimmer erzeugen so genannte Deckenfluter ein weiches, indirektes Licht, weil das Streulicht der angestrahlten Decke zur Beleuchtung des ganzen Zimmers dient. Da so Räume gleichmäßiger erhellt werden, ist diese Art Beleuchtung augenschonender. Auch für Klassenräume ist sie deshalb besser geeignet als die direkte Beleuchtung.

1 Beleuchte im dunklen Zimmer kleinere Gebrauchsgegenstände vor einer weißen Wand
a) direkt mit einer kleinen Glühlampe;
b) indirekt durch das Streulicht eines angestrahlten weißen Blattes.
c) Vergleiche die Schatten und die Helligkeit.

Schatten

V1 Hänge ein Schulheft in einigem Abstand parallel vor eine Wand und beleuchte es mit einer Taschenlampe.

a) Verändere den Abstand der Lichtquelle zum Heft. Weiche auch mit der Lampe zur Seite aus. Beschreibe, wie sich jeweils das Schattenbild ändert.

b) Halte deine Taschenlampe so, dass der Heftschatten doppelt so breit ist wie das Heft. Notiere die Abstände. Ist die Schattenhöhe dabei auch doppelt so groß wie die Hefthöhe?

c) Beleuchte das Heft mit verschiedenen Lichtquellen (Kerze, Taschenlampe, Leuchtstoffröhre, Schreibtischlampe usw.). Ordne die Lichtquellen nach der Schärfe der Schattenbilder und begründe die Ordnung.

d) Finde heraus, wie Heft und Lampe für die folgenden Schattenbilder gehalten wurden.

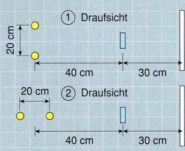

V2 Hänge eine CD (Mittenloch verschlossen) 30 cm vor eine Wand und beleuchte sie mit zwei Kerzen gemäß ① und ②.

① Draufsicht

20 cm · 40 cm · 30 cm

20 cm ② Draufsicht · 40 cm · 30 cm

a) Skizziere die beobachteten Schattenbilder und erkläre, wie die einzelnen Bereiche in den Schattenbildern entstehen.

b) Verschiebe die CD in Aufstellung ① nach links zu den Kerzen. Beschreibe, wie sich dabei das Schattenbild verändert. Bis zu welchem Abstand gibt es einen Kernschatten?

c) Versuche auch in Aufstellung ② die CD so zu verschieben, dass es keinen Kernschatten mehr gibt. Fertige für diesen Fall eine Skizze mit eingezeichneten Schattenräumen.

V3 Befestige in Sitzhöhe an der Wand einen Bogen Papier und richte aus *größerer Entfernung* eine starke *Punktlichtquelle* darauf. Setze dich nun *nahe der Wand* so in den Lichtkegel, dass dein Kopf von der Seite beleuchtet wird. Auf dem Bogen ist jetzt ein **Schattenriss-Porträt** deines Profils zu sehen, das ein(e) Freund(in) für dich nachzeichnen kann. Bevor es die Fotografie gab, war dieses Verfahren zum Porträtieren sehr verbreitet.

Weshalb sind die schräg gedruckten Bemerkungen wichtig? Was passiert mit dem Schattenbild, wenn du sie missachtest?

Die Sonnenuhr

9.00 · 10.00 · 11.00 · 12.00 · 13.00 · 14.00 · 15.00 · 16.00

8.00

17.00

Zum Bau einer Sonnenuhr benötigst du eine ca. 20 cm x 20 cm große Styropor- oder Korkplatte und einen langen Nagel als Schattenspender.

Zeichne zunächst als Zifferblatt die unterlegte Zeitskala genau nach und klebe die ausgeschnittene Kopie auf die Platte. (Als Wetterschutz kannst du die Platte mit einer Transparentfolie überziehen.) Drücke dann an der Stelle X den Nagel schräg in die Platte, sodass er zum N-Pfeil hin geneigt ist. Du musst dabei darauf achten, dass der Winkel zwischen Platte und Nagel ca. 30° beträgt. Dieser Winkel ist erforderlich, damit der Nagel in dieselbe Richtung wie die Erdachse weist.

Achte beim Aufstellen deiner Sonnenuhr darauf, dass die Platte waagerecht liegt und dass der N-Pfeil genau nach Norden zeigt. Bei der täglichen Sonnenfahrt am Himmel von Ost nach West gleitet nun der Nagelschatten stundengenau über das Zifferblatt.

Die Sommerzeit ist bei der Zeitskala nicht berücksichtigt. Willst du sie verwenden, so musst du alle Zeitangaben um eine Stunde erhöhen. Der N-Pfeil muss auf die Zeit weisen, zu der die Sonne am höchsten steht. In Hessen ist das um etwa 12.30 Uhr der Fall, in Berlin aber schon um 12.00 Uhr.

N

7.00

18.00

X

Unser Sonnensystem

Betrachten wir in einer wolkenlosen Nacht den Himmel, so können wir eine Vielzahl leuchtender Punkte erkennen. Fast jeder dieser Punkte ist ein Stern. Aber wir sehen auch die Planeten unseres Sonnensystems, den die Erde umkreisenden Mond und manchmal Sternschnuppen und Kometen. Mit starken Fernrohren reicht der Blick auch über unser Sonnensystem hinaus zu anderen Galaxien. Wie sieht es auf den Nachbarplaneten aus? Woraus bestehen sie? Wie weit sind sie von uns bzw. von der Sonne entfernt? Auf welchen Bahnen laufen die verschiedenen Gebilde um die Sonne?

Unser Sonnensystem
Unser Sonnensystem ist ein kleiner Teil der Milchstraße, unserer Galaxis. Wo sich unser Sonnensystem in der Milchstraße befindet und welche Form und Größe die Milchstraße hat, zeigt das folgende Bild.
Da die Entfernungen im Weltall sehr groß sind, greifen die Astronomen zu einer anderen Längeneinheit, dem Lichtjahr. Ein Lichtjahr ist der Weg, den das Licht mit einer Geschwindigkeit von 300 000 km/s in einem Jahr zurücklegt. Das sind 9 460 800 000 000 km = 9,46 Billionen km.

Milchstraße:
Es gibt sehr viele unterschiedliche Galaxien, die jeweils aus mehreren Millionen Sternen (Sonnen) bestehen.

Sonne

30 000 Lichtjahre

Sonne

15 000 Lichtjahre

100 000 Lichtjahre

Sonne:
Unsere Sonne ist ein selbstleuchtender Körper wie alle anderen Sterne auch. Die Prozesse, die bei der Lichterzeugung ablaufen, sind nicht die gleichen wie beim Verbrennen sondern kernphysikalischer Art.
Aus der Farbe des Lichts der Sterne können Rückschlüsse auf Alter, Temperatur und Stoff des Sterns gezogen werden.

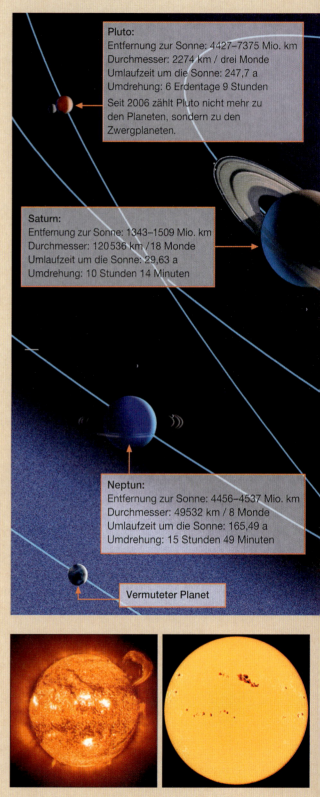

Pluto:
Entfernung zur Sonne: 4427–7375 Mio. km
Durchmesser: 2274 km / drei Monde
Umlaufzeit um die Sonne: 247,7 a
Umdrehung: 6 Erdentage 9 Stunden
Seit 2006 zählt Pluto nicht mehr zu den Planeten, sondern zu den Zwergplaneten.

Saturn:
Entfernung zur Sonne: 1343–1509 Mio. km
Durchmesser: 120 536 km / 18 Monde
Umlaufzeit um die Sonne: 29,63 a
Umdrehung: 10 Stunden 14 Minuten

Neptun:
Entfernung zur Sonne: 4456–4537 Mio. km
Durchmesser: 49 532 km / 8 Monde
Umlaufzeit um die Sonne: 165,49 a
Umdrehung: 15 Stunden 49 Minuten

Vermuteter Planet

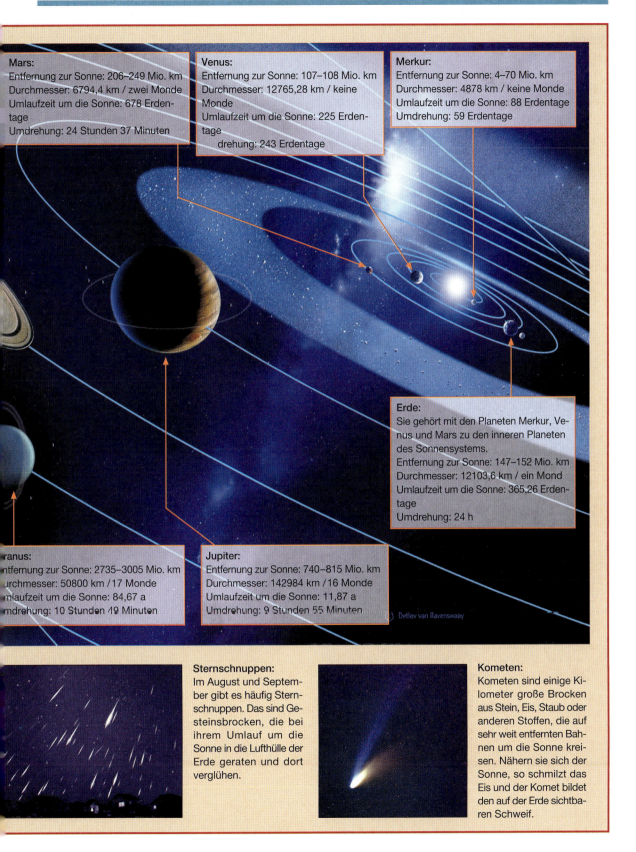

Mars:
Entfernung zur Sonne: 206–249 Mio. km
Durchmesser: 6794,4 km / zwei Monde
Umlaufzeit um die Sonne: 678 Erden-
tage
Umdrehung: 24 Stunden 37 Minuten

Venus:
Entfernung zur Sonne: 107–108 Mio. km
Durchmesser: 12765,28 km / keine
Monde
Umlaufzeit um die Sonne: 225 Erden-
tage
        drehung: 243 Erdentage

Merkur:
Entfernung zur Sonne: 4–70 Mio. km
Durchmesser: 4878 km / keine Monde
Umlaufzeit um die Sonne: 88 Erdentage
Umdrehung: 59 Erdentage

Erde:
Sie gehört mit den Planeten Merkur, Ve-
nus und Mars zu den inneren Planeten
des Sonnensystems.
Entfernung zur Sonne: 147–152 Mio. km
Durchmesser: 12103,6 km / ein Mond
Umlaufzeit um die Sonne: 365,26 Erden-
tage
Umdrehung: 24 h

ranus:
ntfernung zur Sonne: 2735–3005 Mio. km
urchmesser: 50800 km / 17 Monde
mlaufzeit um die Sonne: 84,67 a
mdrehung: 10 Stunden 49 Minuten

Jupiter:
Entfernung zur Sonne: 740–815 Mio. km
Durchmesser: 142984 km / 16 Monde
Umlaufzeit um die Sonne: 11,87 a
Umdrehung: 9 Stunden 55 Minuten

© Detlev van Ravenswaay

Sternschnuppen:
Im August und Septem-
ber gibt es häufig Stern-
schnuppen. Das sind Ge-
steinsbrocken, die bei
ihrem Umlauf um die
Sonne in die Lufthülle der
Erde geraten und dort
verglühen.

Kometen:
Kometen sind einige Ki-
lometer große Brocken
aus Stein, Eis, Staub oder
anderen Stoffen, die auf
sehr weit entfernten Bah-
nen um die Sonne krei-
sen. Nähern sie sich der
Sonne, so schmilzt das
Eis und der Komet bildet
den auf der Erde sichtba-
ren Schweif.

Schatten von Erde und Mond

Durch die Bewegungen von Erde und Mond erleben wir am Himmel zahlreiche Schattenspiele. Die Sonne ist dabei die natürliche Lichtquelle. In der (nicht maßstabsgetreuen) Zeichnung erkennst du, wie Mond und Erde von ihr beschienen werden.

Tag und Nacht

Jeweils die sonnenzugewandte Seite wird erhellt, während die abgewandte (rechte) Kugelhälfte im eigenen Kernschatten liegt. Befindet man sich auf der Erde gerade dort, so ist es dann **Nacht,** während gleichzeitig auf der anderen Erdseite **Tag** ist. Da die Erde aber ein Karussell ist, das sich mit uns unmerklich einmal am Tag im Kreis dreht, erleben wir den ständigen Wechsel von Tag und Nacht.

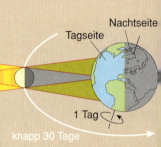

Nachtseite

Tagseite

1 Tag

knapp 30 Tage

Sonnenfinsternis

In knapp 30 Tagen umrundet der Mond die Erde. Zieht er dabei genau zwischen Erde und Sonne hindurch, so erleben etliche Menschen auf der Tagseite ein seltenes Naturschauspiel: Das Sonnenlicht erzeugt hinter dem wandernden Mond einen Kernschatten. Er hat einen Durchmesser von etwa 250 km und streicht über die Erdoberfläche. Jeder, über den der Kernschatten hinweggleitet, erlebt eine **totale Sonnenfinsternis.** Dann verfinstert sich die Sonne und es wird am hellen Tag so dunkel, dass sich Menschen und Tiere seit Urzeiten davor gefürchtet haben. Im Bereich des Übergangsschattens, in den noch teilweise Sonnenlicht dringt, wird eine **partielle Sonnenfinsternis** beobachtet.

Mondfinsternis

Nach gut zwei Wochen befindet sich der Mond hinter der Erde. Durchläuft er hier den Kernschatten der Erde, so wird er in dieser Zeit vom Sonnenlicht nicht beleuchtet. Von der Nachtseite der Erde aus sieht man also, wie er sich bis zur völligen Dunkelheit ständig weiter verfinstert. Danach tritt er wieder aus dem Schattenraum aus. Dieses Ereignis nennt man **Mondfinsternis**.

Erdschatten

Von Sonn
beleucht

10.20   10.45   11.10   11.35   12.00   12.25   12.50

Wie oft gibt es Finsternisse?

Die Erde umkreist in einem Jahr einmal die Sonne. Dabei umrundet der Mond gleichzeitig jeden Monat die Erde auf einer dazu geneigten Bahn. Wären Sonne, Erde und Mond punktförmige Himmelskörper, dann könnte es nur in den Stellungen A und C Finsternisse geben – vorausgesetzt der Mond befindet sich gerade in Stellung I oder II. Weil aber Erde und Mond ausgedehnte Schattenräume haben, wären jährlich drei Mond- und fünf Sonnenfinsternisse möglich.

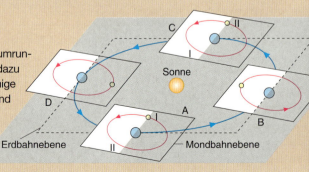

C   II
I

Sonne

D

A   B

Erdbahnebene   I
II   Mondbahnebene

Mondphasen

Während eines Monats läuft der Mond einmal um die Erde. Dabei ändert er für uns ständig sein Aussehen: Mal bekommen wir mehr und mal weniger von seiner Sonnenseite zu sehen. In Stellung ① sehen wir von der Erde aus nur den äußeren rechten Rand des Mondes als Sichel; der Rest liegt in seinem eigenen Schattenraum. In Position ② und ⑥ sehen wir einen **Halbmond,** während in Stellung ④ die gesamte Mondscheibe als **Vollmond** sichtbar wird. In Stellung ⑧ schauen wir von der Tagseite der Erde aus genau auf die unbeleuchtete Mondseite, weshalb er dann als **Neumond** am Taghimmel unsichtbar ist. Die Erscheinungsformen Neumond, Halbmond, Vollmond und Halbmond heißen **Mondphasen.**

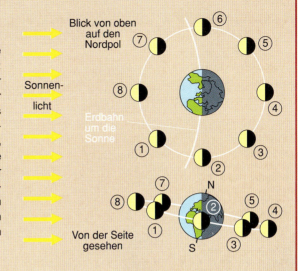

Blick von oben auf den Nordpol

Sonnenlicht

Erdbahn um die Sonne

Von der Seite gesehen

 ① ② ③ ④  ⑤ ⑥ ⑦ ⑧

1 Weshalb kann eine Mondfinsternis nur bei Vollmond stattfinden?
Von wo kann man sie sehen?

2 a) Unter welchen Bedingungen kommt eine totale Sonnenfinsternis zustande?
b) Weshalb kann sie nur von einem kleinen Teil der Menschheit unmittelbar miterlebt werden?

3 a) Welche Zeit vergeht zwischen den einzelnen Mondphasen im Bild oben?
b) Wann ist die zunehmende Mondsichel, wann die abnehmende Mondsichel am Himmel zu sehen?

4 Weshalb ist die Uhrzeit auf der Welt nicht überall gleich?
Wie ändert sich die Uhrzeit bei einer Reise nach Osten?

Versuche

V1 Stelle in die Mitte deines Zimmers eine Glühlampe als „Sonne". Schneide in eine Pappe ein solches Loch, dass du darin einen kleinen Ball mittig als „Erde" einklemmen kannst. Zeichne auf die Pappe eine kreisförmige „Mondbahn". Führe die schräg gehaltene Pappe nun entsprechend dem Bild so um die „Sonne" herum, dass die Pappoberseite immer zur selben Zimmerwand weist. Halte bei deiner Umrundung dort an, wo eine Sonnen- oder Mondfinsternis möglich ist. Zeige dazu die jeweils nötige Mondstellung.

Erdbahn

V2 Setze dich auf einen (Dreh-)Stuhl als „Erde". Stelle einen (Tennis-)Ball als „Mond" z. B. auf einem Stativ 1 m vor dich in Augenhöhe und beleuchte ihn von hinten.
Führe nun den Mond in sechs gleichen Einzelschritten im Kreis um die Erde und beobachte den sichtbaren Mondteil. Zeichne ihn zusammen mit einem Positionsbild wie in der obigen Grafik „Mondbahn". Welche Mondphasen fehlen bei den sechs Positionen jeweils?

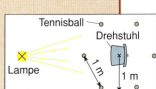

Tennisball

Drehstuhl

Lampe

1 m

1 m

Protokollieren von Versuchen

Die Aufgabe:
- Formulieren und aufschreiben, eventuell auch als **Frage**.

Die Vorbereitung:
- Zuerst nachdenken, welches Ergebnis der Versuch haben könnte. Damit ist eine **Vermutung** entstanden.
- Die Vermutung wird aufgeschrieben, formuliert in Form eines Aussagesatzes.
- Fertige eine **Zeichnung** des Versuchs unter Verwendung der Vorgaben (Foto im Buch; Zeichnung auf einem Arbeitsblatt; Wandtafel; …) an.

Die Durchführung:
- Kurz – eventuell auch stichwortartig – aufschreiben, was **getan** worden ist.

Die Beobachtung:
- Schreibe übersichtlich auf, was du **gesehen oder gemessen** hast.
- Beschränke dich dabei auf die für die Aufgabenstellung **wichtigen Dinge**.
- Eine Tabelle, eine Skizze oder ein Diagramm sind hilfreich.

Die Fehlerbetrachtung:
- Vergewissere dich, **was du** bei der Durchführung des Versuchs **hättest besser machen können**. (Bester möglicher Aufbau? Aus dem richtigen Blickwinkel geschaut? Während der Beobachtung nicht am Versuch gewackelt?…?)
- Überlege, was zu **Fehlern** geführt haben könnte, **ohne dass du sie ändern kannst** (z. B. zu große Lichtquelle, falsches Messgerät, z. B. zu kleines Lineal;…).
- Hätten diese Fehler vermieden werden können?
- Schreibe mögliche Fehler auf.

Das Ergebnis:
- **Vergleiche** das Versuchsergebnis mit der Vermutung, die vor Beginn das Versuches angestellt wurde.
- **Formuliere** das Ergebnis.
- Schreibe einen Satz der **Erklärung** dazu.

Protokoll zum Versuch: Größe des Schattenbildes

Aufgabe: Untersuche die Größe des Schattenbildes eines Gegenstandes bei einer punktförmigen Lichtquelle.

Vorbereitung:
- Vermutung: Das Schattenbild ist größer als der Gegenstand.
- Geräte: Spielkarte (senkrecht stehend gemacht), Lampe, Schirm
- Sicherheit: Lampe könnte heiß sein

Versuchsanordnung

Durchführung:
Die Karte 20 cm vor die Lampe stellen. Den Schatten auf dem Schirm auffangen und an der Oberkante messen. Schirm von der Lampe weg verschieben.

Beobachtung:

Abstand Karte-Schirm	Breite des Schattenbildes
0 cm	
3 cm	7,5 cm
4 cm	9,0 cm
5 cm	9,4 cm
6 cm	9,4 cm
7 cm	10,2 cm
8 cm	10,6 cm
9 cm	10,8 cm
	11,3 cm

Der Schatten verändert seine Größe auf dem Schirm. Er wird umso größer, je weiter der Schirm von der Karte entfernt ist.

Ergebnis: Die Vermutung ist richtig: Das Schattenbild ist größer als der Gegenstand. Je größer die Entfernung Karte-Schirm, desto größer ist der Schatten (Proportionalität).

Mögliche Fehler:
- Wegen der abgerundeten Ecken der Karte haben wir nicht genau messen können.
- Der Schatten war nicht scharf genug begrenzt.

Licht

A1 a) Beantworte zu den Merkzettel-Begriffen folgende Fragen: Was bedeutet der Begriff? Wie und in welcher Einheit wird der Begriff gemessen? Gibt es Formeln dafür? Gibt es sonst noch Wissenswertes über diesen Begriff?

b) Wenn du die Fragen nicht auf Anhieb beantworten kannst, dann lies die entsprechenden Seiten im Buch noch einmal gründlich durch.

c) Notiere auf der Vorderseite von Karteikarten den Begriff, auf der Rückseite die Erläuterung.

A2 Ein Kind (1,5 m groß) wird von einer Doppel-Laterne beleuchtet. Zeichne die Anordnung in dein Heft ab (1 cm ≙ 1 m).

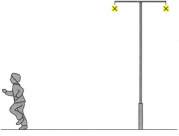

a) Wie breiten sich Photonen aus und wie stellst du dies in einer Zeichnung dar?

b) Bestimme zeichnerisch die Bereiche auf dem Boden, die von beiden Lampen beleuchtet werden.

c) Bestimme den Kernschatten und den Halbschatten des Kindes auf dem Boden. Wie lang ist er jeweils?

d) Wie ändert sich der Kernschatten, wenn sich das Kind von der Laterne entfernt?

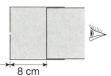

A3 Eine Kerze steht vor einer Lochkamera. Wie groß ist das Bild der Kerze in der Lochkamera?

a) Fertige eine Zeichnung in Originalgröße und trage die wichtigsten Photonenbahnen ein.

b) Welche Aufgabe hat das Pergamentpapier in der Lochkamera? Wäre stattdessen eine Klarsichtfolie auch geeignet?

A4 a) Der rechte Junge will um die Ecke gucken. Was sieht er wohl? Vergleiche mit dem, was der linke Junge sieht.

b) Beschreibe jeweils den Weg der Photonen, die in die Öffnungen eintreten.

c) Welche Möglichkeiten gäbe es, damit er doch um die Ecke sehen kann?

A5 Auf dem Bild blickt der Fotograf vom Mond aus auf die Erde.

a) Erkläre diesen Sehvorgang, indem du den Photonenweg beschreibst.

b) Weshalb erscheint um die Erde herum das Weltall schwarz?

c) Die Erde hat auf dem Bild keine Kugelform. Wie kommt das? Wo befand sich wohl die Sonne bei der Aufnahme?

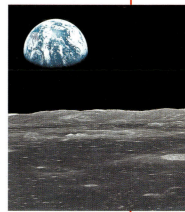

A6 a) Erkläre, wie Mond- und Sonnenfinsternisse zustande kommen. Fertige jeweils eine Skizze zur Stellung der Himmelskörper.

b) In der unteren Grafik auf Seite 28 kann es niemals zu einer Finsternis kommen, wenn sich die Erde bei B befindet. Warum nicht? Wo steht der Mond in den entscheidenden Momenten?

A7 Rechts wurde farbiges Papier mit den Farben des zerlegten weißen Lichts beleuchtet. Ganz unten siehst du die Farben auf weißem Papier.

a) Erkläre den Unterschied zwischen Spektralfarben und Körperfarben.

b) Was geschieht mit Photonen, wenn sie auf farbiges Papier treffen?

c) Welche Farben werden Papier ① und ② in weißem Licht haben?

d) Wie würden die farbigen Papiere aussehen, wenn sie nur mit der Spektralfarbe Blau beleuchtet werden?

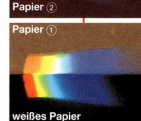

Papier ①

Papier ②

Papier ①

weißes Papier

Die wichtigsten Begriffe

Temperatur und thermische Ausdehnung

Mit Getöse und Gezische schießt heißes Wasser hoch in die kalte Luft. Nach kurzer Zeit fällt der Geysir in sich zusammen und eine kleine, harmlose heiße Wasserstelle bleibt zurück. Aber in regelmäßigen Abständen wiederholt sich der Vorgang. Dann steigt die majestätische Fontäne erneut zum Himmel – heiß, dampfend und flüssig zugleich.
Was im vulkanischen Untergrund bringt den Geysir zum Ausbruch? Wie heiß ist das Wasser, das da aus dem Erdboden schießt? Und wie bekommt es überhaupt seine Temperatur?

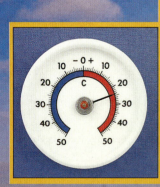

Temperaturen können mit den unterschiedlichsten Thermometern gemessen werden. Mal ist es ein Röhrchen, in dem eine Flüssigkeit aufsteigt – mal eine Feder, die einen Zeiger bewegt – mal ein Metallstab, der an eine digitale Anzeige angeschlossen ist.
Wie funktionieren diese Messgeräte? Wie ist ihre Skala festgelegt worden?

Temperatur und Thermometer

„Eiskalt", „lauwarm", „glühend heiß", … .
Es gibt eine Menge Wörter in unserer Sprache, mit denen wir zum Ausdruck bringen, wie warm oder kalt unsere Umgebung ist. Wenn wir genauere Angaben machen wollen, reden wir von „Temperatur", von „Grad" oder „Grad Celsius".

Was steckt hinter diesen Begriffen? Wie kommen diese Angaben zustande?

Wenn wir angeben wollen, wie warm oder kalt ein Gegenstand ist, so müssen wir seine **Temperatur** bestimmen.

Der Mensch hat in seiner Haut Sensoren, das sind Fühlpunkte, die es ihm ermöglichen, den Wärmezustand der Luft oder eines Gegenstands zu „erfühlen". Die Temperaturwahrnehmung ist für die Menschen sehr wichtig. Ohne sie würden wir beim Anfassen von heißen Gegenständen nicht gewarnt werden und uns schwerste Verbrennungen zuziehen.
Die Wärmeempfindung ist allerdings bei jedem Menschen unterschiedlich, sie ist z. B. abhängig von Alltagserfahrungen der jeweiligen Person.

So wird jemand, der in einer Metzgerei oft im Kühlhaus arbeitet, ein anderes Temperaturempfinden haben als jemand, dessen Arbeitsplatz die warme Backstube ist.
Außerdem ist das Temperaturempfinden oft Täuschungen unterworfen: Ein Sprung ins Schwimmbecken nach einer kalten Dusche lässt das Wasser wärmer erscheinen als nach einer warmen Dusche.

Um genaue Aussagen über die Temperatur eines Körpers machen zu können, brauchen wir ein Messgerät, ein **Thermometer** (gr. *thermos*, warm). Im abgebildeten **Flüssigkeitsthermometer** zeigt eine Flüssigkeit die Temperatur an. Mit ihm kann die Raum- bzw. Außentemperatur oder auch die Temperatur von Flüssigkeiten bestimmt werden.

Temperatur
Die Einheit ist 1 °C (Grad Celsius).

Es gibt verschiedene Arten von Thermometern, deren Aufbau und Funktionsweise darauf abgestimmt sind, zu welchem Zweck sie genutzt werden sollen. So lassen sich z. B. die Temperatur im Innern eines Brennofens und die Temperatur der Raumluft nicht mit demselben Thermometer messen.

Die Temperatur sagt etwas darüber aus, wie warm oder kalt ein Körper ist.
Für zuverlässige, genaue Temperaturangaben brauchen wir ein Messgerät, das Thermometer.

Skala

Steigrohr

Flüssigkeit
(meist Alkohol, früher und manchmal auch heute noch Quecksilber)

Flüssigkeitsthermometer:
An der Oberkante der Flüssigkeitssäule im Steigrohr kann die Temperatur abgelesen werden. Das abgebildete Thermometer zeigt z. B. eine Temperatur von 29 Grad Celsius (29 °C) an.

Vorratsgefäß, zugleich Messfühler

Aufgaben

1 a) Informiere dich über folgende Temperaturwerte (es reichen Durchschnittsangaben): Körpertemperatur eines Menschen; Temperatur im Kühlschrank, in einem Gefrierschrank, im Ofen beim Pizzabacken; Wassertemperatur in einem Aquarium bzw. im Hallenbad; angenehme Raumtemperatur; Temperatur in einem Brutkasten für Frühgeborene.
b) Ordne die Werte der Größe nach auf einer Temperaturskala.
c) Bei welchen Beispielen ist eine genaue Temperaturangabe besonders wichtig?

Streifzug

Geschichte des Thermometers

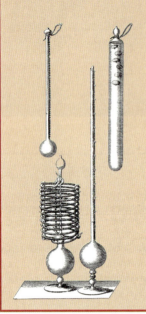

Als es noch keine Messgeräte zur Temperaturmessung gab, konnten die Menschen nur vage Aussagen darüber machen, wie kalt oder warm etwas war.

Die ersten Flüssigkeitsthermometer entstanden um 1600 in Italien nach einer Idee von GALILEO GALILEI (1564–1642) für medizinische Zwecke. Sie waren z. T. sehr kunstvoll hergestellt und funktionierten auch recht zuverlässig mit dem einzigen Nachteil, dass jedes Thermometer seine eigene Skala hatte. Eine allgemein gültige Temperaturangabe war mit einem solchen Thermometer nicht möglich.

Den ersten Versuch, eine einheitliche und überall gültige Temperaturskala herzustellen, machte 1714 DANIEL GABRIEL FAHRENHEIT (1686–1736) aus Danzig mit der Einführung zweier Fixpunkte. Für den ersten wählte er die tiefste Temperatur, die er herstellen konnte, nämlich die Temperatur einer „Kältemischung" aus Eis, Wasser und Salmiak. Diese Temperatur (–18 °C) nahm er als Nullpunkt seiner Skala. Als zweiten Fixpunkt wählte er vermutlich seine eigene Körpertemperatur und bezeichnete sie mit 100 Grad. Den Abstand dazwischen teilte er in 100 gleiche Teile. So entstand die Fahrenheit-Skala, die heute z. B. in den USA noch benutzt wird.

1742 schlug der schwedische Professor für Astronomie ANDERS CELSIUS (1701–1744) vor, als 0°-Punkt die Temperatur von siedendem Wasser zu nehmen und als 100°-Punkt die Temperatur einer Eis-Wasser-Mischung. Die schwedische Akademie der Wissenschaften übernahm diesen Vorschlag acht Jahre später, tauschte aber die Werte um. Die so entstandene Celsius-Skala wird heute in allen europäischen Staaten verwendet.

Versuche und Aufträge

Temperaturmessung und Thermometer

V1 a) Ermittle die Temperatur auf eurem Balkon oder in eurem Garten über einen Zeitraum von 14 Tagen.
b) Stelle die Messwerte in einer Wertetabelle oder in einem Diagramm dar. Vergleiche sie.
c) Begründe, weshalb es wichtig ist, immer am selben Ort und zur gleichen Uhrzeit zu messen.

V2 a) Ermittle die Temperatur in allen Räumen eurer Wohnung oder eures Hauses (einschließlich Keller und Dachboden).
b) Erstelle eine Skizze von Wohnung oder Haus und trage die Temperaturen ein. Was fällt dir auf?

c) Gib eine Begründung für mögliche Unterschiede an.

V3 Tauche eine Hand in eine Schüssel mit kaltem Wasser und die andere Hand in eine mit heißem Wasser. **(Achtung: Nicht über 40 °C!)** Tauche dann beide Hände gleichzeitig in eine Schüssel mit lauwarmem Wasser.
a) Schreibe auf, was du spürst.
b) Finde eine Erklärung.

V4 Die Grafik rechts zeigt die Temperaturen in Deutschland am 13. 02. 2005 um 15.00 Uhr. Die Temperaturen für Wetterkarten werden grundsätzlich im Schatten gemessen.

a) Plane ein oder mehrere Experimente, mit denen sich untersuchen lässt, welche Auswirkungen es haben kann, wenn Temperaturen nicht im Schatten gemessen werden.
b) Führe die Experimente durch.
c) Formuliere ein Ergebnis.

TEMPERATUREN UND THERMOMETER

Die Flüssigkeit im Thermometer

Als Thermometerflüssigkeit wird hauptsächlich Quecksilber oder gefärbter Alkohol verwendet. Quecksilber hat u. a. den Vorteil, dass es Temperaturmesswerte zwischen –30 °C und +300 °C ermöglicht (bei –39 °C wird Quecksilber fest, bei 357 °C wird es gasförmig).

Nachteil ist allerdings, dass Quecksilber giftig ist. Bei einem Bruch des Thermometers verteilt es sich in Form von kleinen silbrigen Kügelchen überall und verdunstet allmählich. Der entstehende Dampf ist giftig. Dieses Problem gibt es beim Alkoholthermometer nicht. Dafür ist es nur für Temperaturen zwischen –70 °C und +60 °C einsetzbar.

Temperaturanzeige durch Farbveränderung

Es gibt Stoffe, die bei einer bestimmten Temperatur ihre Farbe ändern. Vielleicht erinnerst du dich an die Spielzeugautos, die unter heißem Wasser plötzlich eine andere Farbe bekommen, oder an die Löffel in Corn-Flakes.

„kalt"   „warm"

In Form von Messstreifen können sie überall dort angebracht werden, wo Flüssigkeitsthermometer nicht oder ungünstig einsetzbar sind: an Triebwerken von Flugzeugen, an Bremsen von Rennwagen usw. Ein Blick genügt um zu sehen, ob eine bestimmte Temperatur überschritten wurde.

Auch beim **Flüssigkristallthermometer** sind es Farbumschläge, die die Temperaturanzeige ermöglichen.

Elektronisches Thermometer

Dieses Thermometer ist besonders geeignet für Messungen, die in einer gewissen Entfernung von der Messstelle durchgeführt werden, z. B. weil die zu messende Temperatur sehr hoch ist. Auch für die zentrale Überwachung der Temperatur an verschiedenen Stellen eines Gebäudes wird diese Art von Thermometern eingesetzt.

Fieberthermometer

Das mit Quecksilber gefüllte Fieberthermometer ① hat am Anfang des Steigrohrs eine Engstelle, die verhindert, dass das Quecksilber nach dem Messen sofort zurückläuft. Man kann in Ruhe den Wert ablesen, muss dann allerdings das Thermometer „runterschütteln". Der Nachteil dieser Thermometer ist, dass sie leicht zerbrechen können.

Beim digitalen Fieberthermometer ② besteht im Gegensatz zum Quecksilberthermometer keine Vergiftungsgefahr bei Bruch des Thermometers.

Bei dem modernen kleinkindfreundlichen Fieberthermometer ③ wird die Körpertemperatur im Ohr gemessen. Der Temperaturwert wird schon nach einer Sekunde im Sichtfenster angezeigt!

Eiskalt...   ...glühend heiß

tiefste Temperatur überhaupt	–273,15 °C
mittlere Nachttemperatur auf dem Mond	–170 °C
tiefste Temperatur auf der Erde (Antarktis)	–94 °C
mittlere Körpertemperatur eines Menschen	37 °C
höchste Temperatur auf der Erde (Wüste)	59 °C
mittlere Tagestemperatur auf dem Mond	ca. 130 °C
Eisen wird flüssig	1535 °C
Temperatur an der Oberfläche der Sonne	ca. 6000 °C
Temperatur im Innern der Sonne	ca. 15 Mio. °C
Temperatur auf dem Merkur	ca. 350 °C
Temperatur auf der Venus	ca. 450 °C
Temperatur auf dem Mars	ca. –60 °C
Temperatur auf dem Jupiter	ca. –150 °C
Temperatur auf dem Pluto	ca. –230 °C

Darstellen von Messwerten

Während eines Versuchs werden oft Messwerte aufgenommen, wie z. B. die Temperatur einer Flüssigkeit zu bestimmten Zeitpunkten. Diese Messwerte werden übersichtlich dargestellt, damit sie nicht verloren gehen und damit man Messergebnisse vergleichen kann. Oft kannst du aus einer sorgfältigen Darstellung sogar weitere wichtige Erkenntnisse ablesen.

Wasser wurde in einem Becherglas mithilfe eines Laborbrenners erhitzt. Nach dem Abschalten des Brenners kühlte das Wasser ab. Mit einem Thermometer wurde die Temperatur in Abständen von 5 Minuten gemessen.

Darstellung in einer Wertetabelle

Eine einfache Möglichkeit, die Messwerte übersichtlich darzustellen, ist die Wertetabelle. In unserem Beispiel wurden die Zeit und die Wassertemperatur gemessen. Die Wertetabelle besteht daher aus zwei Spalten, die jeweils eine entsprechende Überschrift haben.

In die Zeilen werden die Messwerte eingetragen. Dabei werden aber nicht nur die Zahlenwerte angegeben sondern auch, dass „in Minuten" bzw. „in °C" gemessen wurde. Überlege dir vor dem Erstellen der Wertetabelle, wie viele Zeilen du brauchst.

Zeit nach Ausschalten	Temperatur des Wassers
0 min	83 °C
5 min	70 °C
10 min	62 °C
15 min	56 °C
20 min	51 °C
25 min	47 °C
30 min	44 °C
35 min	41 °C
40 min	39 °C
45 min	38 °C

Regeln für das Erstellen eines Diagramms

1. Achsenkreuz zeichnen

Zeichne ein nicht zu kleines Achsenkreuz auf kariertes Papier. Die Hochachse beschriftest Du mit „Temperatur in °C" und die Querachse mit „Zeit in Minuten", weil dargestellt werden soll, wie sich die Temperatur im Laufe der Zeit ändert.

Die Angabe „Minuten" und „°C" ist wichtig, damit es nicht zu Verwechselungen kommt.

2. Einteilung der Achsen

Oft wird das auf einem Arbeitsblatt vorgegeben, manchmal musst du dir die Einteilung aber auch selbst überlegen:

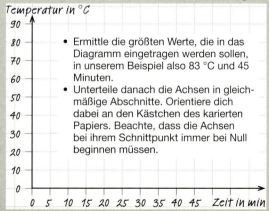

- Ermittle die größten Werte, die in das Diagramm eingetragen werden sollen, in unserem Beispiel also 83 °C und 45 Minuten.
- Unterteile danach die Achsen in gleichmäßige Abschnitte. Orientiere dich dabei an den Kästchen des karierten Papiers. Beachte, dass die Achsen bei ihrem Schnittpunkt immer bei Null beginnen müssen.

Achte auf Übersichtlichkeit. Eine Einteilung in 1 °C-Schritte wäre bei unserem Beispiel nicht sinnvoll.

Darstellung in einem Diagramm

Um die Messwerte anschaulicher als in einer Werte-tabelle darzustellen, kannst du sie in ein Diagramm übertragen.

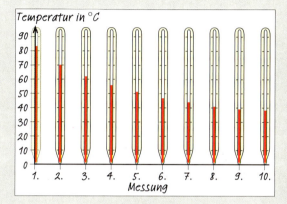

Das Zeichnen der vielen Thermometer ist sehr aufwändig, außerdem gibt es ja auch Versuche, bei denen die Temperatur mit einem Digital-Thermometer gemessen wird. Es gibt daher allgemeine Regeln für das Erstellen von Diagrammen. Hältst du dich daran, kannst du sicher sein, dass dein Diagramm überall auf der Welt richtig gelesen werden kann.

Auswertung des Diagramms

- Aus dem Diagramm kannst Du ablesen, dass die Temperatur zu Beginn der Messungen schnell gesunken ist. Je niedriger die Temperatur des Wassers war, desto langsamer erfolgte die weitere Abkühlung.
- Anhand der Ausgleichskurve kannst du z.B. abschätzen, wie hoch die Temperatur auch zu Zeitpunkten war, an denen nicht gemessen wurde. Umgekehrt kannst du auch ablesen, nach welcher Zeit eine bestimmte Temperatur erreicht wäre.

Um anzugeben, wie hoch die Temperatur z.B. nach 12 Minuten war, gehst du vom Wert 12 Minuten auf der Querachse senkrecht nach oben bis zur Kurve. Von diesem Punkt gehst du dann waagerecht nach links bis zur Hochachse. Dort kannst du die gesuchte Temperatur ablesen, die vermutlich zu diesem Zeitpunkt gemessen worden wäre.

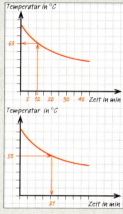

3. Eintragen der Messwerte

Beispiel: Nach 10 Minuten wurde die Temperatur 62 °C gemessen.

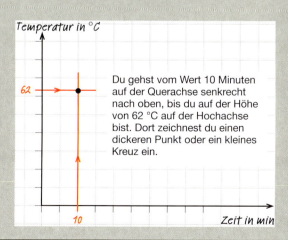

Du gehst vom Wert 10 Minuten auf der Querachse senkrecht nach oben, bis du auf der Höhe von 62 °C auf der Hochachse bist. Dort zeichnest du einen dickeren Punkt oder ein kleines Kreuz ein.

4. Kurve zeichnen

Wenn alle Messwerte in das Diagramm eingetragen sind, ist es meist sinnvoll, sie durch eine glatte Kurve ohne Ecken zu verbinden. Dabei müssen nicht alle Kreuze oder Punkte direkt auf der Kurve liegen: **Ausgleichskurve.**

Thermische Ausdehnung

Das hätte früher passieren können: Ein Autofahrer tankt sein Auto „randvoll" und stellt es für einige Zeit in der prallen Mittagssonne ab. Als er weiterfahren will, bemerkt er die Benzinpfütze unter dem Tank.
Sicher war der Tank nicht undicht. Aber warum ist dann das Benzin ausgelaufen? Hat es sich etwa ausgedehnt, also sein Volumen vergrößert?

Flüssigkeiten werden erhitzt

Wenn wir uns die Thermometerskalen auf den vorangehenden Seiten noch einmal genauer anschauen, stellen wir fest, dass die angezeigte Temperatur um so größer ist, je höher die Thermometerflüssigkeit im Steigrohr angestiegen ist. Bei steigender Temperatur braucht die Flüssigkeit zunehmend mehr Platz – sie dehnt sich aus. Verhalten sich *alle* Flüssigkeiten so?

Der Versuch im Bild unten zeigt das Verhalten dreier Flüssigkeiten, die gleichzeitig in heißes Wasser gestellt wurden. Der Flüssigkeitsspiegel, vorher bei allen gleich

hoch, ist unterschiedlich stark angestiegen. Lässt man die Flüssigkeiten eine Weile stehen, so ziehen sie sich bei Abkühlung wieder zusammen – der Flüssigkeitsspiegel sinkt.
Die Volumenzunahme einer Flüssigkeit ist um so größer,
● je größer ihr Ausgangsvolumen ist,
● je höher die Temperaturzunahme ist.

Damit verstehen wir, was beim Auto im Bild oben passiert ist. Das Benzin, das vor dem Auftanken im kühlen Erdtank gelagert war, wurde durch die Sonneneinstrahlung stark erhitzt, es dehnte sich aus. Da der Tank randvoll war, lief ein Teil des Benzins aus dem Einfüllstutzen auf die Straße.

So eine Benzinpfütze könnte gefährlich werden: Ein Funken, z.B. von einer weggeworfenen Zigarettenkippe, könnte das Benzin entzünden und einen Brand verursachen.

Zum Glück kann das heute nicht mehr passieren: Die Zapfpistolen schalten die Pumpen ab, bevor der Tank randvoll ist. So bleibt im Tank immer noch etwas Luft, sodass der Inhalt (Benzin, Heizöl) Platz zum Ausdehnen hat.

> Flüssigkeiten dehnen sich bei Temperaturerhöhung aus. Diese thermische Ausdehnung ist unterschiedlich stark für verschiedene Flüssigkeiten.

Zentraler Versuch

45 °C – Stand bei 20 °C

Wasser | Glykol | Alkohol

Aufgaben

1 Woher kommt der umgangssprachliche Ausdruck „Die Temperatur steigt" bzw. „fällt"?

2 Was würde sich im zentralen Versuch ändern, wenn wir dickere Steigrohre benutzt hätten?
Welche Änderungen im Versuchsaufbau wären sonst noch möglich und wie würden sie sich auswirken?

3 a) Warum sind Getränkeflaschen nie randvoll gefüllt?
b) Warum sollten Gurken oder Melonen nicht längere Zeit in der prallen Sonne liegen?

Die Celsius-Skala

Erhitzen wir eine Mischung aus zerstoßenem Eis und Wasser so lange, bis sie schließlich siedet, und beobachten dabei das „Thermometer" ohne Skaleneinteilung, so fällt uns etwas auf: Solange das Eis schmilzt, bleibt die Thermometerflüssigkeit an derselben Stelle stehen. Erst wenn alles Eis geschmolzen ist, steigt sie allmählich an, um dann während des Siedens wieder stehen zu bleiben!

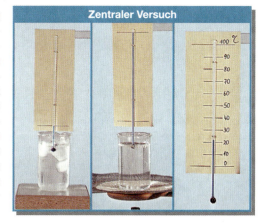

Zentraler Versuch

schiede oder -differenzen.
Beispiel: War im Sommer die höchste Tagestemperatur 32 °C und die niedrigste Nachttemperatur 8 °C, so betrug der Temperaturunterschied zwischen Tag und Nacht   32 °C – 8 °C = 24 C. Im Winter betrug die Temperaturdifferenz zwischen Tag (5 °C) und Nacht (–15 °C)

von – 15 °C bis 0 °C	15 °C
von 0 °C bis 5 °C	5 °C
Insgesamt also	20 °C

Diese erstaunliche Beobachtung veranlasste den Schweden AN-DERS CELSIUS im Jahre 1742 dazu, diese beiden Temperaturwerte als **Fixpunkte** für eine Temperaturskala zu wählen. So entstand die auch heute noch verwendete **Celsius-Skala** mit den beiden Fixpunkten **0 °C** („null Grad Celsius") für schmelzendes Eis und **100 °C** für siedendes Wasser. Den Abstand zwischen diesen beiden Fixpunkten teilte CELSIUS in 100 gleich große Teile und erhielt so die Einheit für die Temperatur, das Grad Celsius „1 °C".

Für Temperaturen unterhalb von 0 °C und oberhalb von 100 °C wird die Skala einfach nach unten und oben mit gleicher Einteilung fortgesetzt. Temperaturen unter 0 °C bekommen ein Minuszeichen.
Das Thermometer hat im Versuch mithilfe der beiden Fixpunkte eine Temperaturskala bekommen, es wurde **geeicht**. Mit ihm kann nun die Temperatur einer anderen Flüssigkeit bestimmt werden.

Manchmal interessieren uns nicht die genauen Temperaturwerte sondern eher die **Temperaturunter-**

Beim **Umgang mit dem Flüssigkeits-Thermometer** muss Folgendes beachtet werden:
● Thermometer so eintauchen, dass sich der Messfühler vollständig in der Flüssigkeit befindet;
● warten, bis die Thermometerflüssigkeit nicht mehr steigt oder sinkt;
● senkrecht auf die Skala blicken.

Grundlage für die Celsius-Skala sind die Fixpunkte:
  0 °C: Schmelztemp. von Eis
100 °C: Siedetemp. von Wasser

Angaben beim Messen

Die Temperatur ist eine **physikalische Größe.** Sie beschreibt eine Eigenschaft von Körpern, die wir messen können. Auch Zeiten und Strecken sind solche physikalischen Größen.
Bei der Angabe einer physikalischen Größe ist die **Einheit** genau so wichtig wie der **Zahlenwert.**
Beispiel: Es ist sicher ein großer Unterschied, ob du mit dem Fahrrad in 30 Minuten oder in 30 Sekunden eine Strecke von 10 Kilometern oder von 10 Metern fährst.
Physikalische Größen und Einheiten werden mit **Symbolen** abgekürzt. Um sie voneinander unterscheiden zu können, werden die Größensymbole schräg gedruckt.

Beispiel:

Phys. Größe	Symbol		Zahlenwert	Einheit
Strecke	s	=	10	km
Zeit	t	=	30	min

Aufgaben

1 **a)** Wie müsste ein Flüssigkeitsthermometer verändert werden, wenn die Striche auf der Skala weiter auseinander liegen sollen? (Es gibt drei Möglichkeiten!)
b) Nenne Vor- und Nachteil einer solchen Skala.
2 Wie groß ist jeweils die Temperaturdifferenz
a) zwischen der höchsten und der tiefsten je auf der Erde gemessenen Temperatur,
b) zwischen der durchschnittlichen Tagestemperatur auf dem Mond und der dortigen Nachttemperatur,
c) zwischen deiner Körpertemperatur und der höchsten Temperatur in der Wüste?
(Für die Temperaturwerte siehe Pinnwand Seite 35.)
3 Warum eignet sich Wasser nicht als Thermometerflüssigkeit für ein Außenthermometer bei uns? Warum würde es am Äquator funktionieren?
4 Was ist das Besondere an den Fixpunkten der Celsius-Skala?

Streifzug

Ungewöhnliches Verhalten von Wasser

Wasser gefriert – und bekommt Sprengkraft!

Vielleicht hast du schon erlebt, dass eine Getränkeflasche aus Glas „mal kurz" zum Abkühlen ins Gefrierfach gelegt und dann vergessen wurde. Entsetzt musstest du dann später feststellen, dass die Flasche von dem gefrorenen Getränk regelrecht gesprengt wurde.
Der Inhalt der Flasche (der zum größten Teil aus Wasser besteht) hat sich offensichtlich beim Gefrieren ausgedehnt und ist nicht wie erwartet geschrumpft.

Wachs

Grund: Beim Erstarren zu Eis verhält sich Wasser nicht so wie die meisten anderen Flüssigkeiten: Das Volumen einer Wassermenge nimmt beim Gefrieren um etwa 10% zu. Die Auswirkungen davon treffen wir überall dort an, wo eingeschlossene Wassermengen Frost ausgesetzt sind.

Wasser

- Wasserrohre werden deshalb mindestens 1 m tief im Boden verlegt, da in dieser Tiefe auch im strengsten Winter kaum Minusgrade erreicht werden. Gefährdet sind allerdings Wasserrohre im Garten, die sich über dem Boden befinden, und die Wasserhähne. Deshalb muss im Winter aus ihnen das Wasser abgelassen werden.
- Auch Straßenschäden entstehen durch gefrierendes Wasser unterhalb der Straßendecke. Im Frühjahr, wenn das Eis auftaut, entstehen dort Hohlräume, in die Wasser eindringt. Die darüber liegende Straßendecke bricht unter der Last der Autos ein – Schlaglöcher sind die Folge.
- Im Gebirge sorgt gefrierendes Wasser in Gesteinsspalten für Risse und Spaltungen im Fels. Die Entstehung von Geröllfeldern ist die Folge.

Aufgaben

1 In der Landwirtschaft wird der Ackerboden im Herbst in große Schollen umgepflügt und den Winter über so liegen gelassen. Im Frühjahr ist der Boden dann schön locker. Erkläre.

2 Erkläre, warum tiefere Seen im Winter nicht bis zum Boden durchgefroren sind, flachere Tümpel dagegen schon.

Warum gefriert ein See von oben zu?

Im Sommer erleben wir beim Tauchen in einem See, dass das Wasser an der Oberfläche wärmer ist als darunter. Je tiefer wir tauchen, desto kälter wird es. Das wärmere Wasser, das ein größeres Volumen hat als das kältere, ist offenbar leichter als dieses. Es würde sonst nach unten sinken. Aber warum entsteht die Eisschicht im Winter dann nicht auf dem Boden des Sees?

Hier zeigt sich ein weiteres eigenwilliges Verhalten des Wassers: Wird Wasser abgekühlt, so nimmt das Volumen zunächst wie erwartet ab. Doch ab 4 °C tritt etwas Unerwartetes ein: Bei weiterer Abkühlung bis 0 °C dehnt sich das Wasser wieder aus! Bei 4 °C hat das Wasser demnach sein kleinstes Volumen. Dieses abweichende Verhalten von Wasser im Temperaturbereich zwischen 0 °C und 4 °C nennt man die **Anomalie des Wassers.**

Was bedeutet das für den See im Winter?
Im Winter kühlt der See zunächst immer mehr ab. Ab einer Temperatur von 4 °C dehnt sich bei weiterer Abkühlung das Wasser an der Oberfläche aus. Dieses kältere Wasser ist nun leichter als das 4 °C „warme" Wasser darunter, bleibt deshalb oben und gefriert schließlich. Während also der See an der Oberfläche zufriert, beträgt unten am Boden des Sees die Temperatur 4 °C und gewährleistet Pflanzen und Tieren das Überleben auch im kalten Winter, wenn das Wasser nicht bis zum Boden durchfriert.

0 Grad
1 Grad
2 Grad
3 Grad
4 Grad

Thermische Ausdehnung von Luft

Bei einem Heißluftballon wird die Luft im Innern des Ballons von einem Gasbrenner erhitzt, der Ballon bläht sich auf und steigt schließlich hoch. Warum ist das so?

Das Bild rechts hilft uns weiter: Wenn die Luft im Glaskolben links erhitzt wird, steigen Luftblasen im Messzylinder rechts hoch.

Offensichtlich dehnt sich die Luft im Rundkolben bei der Temperaturerhöhung aus und strömt durch das Glasrohr in den Messzylinder. Da sie das Wasser aus dem Messzylinder verdrängt, lässt sich die Volumenzunahme der Luft direkt ablesen.

Genaue Messungen zeigen, dass sich Luft umso stärker ausdehnt, je größer die Temperaturzunahme ist. Die Volumenzunahme von einem Liter Luft beträgt pro 1 °C Temperaturerhöhung etwa 4 ml.

Zentraler Versuch

Das ist wesentlich mehr als die Volumenzunahme bei festen oder flüssigen Körpern.

Zurück zum Heißluftballon: Durch den Brenner wird die Luft in der Ballonhülle erhitzt. Die Luft dehnt sich aus und strömt zum Teil unten aus der Ballonhülle heraus. Daher ist der Ballon nun leichter als vor dem Feuerstoß – er steigt auf.

> Luft dehnt sich bei Temperaturerhöhung aus und zieht sich bei Abkühlung zusammen.

Aufgaben

1 Warum darf eine Luftmatratze oder ein Schlauchboot am Morgen eines heißen Sommertages nicht zu stark aufgepumpt werden?

2 Einen eingebeulten Tischtennisball kannst du wieder „reparieren", indem du ihn in heißes Wasser legst. Erkläre, wie diese „Reparatur" funktioniert.

Thermische Ausdehnung von Flüssigkeiten und Luft　　Versuche und Aufträge

V1 a) Fülle ein Filmdöschen randvoll mit Wasser, verschließe es mit dem Deckel und lege es einige Stunden in ein Gefrierfach.
Beschreibe deine Beobachtung beim Herausnehmen und erkläre sie.
b) Wiederhole den Versuch statt mit Wasser mit Butter, die du vorher im Wasserbad hast flüssig werden lassen. **Vorsicht beim Einfüllen der heißen Butter!**
Beschreibe deine Beobachtung. Was ist der Unterschied zum Wasser?

V2 Fülle eine Thermoskanne zu ungefähr $\frac{3}{4}$ mit heißem Wasser **(Vorsicht:** Verbrühungsgefahr!) und drücke den Verschluss-Stopfen leicht fest.
a) Beschreibe, was nach kurzer Zeit zu sehen bzw. zu hören ist.
b) Versuche eine Erklärung deiner Beobachtung.
c) Überlege dir eine Erweiterung des Versuchs, mit der du überprüfen kannst, ob deine „Theorie" richtig ist.

V3 Feuchte die Öffnung einer leeren Flasche an und lege eine Münze darauf, die die Öffnung gerade verschließt.
a) Lege beide Hände um die Flasche und beobachte die Münze einige Zeit. Beschreibe und erkläre deine Beobachtungen.
b) Warum klappt der Versuch noch besser, wenn die Flasche vorher im Kühlschrank war?

V4 Stülpe einen Luftballon über den Hals einer leeren Glasflasche, die du vorher einige Zeit in den Kühlschrank gelegt hast. Stelle die Flasche nun in heißes Wasser. Erkläre deine Beobachtung.

V5 Baue dieses „Luftthermometer" nach.
a) Umschließe es längere Zeit mit den Händen. Tauche es dann in kaltes Wasser.
b) Erkläre deine Beobachtung.

Trinkhalm
Knetgummi
Marmeladenglas
mit Tinte gefärbtes Wasser

Thermische Ausdehnung von festen Körpern

Lange Brücken sind oft nur auf einer Seite fest verankert, während das andere Ende frei beweglich auf Rollen oder auf Gleitflächen gelagert ist. Wozu braucht die Brücke diese „Bewegungsfreiheit"?

Rollenlager

Gleitlager

Die Stahlkugel, die bei Zimmertemperatur genau durch den Ring passt, bleibt nach dem Erhitzen über einer Gasflamme auf dem Ring liegen. Nach einiger Zeit fällt sie wieder hindurch. Ganz offensichtlich hat sich die Kugel beim Erhitzen ausgedehnt und beim Abkühlen wieder zusammengezogen. Ohne den Ring würden wir der Kugel diese minimale Volumenveränderung wohl kaum ansehen. Die Ausdehnung fester Körper ist sehr gering. Trotzdem dürfen wir sie nicht vernachlässigen.

Bei lang gestreckten festen Körpern wie Brücken oder Eisenbahnschienen interessiert uns insbesondere die Ausdehnung in *Längsrichtung*.

Im Versuch wird die **Längenausdehnung** verschiedener Stoffe untersucht. Das Metallrohr, das am einen Ende fest eingespannt ist und am anderen locker aufliegt, wird durch heißes Wasser oder Wasserdampf erhitzt. Die sehr kleine, mit dem bloßen Auge nicht wahrnehmbare Längenausdehnung wird über den Zeiger sichtbar gemacht. Kühlt das Rohr später wieder ab, so zieht es sich zusammen; der Zeiger geht wieder in seine Ausgangsstellung zurück.

Der Vergleich verschiedener Rohre zeigt, dass die Längenausdehnung abhängig ist
● vom *Stoff:* Z. B. dehnt sich ein Aluminiumrohr bei gleicher Temperaturerhöhung stärker aus als ein Kupferrohr;
● von der *Ausgangslänge:* Je länger das Rohr ist, desto mehr verlängert es sich;
● von der *Temperaturdifferenz:* Je größer die Temperaturzunahme, desto stärker die Ausdehnung.

Die Tabelle rechts oben zeigt die Längenzunahme verschiedener

1 m langer Stäbe bei Temperaturerhöhung um 1 °C. Die Zahlenwerte erscheinen verschwindend gering, doch das Beispiel der Eisenbahnbrücke macht deutlich, dass die Längenausdehnung im Straßen-, Schienen- und Brückenbau berücksichtigt werden muss.

Natürlich nimmt z. B. bei einer Eisenschiene nicht nur die Länge bei Temperaturerhöhung zu, sondern auch ihre Breite und Höhe, allerdings in sehr viel geringerem Maße im Vergleich zur Längenausdehnung.

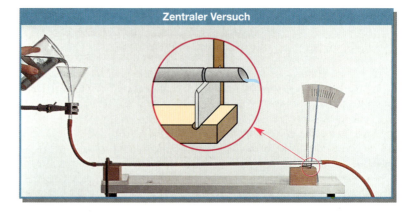

Zentraler Versuch

Feste Körper dehnen sich im Allgemeinen bei Temperaturerhöhung in alle Richtungen aus.
Die Längenausdehnung fester Körper bei Temperaturerhöhung ist abhängig vom Stoff, von der Ausgangslänge und von der Temperaturzunahme des Körpers.

So weit dehnen sich 1 m lange Stäbe bei Erwärmung um 100 °C aus:

4 mm	Aluminium
1,8 mm	Messing
1,7 mm	Kupfer
1,2 mm	Eisen
1,2 mm	Beton
0,8 mm	Jenaer Glas
0,3 mm	Porzellan

Wie groß die auftretenden Kräfte bei der thermischen Ausdehnung fester Stoffe sein können, zeigt der „Bolzensprengapparat". Wenn der Mittelstab erhitzt wird, dehnt er sich aus. Durch Hineinschieben des Keils kann er während des Erhitzens nachgespannt werden. Kühlt der Stab anschließend ab, so zieht er sich so stark zusammen, dass der Bolzen zerknallt.

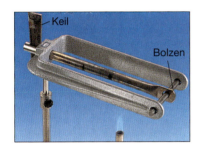

Aufgaben

1 Eisen und Beton sind für die Konstruktion großer Bauwerke „füreinander wie geschaffen". Begründe diese Aussage.

2 Ein eisernes Gartentor klemmt in einer Jahreszeit immer nur an der seitlichen Verriegelung am gemauerten Pfosten. In einer anderen Jahreszeit schleift es an den Platten am Boden. Nie passiert beides gleichzeitig.
a) In welcher Jahreszeit tritt welche Schwierigkeit auf?
b) Benenne die Ursachen für beide Schwierigkeiten.
c) Wie ist Abhilfe möglich?

Rechenbeispiel

Thermische Längenausdehnung bei einer Eisenbrücke

Diese Eisenbahnbrücke wurde im Jahre 1897 in der Nähe der Ortschaft Müngsten gebaut, um die Städte Remscheid und Solingen miteinander zu verbinden. Der Bau war ein Gemeinschaftswerk verschiedener Konstrukteure, bei dem ANTON RIEPPEL (1852–1926), von dem auch der Entwurf stammte, maßgeblich beteiligt war.

Die gewaltige Eisenkonstruktion, die später zum Vorbild für die Straßenbrücke über den Niagara wurde, war für die damalige Zeit ein technisches Wunder. Nichts Vergleichbares war bis dahin gebaut worden, es gab also keine Erfahrung auf diesem Gebiet. 5000 Tonnen Stahl und Eisen wurden gebraucht für die 500 m lange, bis heute höchste Eisenbrücke Deutschlands (107 m über der Talsohle).

Welchen Einfluss haben nun die Temperaturdifferenzen zwischen Winter und Sommer auf die Länge der Brücke?

In unseren Regionen müssen wir im Winter mit Temperaturen bis zu −30 °C, im Sommer bis zu +50 °C rechnen, d. h. wir nehmen eine Temperaturdifferenz von 80 °C an.

Der Tabelle entnehmen wir, dass ein 1 m langer Eisenstab sich bei einer Temperaturerhöhung von 1 °C um 0,012 mm ausdehnt.
Die 500 m lange Brücke verlängert sich dann bei einer Temperaturerhöhung um 1 °C um:
$500 \cdot 0,012$ mm = 6 mm.
Bei der angenommenen Temperaturdifferenz von 80 °C erhalten wir die Längenänderung:
$80 \cdot 6$ mm = 480 mm.
Das ist immerhin fast ein halber Meter!

Beim Entwurf der Brücke wurde dies berücksichtigt: Unterbrechungen der Eisenträger über den Pfeilern sowie „Pufferzonen" bei den Schienen sorgen dafür, dass die Brücke sich ausdehnen kann, ohne dass sie dadurch zerstört wird.

Das Bimetall

Die thermische Ausdehnung fester Körper bereitet im Alltag zwar oft Probleme, lässt sich aber auch nutzbringend anwenden.

Das **Bimetall** ist ein Beispiel dafür. Es besteht aus zwei (Bi-: lat. zwei) aufeinander gewalzten Metallstreifen, die sich bei Erwärmung unterschiedlich stark ausdehnen (z. B. Eisen und Messing). Wird der Streifen erhitzt, so verbiegt er sich in die Richtung des Stoffes mit der geringeren Ausdehnung. Die Krümmung ist umso stärker, je größer die Temperaturzunahme ist. Aufgerollt zu einer Spirale kann ein solcher Bimetallstreifen zur Temperaturanzeige verwendet werden. Dazu wird das eine Ende des Streifens festgeklemmt, das andere wird mit einem Zeiger versehen. Das Ganze wird in einem Gehäuse mit Temperaturskala untergebracht – und fertig ist das **Bimetallthermometer.**

Messing
Eisen

Auch als **Feuermelder** findet der Bimetallstreifen Verwendung. Dazu wird er in einen elektrischen Stromkreis eingebaut. Wird eine bestimmte Temperatur überschritten, so verbiegt sich der Streifen so, dass er den Stromkreis schließt und damit ein Alarmsignal auslöst, im Bild z. B. die Lampe leuchten lässt.

Je nach Aufbau der Schaltung kann das Bimetall aber auch den Stromkreis unterbrechen, um elektrische Geräte (z. B. ein Bügeleisen) vor Überhitzung zu schützen. Nach Abkühlung des Geräts setzt das Bimetall selbsttätig den Betrieb wieder in Gang und hält so die Temperatur innerhalb gewisser Grenzen konstant. Man spricht dann auch von einem **Thermostat.**

1 In welche Richtung biegt sich jeweils das Bimetall?

Aluminium Messing
Eisen Kupfer

Thermische Ausdehnung von festen Körpern

V1 Baue mit zwei gleich hohen Flaschen, einem Korken, einer Stricknadel aus Metall (oder einer alten Fahrradspeiche), einer Nähnadel, einer Kerze und einem Trinkhalm als Zeiger folgende Versuchsanordnung auf.

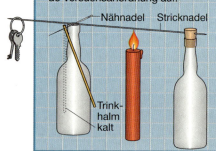
Nähnadel Stricknadel
Trinkhalm
kalt

Das freie Ende der Nadel soll auf dem Flaschenhals der zweiten Flasche aufliegen.
a) Erhitze die Stricknadel mit der Kerzenflamme und beobachte.
b) Erkläre deine Beobachtung.

V2 Schlage drei Nägel so in ein Brettchen, dass eine Münze gerade noch dazwischen passt.
a) Halte die Münze mit einer Zange über eine Kerzenflamme. Probiere, ob sie immer noch passt.
b) Tauche die heiße Münze dann in kaltes Wasser und teste erneut.
c) Erkläre deine Beobachtungen.

V3 Schneide Kaugummipapier oder Papier einer Schokoladenpackung in Streifen (ca. 10 cm x 1 cm). Klemme das eine Ende in eine Wäscheklammer und wickele den Streifen fest um das untere Ende der Klammer zu einer Spirale. (Das weiße Papier soll nach außen zeigen.)
a) Nähere die Spirale einer Kerzenflamme und erwärme sie vorsichtig. Was beobachtest du?
b) Wickle den Streifen nun anders herum und erhitze wieder. Was passiert jetzt?
c) Erkläre die Beobachtungen.

THERMISCHE AUSDEHNUNG IN UMWELT UND TECHNIK

Straßenbau

Beim **Brückenbau** wird, wie wir bereits gesehen haben, ein Ende der Brücke auf Rollen gelagert. Im Brückenbelag sorgt eine Dehnungsfuge für entsprechende Bewegungsfreiheit.

Solche Dehnungsfugen gibt es auch auf **Autobahnen**. Dort bestehen sie aus einem mit Kunststoff oder Asphalt ausgefüllten Spalt zwischen den großen Betonplatten.

Stahlbeton

Beim Bau von großen Gebäuden wird häufig **Stahlbeton** verwendet, d. h. zur Verstärkung werden Stahlgerippe in die Betonwände oder -decken mit eingegossen. Die Verbindung dieser Baustoffe ist deshalb möglich, weil sich Stahl und Beton bei Temperaturerhöhung gleich stark ausdehnen.

Lange **Rohrleitungen**, z. B. bei Fernheizungen, in chemischen Industrieanlagen usw., werden in regelmäßigen Abständen in Bögen gelegt. Wenn das Rohr sich ausdehnt, wird der Bogen unten entsprechend enger, aber das Rohr bricht nicht.

Eisenbahnräder und Weinfässer

Der Radreifen, das ist die Lauffläche des Rades, besteht aus besonders hartem Stahl. Durch „Aufschrumpfen" wird er auf dem eigentlichen Rad befestigt. Das Bild zeigt, wie der Spurkranz mit einem ringförmigen Gasbrenner erhitzt wird. Dann wird der kalte Radkörper von oben hineingesetzt und das Ganze wird abgekühlt. Ohne Schweißen oder Verschrauben sitzt der Spurkranz felsenfest.

Ausdehnungsgefäß bei einer Warmwasser-Zentralheizung

Rohre, Heizkörper und Kessel einer Heizanlage sind ein geschlossenes System, aus dem kein Wasser entweichen kann. Um ein Platzen durch die Ausdehnung des Wassers beim Erhitzen zu vermeiden, ist ein Ausdehnungsgefäß eingebaut. Es ist zum Teil mit Wasser, zum Teil mit Luft gefüllt. Wenn sich das Wasser bei höheren Temperaturen ausdehnt, wird die Luft zusammengepresst.

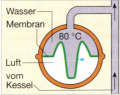

zum Heizkörper

Wasser

40 °C

Luft

Membran

Wasser

Membran

Luft

vom Kessel

80 °C

Weinfässer aus Holz werden von Metallreifen zusammengehalten. Bei der Fertigung der Fässer wird der Reifen stark erhitzt und in heißem Zustand um das Fass gelegt. Wenn er sich anschließend abkühlt, zieht er sich zusammen und presst die Holzteile (Fassdauben und Boden) so fest zusammen, dass keine Flüssigkeit auslaufen kann.

Temperatur und thermische Ausdehnung

A1 a) Beantworte zu den Merkzettel-Begriffen folgende Fragen: Was bedeutet der Begriff? Wie und in welcher Einheit wird diese Größe gemessen? Gibt es sonst noch Wissenswertes über diesen Begriff?
b) Wenn du die Fragen nicht auf Anhieb beantworten kannst, dann lies die entsprechenden Seiten im Buch noch einmal gründlich durch.
c) Notiere auf der Vorderseite von Karteikarten den Begriff, auf der Rückseite die Erläuterung.

A2 a) Beschreibe den Aufbau eines Flüssigkeitsthermometers.
b) Worauf beruht seine Funktionsweise?

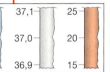

c) Die Thermometer mit den nebenstehenden Skalen sind alle mit der gleichen Flüssigkeit gefüllt. Wie unterscheiden sich die Steigrohre hinsichtlich Länge und Durchmesser?

A3 a) Beschreibe, wie CELSIUS eine Skala für ein ungeeichtes Flüssigkeitsthermometer entwickelt hat und wie diese Skala heute genutzt wird.
b) „Fix" heißt „fest". Erläutere den Namen „Fixpunkt".
c) Nenne die Fixpunkte, die GALILEI und FAHRENHEIT für ihre Thermometer gewählt haben.
d) Zeichne eine Temperaturskala nach FAHRENHEIT.
e) Wenn es sehr warm wird in den USA, sagen die Leute dort: „It's very hot today – more than 95 degrees".

A4 Ein Thermometer ohne Skala soll in Grad Celsius geeicht werden.
a) Wie heißen die beiden Fixpunkte der Skala?
b) Beschreibe die einzelnen Schritte, mit denen die beiden Fixpunkte für die Skala festgelegt werden können.
c) Wie muss weiter vorgegangen werden, um das ungeeichte Thermometer mit einer vollständigen Celsius-Skala zu versehen?

A5 Der Bimetallstreifen hat sich bei Erwärmung nach unten gebogen.
a) Welches der beiden Metalle A oder B dehnt sich stärker aus? Begründe deine Vermutung.
b) Wie biegt sich der Streifen, wenn er von oben erhitzt wird?
c) Wie ist ein Bimetallthermometer aufgebaut? Erkläre seine Funktionsweise.

A6 Um wie viel Grad ist die Temperatur gestiegen oder gefallen, wenn sich die Spitze der Flüssigkeitssäule eines Thermometers bewegt
a) von 27 °C bis 42 °C,   **b)** von 9 °C bis –4 °C,
c) von –12 °C bis –3 °C,   **d)** von –8 °C bis 10 °C,
e) von 17 °C bis –3 °C,   **f)** von 103 °C bis –103 °C?

A7 a) Beschreibe die Funktionsweise der rechts dargestellten Thermometer.
b) Wie verändert sich die Anzeige, wenn die gemessene Temperatur zu- bzw. abnimmt?

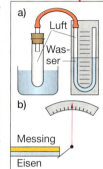

A8 Du hast eine Tasse versehentlich so voll heißen Tee gegossen, dass ein „Hügel" entstanden ist. Nach etwa zehn Minuten ist der Hügel nicht mehr vorhanden, ohne dass aus der Tasse getrunken worden wäre.

A9 Zwei Glasrohre sind wie in der Zeichnung angeordnet. Man beobachtet, dass sie sich verbiegen, wenn man sie so wie dargestellt erhitzt.
a) Gib an, in welcher Richtung sich ihre oberen Enden bewegen werden.
b) Begründe, weshalb sich die Glasrohre gerade in dieser Weise verbiegen.

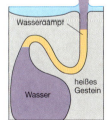

A10 Stahlbeton ist ein sehr schwerer Baustoff. Ein pfiffiger Erfinder kommt auf die Idee, statt des Stahlgeflechtes im Beton Matten aus Aluminium zu verwenden.

A11 Damit ein Geysir Wasser ausstößt, muss Dampf in der unterirdischen Röhre sein.
a) Erkläre, wie der Dampf entsteht.
b) Wie kommt es zum Ausstoßen des Wassers?

Die wichtigsten Begriffe

* Temperatur
* Thermometer
* Celsiusskala
* Thermische Ausdehnung von
  Flüssigkeiten
  Festkörpern
  Luft

S. 33
S. 33, 35
S. 39

S. 38, 40
S. 42–45
S. 41

Magnetismus

Im Bild wurden kleine Eisenspäne auf einen roten
Karton gestreut, unter dem sich Magnete befinden.
Ganz offensichtlich sorgen die Magnete dafür,
dass sich die Späne in einer ganz bestimmten Art
und Weise anordnen. An einigen Stellen zeigen
die Eisenspäne sogar nach oben!
Wie kommt diese Ausrichtung der Eisenspäne zustande?
Wirken Magnete auch auf Körper, die nicht aus Eisen
bestehen? Kann man Magnete auch selbst herstellen?

Jedes Kind weiß, dass sich Magnete anziehen. Wie kann dann aber ein Magnet einen anderen Magneten schweben lassen?

Vor etwa 500 Jahren wurden in Europa die ersten Kompasse entwickelt, um Seefahrern die Orientierung auf hoher See zu ermöglichen. Wie ist ein Kompass aufgebaut? Warum kann er uns den Weg weisen?

Es gibt Pinnwände, die nicht mit Nadeln oder Reißzwecken funktionieren. Warum haften die Pinns an ihnen? Woraus bestehen die Pinns und woraus die Tafeln?

Eigenschaften von Magneten

Alle Gegenstände fallen zu Boden, wenn sie nicht fest-gehalten werden. Die Büroklammer im Bild rechts aber fällt nicht. Wird sie vom Magneten gehalten?
Können wir alle Gegenstände wie die Büroklammer schweben lassen?

Wovon hängt es ab, ob eine Büroklammer von einem Magneten angezogen wird oder nicht? Ziehen alle Be-reiche eines Magneten eine Büroklammer gleich stark an oder manche mehr, manche weniger?

Magnetkräfte

Wer selber schon einmal mit den Magneten von einer Pinnwand und verschiedenen Gegenständen oder Münzen experimentiert hat, konnte feststellen, dass nicht alle von Magneten angezogen werden.

Die magnetische An-ziehung wirkt nur auf Gegenstände, die ent-weder aus Eisen, Nickel oder Cobalt sind. Wäh-rend heruntergefallene Stecknadeln schon an-gezogen werden, wenn der Magnet nur in ihre Nähe kommt, können wir Messingnägel oder Plastikbüroklammern nicht mit einem Magneten einsammeln.

Zentraler Versuch

> Gegenstände, die Eisen (oder Nickel oder Cobalt) enthalten, werden von Magneten angezogen.

Magnetpole

Die Büroklammer im Bild oben verharrt vor einem Ende des Magneten, weil die Gegenstände, die ein Magnet anzieht, von seinen Enden deutlich stärker an-gezogen werden.

Das Nagelbüschel im Bild links zeigt deutlich, dass jeder Magnet zwei Stellen stärkster Anzie-hung hat. Diese Stellen nennen wir **Pole.** Sie liegen bei dem verwen-deten **Stabmagneten** an den Enden.

Die Form und die Grö-ße eines Magneten ha-ben nicht unbedingt etwas mit seiner Anziehungskraft zu tun.

> Jeder Magnet hat zwei Pole. An den Polen ist die Anziehungskraft am größten.

Magnetkräfte und Magnetpole

Versuche und Aufträge

V1 Wie kannst du feststellen, ob dein Fahrradrahmen aus Ei-sen hergestellt ist?

V2 Welche Geldstücke werden von einem Magneten angezo-gen? Aus welchen Stoffen könn-ten sie bestehen?

V3 Notiere, wo zu Hause Magnete verwendet werden.

V4 Welche Gegenstände werden von Magneten angezogen, welche nicht? Fertige eine Tabelle an und stelle Gemeinsamkeiten der Ge-genstände fest.

V5 In die Nähe eines beweg-lichen Magneten wird ein un-magnetischer Nagel aus Eisen gehalten. Der Magnet bewegt sich zum Nagel hin. Was schließt du daraus?

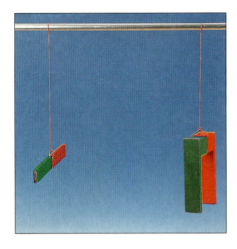

Es gibt nur zwei Pole

Werden Magnete horizontal frei drehbar aufgehängt, so stellen wir fest:
- Das Hin- und Herdrehen der Magnete hört nach einiger Zeit auf.
- Die Enden der Magnete zeigen bei jeder Wiederholung des Versuchs in Nord-Süd-Himmelsrichtung.
- Es zeigt immer der gleiche Pol der Magnete nach Norden.

Wir nennen ihn **Nordpol** (Zeichen N) und markieren ihn meist rot. Der nach Süden zeigende Pol erhält den Namen **Südpol** (Zeichen S) und wird meist grün markiert.

Genau dasselbe Verhalten zeigen die Magnetnadeln im Kompass.

> Jeder Magnet hat einen Nordpol und einen Südpol. Bei frei beweglichen Magneten zeigt der Nordpol immer in die Himmelsrichtung Norden.

Magnetisches Kraftgesetz

Die anziehende Kraft, die ein Magnet auf andere eiserne Körper ausübt, ist an seinen Polen am größten. Wie wirken die Pole aufeinander? Ziehen sich auch die Pole gegenseitig an?

Nähern wir dem Nordpol eines drehbaren Magneten zunächst den Nordpol und dann den Südpol eines zweiten Magneten, so stellen wir fest: Die Magnete beeinflussen sich gegenseitig.

Im ersten Fall stoßen sich die Magnete ab, im zweiten Fall ziehen sie sich an. Eine Wiederholung durch Annäherung an den beweglichen Südpol liefert ebenfalls Abstoßung bei gleichen Polen und Anziehung bei ungleichen Polen.

Wird ein Stabmagnet in Längsrichtung an einem Kompass vorbeigeschoben, zeigt zunächst der Nordpol der Kompassnadel zum Südpol des Stabmagneten. Befindet sich der Magnet genau neben dem Kompass, steht die Kompassnadel parallel zum Magneten, da die ungleichen Pole sich jeweils anziehen. Wird der Stabmagnet weiterbewegt, folgt der

Südpol der Kompassnadel dem Nordpol des Stabmagneten. Die Kompassnadel führt eine halbe Drehung aus.

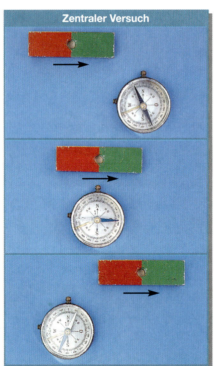

Zentraler Versuch

> **Magnetisches Kraftgesetz**
> Gleiche Pole stoßen einander ab, ungleiche Pole ziehen einander an.

Aufgaben

1 Was passiert, wenn du einen Magneten in die Nähe eines Kompasses bringst?

2 In die Nähe einer frei beweglichen Magnetnadel wird ein Eisenstab gehalten. Warum dreht sich die Magnetnadel zum Eisenstab hin?

3 Wie kannst du nachprüfen, dass Kompassnadeln Magnete sind?

4 Wie gehst du vor, wenn du die Pole eines Magneten bestimmen willst
a) ohne einen zweiten Magneten;
b) mit einem zweiten Magneten?

5 Stelle einen Stabmagneten hochkant auf eine Waage (z. B. Briefwaage). Nähere dann einen zweiten Magneten so von oben, dass einmal gleiche Pole und einmal ungleiche Pole gegenüber sind. Was beobachtest du? Erkläre.

6 Zwei Stabmagnete werden zusammengehalten und in eine Kiste mit Nägeln getaucht. Beobachte und erkläre den Unterschied, wenn einmal gleiche und einmal ungleiche Pole nebeneinander liegen.

7 Ein nicht magnetischer Eisenstab und ein Magnet sehen völlig gleich aus. Wie kannst du ohne andere Hilfsmittel herausfinden, welches der Magnet ist?

Magnetische Kräfte

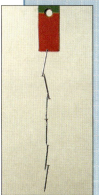

V1 Hänge an einen Stabmagneten Nagelketten aus kleinen Nägeln.
a) Was kannst du über die Haltekraft des Magneten an den verschiedenen Seitenflächen aussagen?
b) Notiere und begründe deine Beobachtungen.

V2 a) Lege eine Büroklammer an die Nullmarkierung eines Lineals. Nähere einen Stabmagneten vorsichtig von rechts der Büroklammer und beobachte, bei welchem Abstand sie merklich angezogen wird. Notiere die Ergebnisse in einer Übersicht.
b) Was kannst du über die anziehende Kraft aussagen?

V3 Zwei ringförmige Magnete werden auf einen Stab gesteckt, auf dem sie leicht beweglich sind.
a) Erkläre, warum der obere Magnet über dem unteren Magneten schwebt.
b) Was geschieht, wenn der obere Magnet anders herum auf den Stab gesteckt wird?

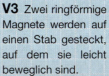
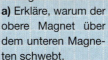

V4 a) Lege einen Magneten auf zwei runde Zahnstocher und nähere einen Nagel. Was kannst du beobachten?
b) Was geschieht bei der Annäherung eines zweiten Magneten?

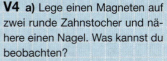

EINSATZMÖGLICHKEITEN VON MAGNETEN

Magnetische Spielereien auf dem Schreibtisch

Schon Kleinkinder machen Erfahrungen mit Magneten

Anwendung von Magneten

Magnetfeld und Feldlinien

An den Polen des Stabmagneten bilden Eisenspäne Büschel wie die Stacheln eines Igels. Im Inneren des Hufeisenmagneten bilden sie gerade Ketten.

Wie müssen wir diese Bilder deuten und was sagen sie uns darüber, wie weit und in welcher Richtung die magnetischen Kräfte wirken?

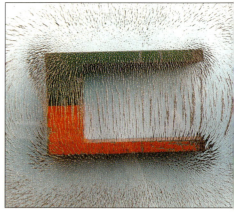

Schon die schwebende Büroklammer zeigte, dass Magnetkräfte über Entfernungen wirken. Was das Besondere an diesen Kräften ist, zeigt der rechts fotografierte Versuch: Nähern wir einer magnetisierten Stricknadel, die in einem Korken steckt und daher in Wasser schwimmt, einen Stabmagneten von der Seite, so machen wir eine erstaunliche Beobachtung: Die Nadel schwimmt nicht direkt auf einen der beiden Pole zu, sondern auf einer gebogenen Bahn. Offensichtlich haben die magnetischen Kräfte, die ja die Bahn hervorrufen, überall eine andere Richtung.

Der Bereich um einen Magneten, in dem magnetische Kräfte wirken, heißt **Magnetfeld.** Um genauere Vorstellungen vom Feld zu bekommen, können wir
● viele Magnetnadeln in der Nähe eines Magneten aufstellen (Bild ①).
● Eisenspäne im Feld des Magneten verteilen (Bild ②). Jeder Eisenspan verhält sich wie eine winzige Magnetnadel.

Zentraler Versuch

Deutlich erkennen wir eine Ordnung in Form von Linien, die von einem Pol zum anderen verlaufen (Bild ③). Wir nennen diese Linien **Feldlinien.** Der Vergleich der beobachteten Bewegung mit dem Feldlinienbild eines Stabmagneten zeigt, dass die Magnetnadel beim Versuch fast genau auf einer Feldlinie gelaufen ist.
Die Feldlinien zeigen also die Richtung an, in der sich eine kleine Magnetnadel an der Stelle, durch die die Linie verläuft, ausrichten würde. Das Igel-Bild oben zeigt, dass die Feldlinien im gesamten Raum um einen Magneten herum verlaufen.

Das Bild des Hufeisenmagneten gibt uns Hinweise auf Besonderheiten dieses magnetischen Feldes:
● Wir wissen, dass die Magnetkraft an den Polen am stärksten ist. Die Eisenspäne zeigen, dass die Feldlinien an den Polen dichter beieinander liegen. Je mehr Linien auf kleinem Raum verlaufen, desto größer sind die magnetischen Kräfte an dieser Stelle.
● Im Innenraum des Hufeisenmagneten sind die Feldlinien parallel. Parallele Linien zeigen Raumbereiche an, in denen die magnetischen Kräfte gleich groß sind und in die gleiche Richtung wirken.

> Im Raum um einen Magneten gibt es ein magnetisches Feld, in dem magnetische Kräfte wirken. Magnetfelder lassen sich durch Feldlinien darstellen.

Aufgaben

1 Welche Aufgabe haben die Eisenfeilspäne beim Auffinden des magnetischen Feldes?
2 Welche Besonderheit kann ein magnetisches Feld aufweisen und wodurch ist sie gekennzeichnet?
3 Was ist der Unterschied zwischen einem magnetischen Feld und einem Feldlinienbild?

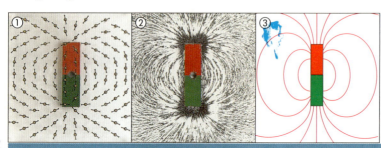

Das Magnetfeld der Erde

Die Erde besitzt ein magnetisches Feld, das Ähnlichkeit mit dem Feld eines sehr großen Stabmagneten hat. Genau wie bei einem Stabmagneten ordnen wir auch dem Erdmagnetfeld einen Nord- und einen Südpol zu.

Eine Magnetnadel zeigt nicht genau den Weg zum geografischen Nordpol. Der magnetische Südpol der Erde liegt etwa 1500 km vom geografischen Nordpol entfernt. Deshalb weicht in Deutschland eine Kompassnadel um einen Winkel von etwa 6° aus der geografischen Nord-Süd-Richtung ab. Auf jedem Kompass befindet sich daher eine zusätzliche Markierung, auf die die Magnetnadel zeigen muss, wenn die Nordrichtung ermittelt werden soll.

Durch Messungen von Flugzeugen und Satelliten aus lassen sich die räumliche Ausdehnung, Stärke und Richtung des Erdmagnetfeldes feststellen.

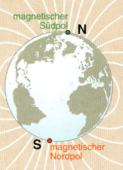

Das Erdmagnetfeld reicht weit über die Lufthülle hinaus. Es hat nicht nur große Bedeutung für die Orientierung des Menschen sondern auch für viele Tiere. Die Zugvögel zum Beispiel orientieren sich auf ihren Flügen zum Winterquartier und zurück an ihm.

Einnorden einer Wanderkarte

- Karte auf eine ebene Unterlage legen.
- Kompass aufklappen und Nadel frei geben.
- Kompass mit einer seiner Kanten an eine Nord-Süd-Linie (Kartenrand oder Längenkreislinie) legen.
- Karte mit darauf liegendem Kompass so lange drehen, bis die Nadel auf den markierten Punkt links neben dem N zeigt. (Die Nadel zeigt jetzt zum magnetischen Südpol, die Karte zum geografischen Nordpol.)

Magnetisieren und Entmagnetisieren

Warum bilden die vom Magneten angezogenen Nägel Ketten?

Die rechte Abbildung zeigt, dass die Nägel auch nach dem Abnehmen vom Magneten weiterhin eine Kette bilden. Sind die Nägel selbst zu Magneten geworden?

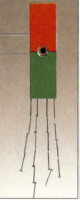
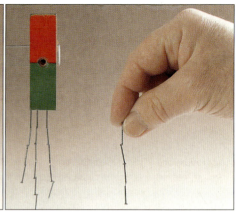

Streichen wir mit einem Pol eines Magneten mehrmals in der gleichen Richtung über ein Stück Eisendraht, so stellen wir mithilfe von kleinen, drehbaren Magnetnadeln fest, dass der Draht zu einem Magneten geworden ist. Wir haben ihn *magnetisiert*.

Teilen wir den Eisendraht und untersuchen die Teilstücke, dann stellen wir fest:
● In der Mitte, wo der Draht geteilt wurde und zunächst unmagnetisch war, sind zwei ungleiche Magnetpole entstanden.
● Nach der Teilung haben wir zwei Magnete mit je einem Nord- und einem Südpol.
● In Gedanken teilen wir weiter, bis es nicht mehr weiter geht. Diese kleinsten gedachten Magnete nennen wir **Elementarmagnete**.

Mit diesen Elementarmagneten haben wir uns eine Vorstellung geschaffen, wie es im Inneren von Magneten aussehen könnte. Mit diesem *Modell* können wir jetzt beschreiben, was beim Magnetisieren des Drahtes geschehen ist:

Zentraler Versuch

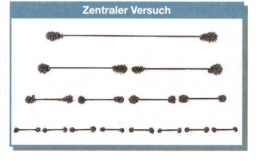

● Zunächst ist der Eisendraht kein Magnet. In ihm liegen die Elementarmagnete ungeordnet durcheinander.
● Durch das Überstreichen mit dem Magneten werden die Elementarmagnete so ausgerichtet, dass ihre Nordpole alle in die gleiche Richtung zeigen. Dadurch verstärken sich ihre Wirkungen an den Enden bzw. an den Bruchstellen.
● Der Draht verliert seine magnetische Wirkung durch sehr starkes Erhitzen (Ausglühen) oder durch heftiges Daraufschlagen oder gar längeres Hämmern. Dadurch geht die beim Magnetisieren hergestellte Ordnung der Elementarmagnete verloren – sie liegen wieder wirr durcheinander.

Was beim Magnetisieren und beim Entmagnetisieren passiert, können wir durch Versuche mit einem Glasröhrchen, das mit Eisenspänen gefüllt ist, veranschaulichen.
● Streichen wir mit einem Magneten an dem Glasröhrchen entlang, ordnen sich die Eisenspäne. Es ist ein Magnet mit Nord- und Südpol entstanden.
● Durch kräftiges Schütteln des Glases geht die Ordnung verloren. Das Schütteln entspricht dem Ausglühen oder Hämmern.

> Magnetisieren bedeutet das Ausrichten von Elementarmagneten. Entmagnetisieren ist eine Zerstörung ihrer Ordnung.

Aufgaben

1 Wie musst du zwei Magnete aneinander legen, damit ein besonders starker bzw. ein schwacher Magnet entsteht? Erkläre.
2 Wie kannst du mit einem Schraubendreher eine kleine Schraube aus einer schlecht zugänglichen Stelle entfernen?
3 Vergleiche in einer Tabelle das Modell der Elementarmagnete und den Versuch mit dem Glasröhrchen. Stimmt der Vergleich nicht?

unmagnetisierter Eisendraht

magnetisierter Eisendraht

Magnetismus

A1 a) Beantworte zu den Merkzettel-Begriffen folgende Fragen: Was bedeutet der Begriff? Gibt es sonst noch Wissenswertes über diesen Begriff?
b) Wenn du die Fragen nicht auf Anhieb beantworten kannst, dann lies die entsprechenden Seiten im Buch noch einmal gründlich durch.
c) Notiere auf der Vorderseite von Karteikarten den Begriff, auf der Rückseite die Erläuterung.

A2 a) Wie kann sich magnetische Kraft bemerkbar machen?
b) Aus welchen Stoffen müssen Gegenstände sein, damit sie von Magneten angezogen werden?
c) Die magnetische Kraft wirkt auch durch Papier. Beweise diese Aussage durch einen Versuch.
d) Wie lässt sich die magnetische Wirkung zweier Magnete vergleichen? Beschreibe.
e) Wie kann man überprüfen, ob die Pole eines Stabmagneten gleich stark sind? Beschreibe mögliche Versuche zur Überprüfung.

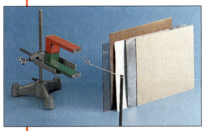

f) Warum fällt die Büroklammer nach unten, wenn in den Zwischenraum Gegenstände aus Eisen, Nickel oder Cobalt gehalten werden?

A3 a) Warum darf ein Kompassgehäuse nicht aus Eisen sein?
b) Wie kann ein Kompass Hinweise auf ein großes Eisenerzlager geben?
c) Wie heißt das magnetische Kraftgesetz?
d) Zwei Magnetpole stoßen sich ab. Um welche Pole kann es sich handeln? Wie ist es möglich, dass ein Magnet über einem anderen schwebt? Weshalb steigt der Schwebemagnet nicht beliebig hoch?

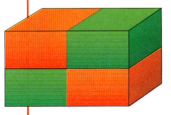

e) Zwei Stabmagnete liegen wie in der Zeichnung übereinander. Welche Pole liegen übereinander? Schwächen oder verstärken sich die Magnete in ihrer magnetischen Wirkung?
f) Wie viele magnetische Pole erhalten wir, wenn ein Stabmagnet in der Mitte geteilt wird?

A4 a) Erkläre den Vorgang des Magnetisierens und Entmagnetisierens mithilfe der Modellvorstellung von den Elementarmagneten.
b) Weshalb verliert ein magnetischer Nagel seine magnetische Wirkung, wenn er hart auf den Tisch geschlagen wird?
c) Magnetisierte Stoffe verlieren bei hohen Temperaturen ihre magnetische Wirkung. Erkläre mithilfe der Elementarmagnete.
d) Warum kann ein Stahlnagel auch durch vielfaches Bestreichen mit einem Magneten nicht zu einem beliebig starken Magneten gemacht werden? Erkäre mithilfe der Elementarmagnete.

A5 a) Beschreibe die beiden Felder in der folgenden Abbildung. Wo sind die Felder besonders stark? Wo gibt es keine oder nur geringe Kräfte?
b) Benenne die Pole und färbe sie verschiedenfarbig.

Die wichtigsten Begriffe

Optik

Selbst aus den entferntesten Winkeln des Weltalls gelangt Licht zu uns. Große Fernrohre sammeln es zu phantastischen Bildern ferner Sterne, leuchtender Staubwolken oder schillernder Galaxien.
Was geschieht mit Licht, wenn es durch den leeren Raum, durch Luft, Glas oder Wasser geht – was wenn es auf durchsichtige Körper fällt?
Wenn Licht in unser Auge gelangt, sehen wir den lichtaussendenden Körper. Wie funktioniert dieses Sehen? Wann sehen wir den Körper scharf? Wie korrigieren Brillen Sehfehler?

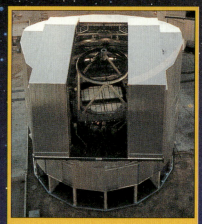

Mit dem mehr als 8 m großen Spiegelteleskop der europäischen Sternwarte in Chile kann man in die tiefsten Weiten des Weltalls blicken; mit Lupe oder Mikroskop lassen sich sehr kleine Gegenstände wahrnehmen, fotografieren und anschließend zur Betrachtung vergrößert auf eine Wand projizieren. Optische Geräte helfen also, die Grenzen unseres Sehvermögens zu überwinden. Wie sind die entsprechenden Geräte gebaut? Wie erzeugen sie die Bilder, die wir sehen? Wovon hängt die Vergrößerung ab?

Ein Diamant funkelt und glänzt, wenn er vom Licht der Sonne getroffen wird. Wie kommt das Funkeln zustande? Woher kommen die Farben – ist Sonnenlicht denn nicht normalerweise weiß? Was sind überhaupt Farben und warum sind Lebewesen, Pflanzen und alle anderen Dinge bunt? Gibt es auch Licht, das wir nicht wahrnehmen können?

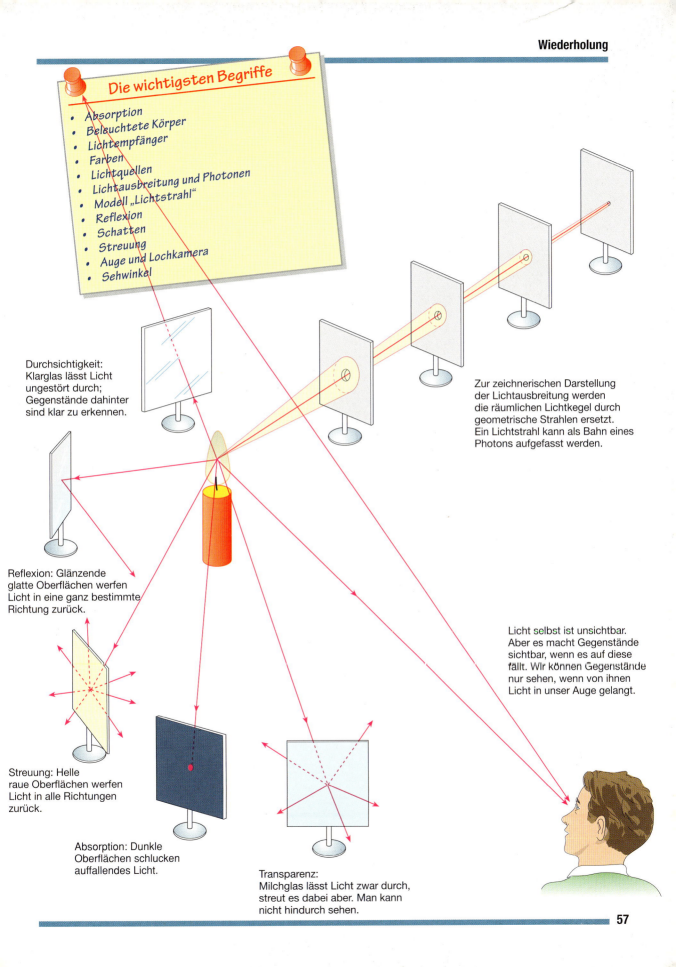

Die wichtigsten Begriffe

- Absorption
- Beleuchtete Körper
- Lichtempfänger
- Farben
- Lichtquellen
- Lichtausbreitung und Photonen
- Modell „Lichtstrahl"
- Reflexion
- Schatten
- Streuung
- Auge und Lochkamera
- Sehwinkel

Durchsichtigkeit:
Klarglas lässt Licht
ungestört durch;
Gegenstände dahinter
sind klar zu erkennen.

Zur zeichnerischen Darstellung
der Lichtausbreitung werden
die räumlichen Lichtkegel durch
geometrische Strahlen ersetzt.
Ein Lichtstrahl kann als Bahn eines
Photons aufgefasst werden.

Reflexion: Glänzende
glatte Oberflächen werfen
Licht in eine ganz bestimmte
Richtung zurück.

Licht selbst ist unsichtbar.
Aber es macht Gegenstände
sichtbar, wenn es auf diese
fällt. Wir können Gegenstände
nur sehen, wenn von ihnen
Licht in unser Auge gelangt.

Streuung: Helle
raue Oberflächen werfen
Licht in alle Richtungen
zurück.

Absorption: Dunkle
Oberflächen schlucken
auffallendes Licht.

Transparenz:
Milchglas lässt Licht zwar durch,
streut es dabei aber. Man kann
nicht hindurch sehen.

Reflexion

Diese schöne alte Uhr glänzt und funkelt im Sonnenlicht. Das liegt daran, dass sich das Licht an verschiedenen Stellen der Oberfläche ganz unterschiedlich verhält. Je nachdem, welche Beschaffenheit die Oberfläche hat, wird das Licht gestreut oder absorbiert. Es gibt sogar Stellen, in denen der Betrachter sich oder Gegenstände der Umgebung sehen kann.

Welche Eigenschaft der Oberfläche bewirkt dieses Glänzen und Funkeln? Gibt es ein Gesetz, mit dem der Weg des Lichts beschrieben werden kann?

Eigenschaften des Spiegelbildes

Gegenstände werden sichtbar, weil das von ihnen gestreute Licht in unser Auge gelangt. Glasplatten, polierte Metallflächen oder ruhige Wasseroberflächen streuen das Licht nicht mehr, sondern reflektieren es in eine Richtung. So entstehen Spiegelbilder von unserer Umgebung und von uns selbst.

Zentraler Versuch

Das Kerzenmännchen vor dem Spiegel ist der **Gegenstand.** Im Spiegel ist das gleiche Männchen als **Spiegelbild** wieder zu erkennen. Was ist das Besondere an diesem Spiegelbild?

● Das Spiegelbild sehen wir *hinter* dem Spiegel.
● Die Verbindungslinie Gegenstand–Spiegelbild steht *senkrecht* auf der Spiegelfläche.
● Die Abstände Gegenstand–Spiegel und Spiegel–Spiegelbild sind *gleich* groß.
● Die dicke Knollennase zeigt auch im Spiegelbild nach links; die Kerzenflamme ist oben, der Fuß unten.

Einen Unterschied gibt es allerdings doch: Das Abzeichen auf dem rechten Arm können wir nicht auf dem Gegenstand sehen, sondern nur bei seinem Spiegelbild. Vorder- und Rückseite bezüglich der Spiegelebene sind also vertauscht.

> Beim Spiegel liegen Gegenstand und Spiegelbild symmetrisch zueinander, der Spiegel ist Symmetrieebene.
> Beim Spiegelbild sind nur vorn und hinten vertauscht. Rechts und links sowie oben und unten bleiben gleich.

Aufgaben

1 a) Wie erscheint das Spiegelbild in einem Spiegel, der sich an der Zimmerdecke über dem Beobachter befindet oder auf dem Fußboden unter dem Beobachter?
b) Fertige eine Skizze an und erkläre, wie das Spiegelbild entsteht.
2 a) Warum sieht eine Fotografie von dir nicht genau so aus wie dein Spiegelbild?
b) Was kannst du tun, damit die Fotografie dem Spiegelbild exakt gleicht?
3 Werden auch Schatten gespiegelt? Begründe.
4 Du möchtest dich im Spiegel fotografieren. Auf welche Entfernung musst du deinen Apparat einstellen, wenn du dich bei der Aufnahme 1,80 m vor dem Spiegel befindest? Begründe.
5 Wie muss die Aufschrift „Rettungswagen" auf der Motorhaube des Autos angebracht sein, damit andere Autofahrer sie im Rückspiegel lesen können?
6 LEONARDO DA VINCI hat viele seiner Entdeckungen und Ideen in Spiegelschrift notiert. Welchen Grund könnte er gehabt haben?
7 Nicole steht 1,3 m vor einem Spiegel. In welcher Entfernung sieht sie ihr Spiegelbild?

Spiegel täuschen uns

Betrachten wir uns selbst im Spiegel, so haben wir den Eindruck, das Bild wäre seitenverkehrt: Bewegen wir die rechte Hand, so bewegt unser Spiegelbild die linke. Also ist rechts und links vertauscht! Dieser Widerspruch ist aber nur scheinbar, denn er kommt daher, dass wir uns in Gedanken in unser Spiegelbild hineinversetzen.

Der Junge auf dem Foto rechts soll mit einem Bleistift ein Labyrinth „durchwandern". Dabei sieht er die Vorlage selbst nicht, sondern nur deren Spiegelbild. Kann doch nicht so schwer sein, oder?

Aufgaben

1 Du willst ein Labyrinth entwerfen, welches in einem Spiegel betrachtet besonders schwierig nachzuzeichnen ist. Worauf musst du achten?

2 Schreibe deinen Namen mithilfe eines Spiegels. Blicke beim Schreiben nur in den Spiegel und achte darauf, dass dein Name im Spiegel lesbar ist.

Spiegelbild

Versuche und Aufträge

V1 Lege einen Würfel vor einen senkrechten Spiegel.

a) Bewege den Würfel nach rechts und links, oben und unten, vorne und hinten. Beschreibe die Bewegung des Spiegelbildes (Tabelle).

b) Betrachte die verschiedenen Würfelflächen und vergleiche Gegenstand und Spiegelbild. Notiere.

V2 Zeichne vor einen Spiegel (von oben betrachtet) ein beliebiges Drei-, Vier-, Fünf- und Sechseck und das dazu gehörige Spiegelbild.

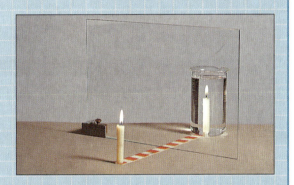

V3 Stelle eine Glasscheibe mit Hilfe eines Buches senkrecht auf ein Blatt Papier wie im Bild unten. Lege vor die Scheibe einen Bleistift und markiere seine Lage.

a) Lege nun einen zweiten Bleistift (gleiche Größe) an die Stelle, wo du das Spiegelbild siehst. Markiere auch diese Position. Wiederhole diesen Versuch für andere Abstände des Bleistifts zur Glasplatte.

b) Welchen Winkel bilden die Verbindungslinien der beiden Bleistiftspitzen und die Glasplatte?

c) Vergleiche auch die Abstände Bleistift–Glasplatte und Spiegelbild–Glasplatte.

V4 Brennt im Bild oben tatsächlich eine Kerze unter Wasser?

a) Probiere den Versuch selber aus.

b) Fertige eine Skizze an (Draufsicht) und erkläre damit deine Beobachtung.

c) Was ändert sich an der Spiegelbildflamme, wenn du sie von einem anderen Ort aus betrachtest?

V5 Stelle dich etwa 50 cm vor einen Spiegel und zeichne den Umriss deines Spiegelbildes mit einem wasserlöslichen Stift nach. (Ein Auge dabei schließen.)

a) Vergleiche die Größe von Spiegelbild und Original (messen). Nimm zur genauen Kontrolle ein sauberes Lineal quer in den Mund und markiere die Enden im Spiegelbild.

b) Was stellst du fest? Erkläre deine Beobachtung.

Das Reflexionsgesetz

Spiegelbilder entstehen dann, wenn die Oberfläche besonders glatt ist. Alle Photonen, die unter dem gleichen Winkel auf diese glatte Stelle treffen, werden von dort auch wieder in eine gemeinsame Richtung reflektiert.

Zur genauen Untersuchung betrachten wir ein schmales Lichtbündel, das unter einem vorgegebenen Winkel auf einen ebenen Spiegel fällt und von dort in einem bestimmten Winkel reflektiert wird.

Zur Beschreibung sind folgende Begriffe nötig:
● Einfallslot
● Einfallswinkel
● Reflexionswinkel

Zentraler Versuch

Die Messung zeigt, dass der Reflexionswinkel exakt gleich dem Einfallswinkel ist.

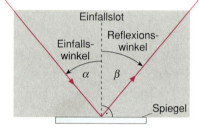

Dieses Gesetz gilt für jedes Lichtbündel an jeder Oberfläche. Für den Sonderfall, dass die Oberfläche eine glatte, ebene Fläche ist, werden alle Photonen in die gleiche Richtung reflektiert; man spricht von **Reflexion.** Nur in diesem Fall können Spiegelbilder entstehen.

Bei unregelmäßigen Oberflächen werden die Photonen in unterschiedliche Richtungen reflektiert; in diesem Fall spricht man von **Streuung.**

Für spiegelnde Oberflächen gilt:
● Einfallendes Lichtbündel, reflektiertes Lichtbündel und Einfallslot liegen in einer Ebene.
● Einfallswinkel und Reflexionswinkel sind gleich: $\alpha = \beta$.

Rechenbeispiel

Ein Lichtbündel fällt unter einem Winkel von 55° auf einen ebenen Spiegel. Konstruiere das reflektierte Lichtbündel.

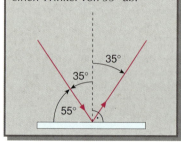

Lösung:
Wir zeichnen eine Senkrechte zum Spiegel im Auftreffpunkt (Einfallslot). Dann tragen wir mit einem Geodreieck von der Senkrechten zur anderen Seite einen Winkel von 35° ab.

Aufgaben

1 Beschreibe den Versuch in dem Foto rechts und erkläre die Versuchsdurchführung mithilfe einer Skizze.

2 Welche beiden Aussagen macht das Reflexionsgesetz?

3 Konstruiere das reflektierte Lichtbündel, wenn ein Lichtbündel unter 25° auf einen waagerecht liegenden Spiegel fällt.

4 Konstruiere jeweils die reflektierten Lichtbündel, wenn der Spiegel aus Aufgabe 3 um **a)** 20°, **b)** 45° im Uhrzeigersinn um den Auftreffpunkt des Lichtbündels und anschließend um **c)** 25° und **d)** 60° gegen den Uhrzeigersinn gedreht wird.

5 Welcher Zusammenhang besteht zwischen der Drehung des Spiegels und der Ablenkung des reflektierten Lichtbündels bei Aufgabe 4? Kannst du eine allgemeine Gesetzmäßigkeit formulieren?

6 Inge (Augenhöhe 150 cm) und ihr Bruder (Augenhöhe 110 cm) stehen 260 cm voneinander entfernt. Wo muss zwischen ihnen ein Spiegel liegen, damit sie sich mit seiner Hilfe genau in die Augen sehen können?
Fertige eine Skizze im Maßstab 1 : 10 an.

7 Erkläre anhand der Zeichnung, dass das Reflexionsgesetz auch bei der Streuung gilt.

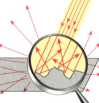

Unerwünschte Spiegelungen

Glasscheiben sind lichtdurchlässig, d. h. der Großteil des auffallenden Lichtes wird durchgelassen, ein geringer Teil wird absorbiert und ein weiterer geringer Teil wird reflektiert. Der reflektierte Anteil ist um so größer, je schräger das Licht auf die Glasscheibe trifft.

Beispiele für solche unerwünschten Reflexionen finden wir im Alltag häufig:
- Die Auslagen hinter der Schaufensterscheibe sind bei ungünstigen Lichtverhältnissen von der Seite kaum zu sehen.
- Ein Reisender, der bei Dunkelheit aus dem beleuchteten Zugabteil nach draußen blickt, hat Schwierigkeiten, etwas durch das Fenster zu erkennen, das Spiegelbild des Zugabteils sieht er dafür um so besser.
- Der Kartenspieler wird sich wundern, dass er immer verliert.

Will man solche störenden Reflexionen verringern, so muss das Glas entspiegelt werden. Dies geschieht durch Aufrauen der Oberfläche (Glasbilderrahmen) oder Aufdampfen dünner Metallschichten (Brillengläser). Dadurch wird der zuvor reflektierte Anteil des Lichtes nicht mehr reflektiert; es entsteht kein Spiegelbild mehr.

Reflexion

Fällt der Lichtkegel einer Taschenlampe streifend auf eine helle Wand oder eine helle Tischplatte, so ist er gut zu erkennen. Mit Blenden aus schwarzer Pappe kannst du ein gut sichtbares schmales Lichtbündel erzeugen (ausprobieren).

V1 Baue den Versuch entsprechend dem Foto unten auf. Achte darauf, dass der weiße Karton entlang der gestrichelten Linie gut gefalzt ist.
a) Stelle die Taschenlampe so ein, dass die Lichtbündel gut zu sehen sind und zeichne sie nach.
b) Nimm das rechte Buch weg, sodass der rechte Kartonteil nach unten klappt. Beobachtung?
c) Welcher Teil des Reflexionsgesetzes wird hier verdeutlicht?

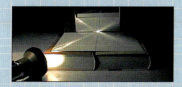

V2 Ein Kamm liefert die Spalte, durch die das Licht einer Taschenlampe unter verschiedenen Winkeln auf einen Spiegel trifft. Als Unterlage wird ein weißer Pappkarton oder festes Papier benutzt, auf dem die Lichtwege mit einem Bleistift nachgezogen werden können (Lineal benutzen). Überprüfe für verschiedene Einfallswinkel das Reflexionsgesetz.

V3 a) Klebe auf die Rückseite eines kleinen Spiegels drei Wachskügelchen. Lege den linken Arm mit der Handfläche nach oben auf eine feste Unterlage. Drücke den Spiegel so auf das Handgelenk, dass ein Kügelchen genau auf der „Pulsader" liegt. Beleuchte den Spiegel mit einer fest eingespannten Taschenlampe und beobachte den Lichtreflex.
b) Wozu kann diese Anordnung genutzt werden?

Spiegelunterseite

Wie entsteht das Spiegelbild?

Steht eine Kerze vor einem Spiegel, so geht von ihr Licht nach allen Seiten weg. Ein Teil des Lichts gelangt direkt in unser Auge, ein anderer Teil indirekt nach der Reflexion am Spiegel.

Das Lichtbündel, auf das es uns ankommt, wird am Spiegel nach dem Reflexionsgesetz zurückgeworfen und gelangt in unser Auge. Wir „kennen" aber nur Licht, welches sich geradlinig ausbreitet. Deshalb scheint für uns das Licht von einem Punkt hinter dem Spiegel zu kommen. Dort, wo sich die nach hinten verlängerten Ränder des Lichtbündels schneiden, „sehen" wir das Spiegelbild der Kerzenflamme.
Mithilfe der Grafik ist auch mathematisch beweisbar, dass der Abstand Bild–Spiegel (BD) gleich dem Abstand Spiegel–Gegenstand (DA) ist: Denn die beiden Dreiecke ADC und BDC sind kongruent.

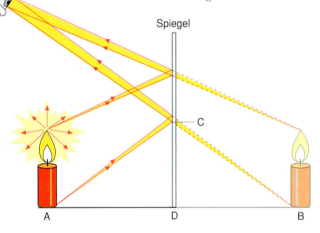

Spiegel für große und kleine Leute

In Modegeschäften reichen die Spiegel manchmal vom Boden bis zur Decke. „Die Leute sollen sich schließlich von Kopf bis Fuß sehen", sagen die Ladenbesitzer.
Muss ein Spiegel wirklich so groß sein, damit sich ein Mensch vollständig darin sehen kann?

Damit eine Person sich von den Haaren bis zu den Fußspitzen im Spiegel sehen kann, muss jeweils von dort noch Licht in die Augen gelangen. Die Grafik unten zeigt, dass diese Bedingung nach dem Reflexionsgesetz zwei Dreiecke ergibt, deren Spitzen die Ober- und Unterkante des Spiegels festlegen. Für eine Augenhöhe von 170 cm liegt die Oberkante des Spiegels bei 175 cm und die Unterkante bei 85 cm. Eine Person von 180 cm Körpergröße braucht also nur einen 90 cm hohen Spiegel.

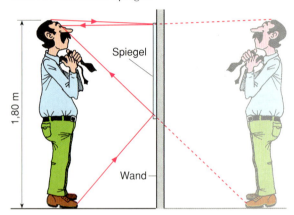

Aufgaben

1 Warum wirkt ein Raum mit Spiegeln an den Wänden größer? Konstruiere zur Erklärung das Spiegelbild, das ein Beobachter im Raum sieht. Zeichne dazu den Grundriss eines rechteckigen Raumes und nimm einen beliebigen Beobachterstandort ein.

2 Beweise die Kongruenz der Dreiecke in der obigen Grafik. Beachte dabei auch die Winkel.

3 Wie ändert sich die Spiegelgröße und die Aufhängehöhe des Spiegels, wenn sich die Person in der Abbildung vom Spiegel entfernt? Fertige eine Skizze an.

4 Mutter (170 cm) und Sohn (140 cm) möchten sich gleichzeitig von Kopf bis Fuß in einem Spiegel sehen können. Wo müssen sie sich aufstellen und wie groß muss der Spiegel sein?

5 Zeige durch Konstruktion mehrerer Lichtbündel, die nach der Reflexion in verschiedene Beobachteraugen (A1, A2 und A3) gelangen, dass alle das Spiegelbild an derselben Stelle sehen.

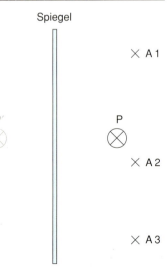

SEHEN UND GESEHEN WERDEN

In der Dunkelheit ist es besonders schwierig, andere Verkehrsteilnehmer rechtzeitig zu erkennen und umgekehrt auch von ihnen gesehen zu werden. Durch unser eigenes Verhalten können wir zur Sicherheit beitragen.

Die schlimmsten Unfälle ereignen sich bei Nacht.

Diese Zahlen sprechen für sich: Beinahe jeder zweite Fahrer hat nach Umfragen der Deutschen Verkehrswacht ein flaues Gefühl im Magen, wenn er bei Dunkelheit auf der Landstrasse unter~~~~

- Befestige möglichst auffällige Reflektoren oder Leuchtstreifen an deiner Kleidung.
- Am Fahrrad müssen die vorgeschriebenen Reflektoren vorne (weiß) und hinten (rot) sowie in beiden Rädern und Pedalen (gelb) angebracht und stets sauber sein.

Noch heller als das gestreute Licht ist das reflektierte, gebündelte Licht. Allerdings wird es bei der Reflexion nur in eine bestimmte Richtung zurückgesandt – und das ist im Regelfall nicht die Richtung zur Lichtquelle zurück.

Damit das Licht in jedem Fall zum Auto reflektiert wird, sind kleinste *Tripelspiegel* entwickelt worden, von denen viele in einem Reflektor nebeneinander eingebaut sind.

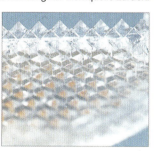

- **Gute und einwandfrei funktionierende Beleuchtungsanlage beim Fahrrad**

Wichtig, damit wir Hindernisse im Straßenverkehr gut erkennen und gleichzeitig von anderen frühzeitig gesehen werden. Besser als die einfachen üblichen Fahrradlampen sind Halogenscheinwerfer, die durch das helle Halogenlicht und einen hochwertigen Reflektorspiegel eine deutlich höhere Lichtausbeute haben.

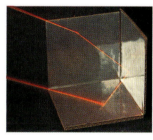

Ein Tripelspiegel besteht aus drei zueinander senkrecht stehenden Spiegelflächen. Eine solche Anordnung reflektiert auftreffendes Licht immer in die Herkunftsrichtung zurück.

- Trage möglichst helle Kleidung.
- Gehe auf unbeleuchteten Straßen links am Straßenrand *dem Autoverkehr entgegen.*

Um gut gesehen zu werden, müssen wir uns deutlich von dem dunklen Hintergrund abheben. Von uns sollte also möglichst viel von dem auftreffenden Licht zu anderen Verkehrsteilnehmern gestreut werden. Dazu müssen helle Flächen angestrahlt werden, z. B. helle Kleidung oder das Gesicht und nicht dunkle Stoffe oder der Hinterkopf. Deshalb auf Straßen ohne Gehweg links gehen. Auch eine helle Plastiktüte in der Hand zur Fahrbahn reflektiert viel Licht.

Zauberei oder optische Täuschung?

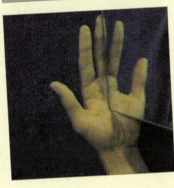

Winkelspiegel ...

Wie sehen dich andere? Im ebenen Spiegel kannst du es nicht feststellen, aber in einem Winkelspiegel.

Baue zwei Spiegel im rechten Winkel zueinander auf und kontrolliere dein Spiegelbild (rechte Hand an das linke Ohr usw). Halte auch ein Buch vor den Spiegel (Schrift!).

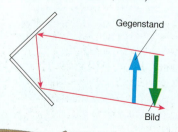

Gegenstand

Bild

...und Hohlspiegel

Wird eine Lichtquelle in das Innere eines Hohlspiegels gestellt, so verlässt alles Licht den Spiegel in nahezu gleicher Richtung. Bei richtiger Krümmung geht

sogar ein Parallellichtbündel weg.

Weil alles Licht, das von der Lampe ausgesendet wird, auf einen relativ schmalen Bereich konzentriert wird, ist dieses Bündel sehr viel energiereicher als das, das ohne Spiegel in diese Richtung abgestrahlt wird. Es kann daher Gegenstände viel heller beleuchten oder weiter strahlen.

Dies wird bei Scheinwerfern, Speziallampen und sämtlichen Projektionsgeräten ausgenutzt.

Entfernungsmessgerät

Aus fester Pappe wird ein ca. 50 cm langer Quader mit Boden aber noch ohne Deckel hergestellt (Größe von Spiegel und Glasscheibe beachten).

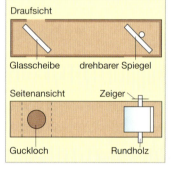

Draufsicht

Glasscheibe   drehbarer Spiegel

Seitenansicht   Zeiger

Guckloch   Rundholz

Die Glasscheibe muss exakt im Winkel von 45° ausgerichtet werden. Unter dem Zeiger wird eine Skala angebracht, nachdem der Deckel aufgeklebt wurde.

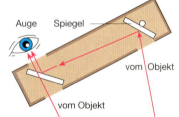

Auge   Spiegel

vom Objekt

vom Objekt

Blickst du durch das Guckloch, dann siehst du das Objekt direkt durch die Glasscheibe und als Spiegelbild.

Durch Drehen am Spiegel können beide Bilder zur Deckung gebracht werden. Dieser Zeigerstellung ordnest du die gemessene Entfernung des Objektes zu und beschriftest die Skala. Wiederhole den Vorgang für andere Entfernungen.

Nach dieser Eichung kannst du den Entfernungsmesser für beliebige Entfernungen benutzen.

Nicht alle Spiegel sind eben

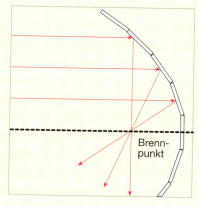

Brenn-
punkt

Mehrere ebene Spiegel werden so angeordnet, dass das
parallel einfallende Licht in
einem Punkt gesammelt wird.
Die Anordnung ist symmetrisch
zur punktierten Linie, deshalb
wurde die Reflexion nur für die
obere Hälfte konstruiert. Bei
genauerem Nachmessen stellt
sich heraus, dass diese Spiegel
nicht auf einem Kreisbogen,
sondern auf einer Parabel liegen (Parabolspiegel).

Ein Spiegel hilft beim Kochen

Gewölbte Spiegel

Zahnarztspiegel:
Dieser Spiegel ist
schüsselförmig
gewölbt, wodurch
das Spiegelbild
etwas vergrößert
wird.

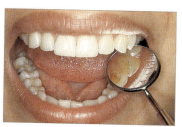

**Kosmetikspiegel
oder Rasierspiegel**
sind ebenfalls
schüsselförmig
gewölbt und
vergrößern dadurch
(Hohlspiegel).

Panoramaspiegel:
Dieser Spiegel ist
nach außen gewölbt.
Dadurch entstehen
verkleinerte Bilder.
Der Blickwinkel
dagegen wird ver-
größert
(Wölbspiegel).

Periskop

Wird beim Entfernungsmesser die Öffnung hinter der
Glasscheibe verschlossen und die Glasscheibe durch
einen unter 45° fest eingebauten Spiegel ersetzt,
erhalten wir ein so genanntes Periskop. Mit ihm
können wir um die Ecke gucken oder aus einem
Versteck heraus über ein Hindernis. Technisch auf-
wändiger gebaute Periskope finden z. B. in U-Booten
Verwendung.

Kaleidoskop

Am 10.07.1817 erhielt der schottische Physiker Sir
DAVID BREWSTER (1781–1868) das Patent auf ein Gerät, das allgemein als Kaleidoskop bekannt wurde.
Der Name bedeutet so viel wie „Schönbildsehen",
und genau das war mit diesem Gerät möglich.
Du kannst es leicht selbst bauen: Falze eine dunkle
Glanzpostkarte so, dass ein dreieckiges Rohr entsteht.
Die eine Öffnung wird mit durchscheinendem Papier
(z. B. festem Pergamentpapier) verschlossen. Fülle
dann so viele bunte Glasscherben und Glasperlen
in das Kaleidoskop, dass der Boden nicht völlig
bedeckt ist. Halte das Kaleidoskop über eine helle
Lampe und blicke von oben hinein – du siehst
symmetrische Figuren, die ihre Form bei jeder
Bewegung des Kaleidoskops verändern.

Brechung – Der Knick in der Optik

Ist das Paddel gebrochen oder spielt uns unser Auge hier nur einen Streich?
Wir sehen das Paddel unter Wasser, weil auch von dort Licht in unser Auge gelangt. Dieses Licht muss allerdings die Grenzschicht Wasser–Luft durchlaufen. Passiert dabei etwas mit dem Licht? Was geschieht, wenn Licht andere Grenzflächen durchdringt, zum Beispiel die zwischen Luft und Glas?

Licht an der Grenzfläche Luft–Wasser

Fällt ein dünnes Lichtbündel schräg auf eine Wasseroberfläche, so setzt es seinen Weg im Wasser in einer anderen Richtung fort. Der Lichtweg ist an der Grenzfläche abgeknickt, man sagt **gebrochen.** (Ein geringer Teil des Lichts wird an der Grenzfläche Luft–Wasser reflektiert.)

Zur exakten Beschreibung verwenden wir wieder das Einfallslot und erhalten damit den **Einfallswinkel** und den **Brechungswinkel.** Wir sehen:

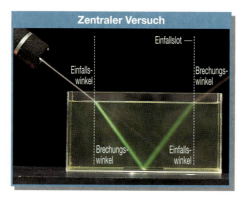

Zentraler Versuch

Einfallslot —
Einfalls-winkel
Brechungs-winkel
Brechungs-winkel
Einfalls-winkel

● Beim Übergang Luft→Wasser ist der Brechungswinkel kleiner als der Einfallswinkel.
● Vom Spiegel am Boden des Wassergefäßes wird das Licht re-

flektiert. Es trifft unter einem bestimmten Einfallswinkel 2 auf die Grenzfläche Wasser–Luft und wird erneut gebrochen. Allerdings ist jetzt beim Übergang Wasser→ Luft der Brechungswinkel größer als der Einfallswinkel.

Ein Lichtbündel wird beim Übergang
● Luft→Wasser zum Einfallslot hin gebrochen.
● Wasser→Luft vom Einfallslot weg gebrochen.
Einfallslot sowie einfallendes und gebrochenes Lichtbündel liegen in einer Ebene.

Aufgaben

1 Der Spiegel im zentralen Versuch wird so geneigt, dass das reflektierte Lichtbündel senkrecht auf die Wasseroberfläche trifft. Beschreibe den weiteren Lichtweg.
2 Beobachte im Schwimmbad die Sprossenabstände der Leitern, die unter Wasser sind. Was fällt auf? Erkläre deine Beobachtung.

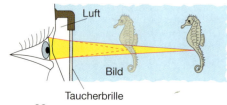

Luft
Bild
Taucherbrille

3 Warum schätzen Taucher Entfernungen unter Wasser zu kurz ein? Erkäre mithilfe der Grafik links.

4 **a)** Erkläre den Knick im Paddel mithilfe der folgenden Zeichnung. Wo „sehen" wir die Paddelspitze, wenn wir in die angegebene Richtung blicken?
b) Vervollständige die Zeichnung.

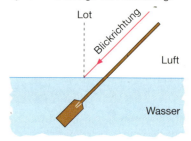

Lot
Blickrichtung
Luft
Wasser

Licht an anderen Grenzflächen

Zur genauen Untersuchung des Übergangs Luft→Glas verwenden wir einen halbkreisförmigen Glaskörper. Dieser hat den Vorteil, dass der Austritt des Lichtbündels aus dem Glas genau senkrecht zur Grenzfläche erfolgt. Dabei findet also keine Brechung statt, wodurch das Ablesen des Brechungswinkels an der Gradskala wesentlich erleichtert wird.

Der Tabelle können wir entnehmen, dass es keine Proportionalität zwischen Einfalls- und Brechungswinkel gibt. Stellen wir die Messwerte grafisch dar, so erkennen wir am Verlauf der Kurven, dass es keinen einfachen mathematischen

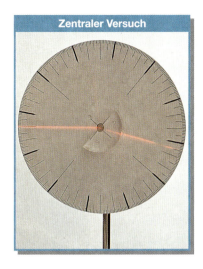

Zentraler Versuch

Zusammenhang zwischen Einfalls- und Brechungswinkel gibt.

Es wurde vereinbart, dass der Stoff, in dem sich der kleinere der beiden Winkel befindet, als *optisch dichter* bezeichnet wird. Damit kann das Brechungsgesetz allgemeingültig formuliert werden:

Ein Lichtbündel wird beim Übergang
- vom optisch dünneren zum optisch dichteren Stoff zum Einfallslot hin gebrochen,
- vom optisch dichteren zum optisch dünneren Stoff vom Lot weg gebrochen.

Einfallslot sowie einfallendes und gebrochenes Lichtbündel liegen in einer Ebene.

Licht geht über			
von Luft	**in Wasser**	**in Glas**	**in Diamant**
0°	0°	0°	0°
10°	7,5°	6,6°	4,1°
20°	14,9°	13,2°	8,2°
30°	22,0°	19,5°	12,0°
40°	28,8°	25,4°	15,5°
50°	35,1°	30,7°	18,6°
60°	40,5°	35,3°	21,2°
70°	44,8°	38,8°	23,1°
80°	47,6°	41,0°	24,2°
~90°	48,6°	41,8°	24,6°

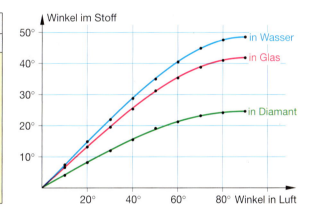

Rechenbeispiel

Licht trifft unter einem Einfallswinkel von 25° auf einen Glasquader. Wie stark wird es aus seiner Richtung abgelenkt?

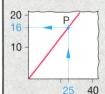

Lösung: Wir zeichnen im Diagramm eine Parallele zur y-Achse durch den x-Wert 25°. Diese schneidet die Kurve für Glas im Punkt P. Durch P legen wir eine Parallele zur x-Achse, die die y-Achse bei 16° schneidet, dem Brechungswinkel. Die Ablenkung ist Einfallswinkel minus Brechungswinkel, also 25°−16° = 9°.

Das Licht wird um 9° abgelenkt.

Aufgaben

1 Wie groß ist der Einfallswinkel für den Übergang Luft→Diamant, wenn der Brechungswinkel 10° beträgt?

2 Ein Lichtbündel trifft unter einem Winkel von 45° aus Luft auf Wasser. Wie groß ist seine Richtungsänderung?

3 Unter welchem Winkel muss Licht auf eine Wasseroberfläche treffen, damit das reflektierte und das gebrochene Lichtbündel einen Winkel von 90° bilden?
a) Konstruiere beide Lichtbündel für die Winkel 40°, 50° und 60° und schätze daraus den richtigen Einfallswinkel ab (kontrollieren).
b) Stelle über die Winkelbeziehungen eine Formel auf und löse das Problem mithilfe der Tabelle.

4 Ein Taucher in 5 m Tiefe schaut unter einem Winkel von 30° nach oben. Das Ufer ist 10 m entfernt. Kann er seinen Freund am Ufer sehen? Löse durch Konstruktion.

Die planparallele Platte

Licht, das durch eine Fensterscheibe fällt, wird beim Übergang Luft → Glas gebrochen und noch einmal beim Übergang Glas → Luft. Wie kommt es, dass wir davon überhaupt nichts bemerken? Es kann uns ja sogar passieren, dass wir eine besonders saubere Glasscheibe gar nicht erkennen.

Zur Beantwortung gehen wir davon aus, dass die Glasscheibe überall gleich dick ist. Unser Lichtbündel durchläuft also zwei parallele Grenzschichten.

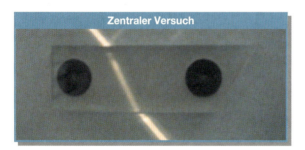

Zentraler Versuch

Wir erkennen, dass das Lichtbündel nach Verlassen der Glasplatte in der alten Richtung weiterläuft. Mithilfe der Geometrie wird der Grund deutlich: Beim Eintritt des Lichtbündels in das Glas entsteht ein Brechungswinkel; dieser ist auch der Einfallswinkel beim Austritt aus der Glasplatte. Damit ergibt sich als neuer Brechungswinkel wieder der ursprüngliche Einfallswinkel. Allerdings ist das Bündel hinter der Platte etwas seitlich verschoben im Vergleich zum einfallenden Bündel.

> Beim Durchgang durch eine planparallele durchsichtige Schicht wird ein Lichtbündel nur parallel verschoben.

Das Prisma

Das Licht wird beim Eintritt in ein gleichseitiges Prisma und beim Austritt aus dem Prisma beide Male im gleichen Sinn gebrochen. Dadurch entsteht eine besonders große Ablenkung des Lichtbündels bezogen auf seine ursprüngliche Richtung.

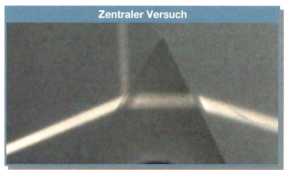

Zentraler Versuch

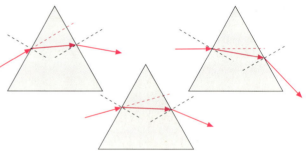

Die Zeichnungen zeigen, dass die Ablenkung des Lichtbündels aus der ursprünglichen Richtung vom Einfallswinkel abhängt.

> Ein Glasprisma bewirkt eine besonders starke Ablenkung des Lichtbündels.

Aufgaben

1 **a)** Konstruiere den Lichtweg beim Durchgang durch eine 3 cm dicke, planparallele Glasplatte.
b) Untersuche den Zusammenhang Einfallswinkel und Größe der Parallelverschiebung (Tabelle).
2 Konstruiere den Verlauf des Lichts beim Durchgang durch planparallele Platten verschiedener Dicken (1 cm, 2 cm, 3 cm). Achte darauf, dass der Einfallswinkel immer gleich ist (Tabelle).

3 Konstruiere den Strahlengang durch ein Glasprisma (gleichseitiges Dreieck mit 6 cm Seitenlänge) bei Einfallswinkeln von 30°, 50° und 70°. Bestimme für jeden Winkel die Gesamtablenkung des einfallenden Lichtbündels.
4 Konstruiere den symmetrischen Strahlengang für Prismen mit unterschiedlichen Winkeln an der Spitze (10°, 20°, ...) und ermittle für jeden Fall den Gesamtablenk-

winkel. (*Hinweis:* Beginne bei deiner Konstruktion mit dem Lichtbündel im Glas.)
5 Ein Aquarium mit den Innenmaßen $l = 45$ cm; $b = 30$ cm und $h = 35$ cm ist bis 4,5 cm unter den Rand mit Wasser gefüllt. Boden und eine Seitenwand sind verspiegelt. Konstruiere den Weg eines Lichtbündels, das in der Mitte der Wasseroberfläche unter einem Einfallswinkel von 60° auftrifft.

Totalreflexion

Im folgenden Bild treffen Lichtbündel unter verschiedenen Winkeln auf die Grenzfläche Wasser–Luft. Nicht alle gelangen dabei durch die Grenzschicht. Bei

Zentraler Versuch

einem bestimmten Einfallswinkel ist der Brechungswinkel 90° und das Lichtbündel verläuft streifend entlang der Wasseroberfläche.
Wird der Einfallswinkel noch größer, so werden die Lichtbündel vollständig ins Wasser reflektiert. Dieses Phänomen heißt **Totalreflexion.**

Es hängt von den beteiligen Stoffen ab, bei welchem Grenzwinkel diese Totalreflexion einsetzt. Aus der Tabelle zum Brechungsgesetz auf Seite 35 liest man für Wasser einen Grenzwinkel von 48,6° ab.

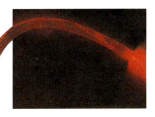

Fällt Licht in den Glasbogen ein, so ist es möglich, dass der Einfallswinkel immer so groß ist, dass nur Totalreflexion auftritt. Dadurch wird verhindert, dass Licht seitlich aus dem Glas austritt.

> Beim Übergang von Licht vom optisch dichteren zum optisch dünneren Medium tritt ab einem bestimmten Einfallswinkel, dem Grenzwinkel, Totalreflexion ein.

Aufgaben

1 Konstruiere den Weg des Lichts im Glasbogen des obigen Fotos. Zeichne einen Bogen der Breite 2 cm mit einem Innenradius von 12,0 cm.
2 Warum gibt es Totalreflexion nur beim Übergang vom optisch dichteren zum optisch dünneren Medium?
3 Konstruiere den Lichtweg durch das Prisma. Übertrage dazu die Skizze in dein Heft.

einfallendes Lichtbündel

4 Was ist wohl mit dem Begriff „Lichtleiter" gemeint? Erkläre.

Licht in Luft
Streifzug

Bei einem Sonnenuntergang erscheint die Sonne – kurz bevor sie untergeht – platt gedrückt, manchmal hat sie sogar einen „Fuß". Wie kommt es dazu?
Tritt das Licht von der Sonne in die Lufthülle der Erde ein, so wird es gebrochen. Da die Dichte der Luft immer größer wird, je näher sie der Erdoberfläche ist, wird der Brechungswinkel von Schicht zu Schicht größer. Insgesamt ergibt sich ein gekrümmter Lichtweg. Deshalb können wir die Sonne noch sehen, obwohl sie bereits seit etwa zwei Minuten unter dem Horizont verschwunden ist. Aber warum erscheint sie uns gestaucht?
Das Licht vom unteren Rand der Sonne tritt flacher in die Erdatmosphäre ein und wird daher stärker gebrochen als das Licht vom oberen Sonnenrand. Der untere Rand scheint gegenüber dem oberen Rand angehoben, die Sonne sieht platt aus.

Der „Sonnenfuß" entsteht dann, wenn sich kurz über dem Erdboden, also in Blickrichtung Horizont, warme Luftschichten befinden. Sie sind optisch dünner als die darüber liegenden kälteren Schichten der Atmosphäre. An einer solchen Grenzschicht wird schräg von oben einfallendes Licht total reflektiert. Wir sehen in dieser Richtung den unteren Teil der Sonne noch einmal – als Kopf stehendes Spiegelbild.
Diese Reflexion an unterschiedlich warmen Luftschichten ist auch der Grund dafür, dass im Sommer weit vorne liegende Straßenabschnitte manchmal „nass" aussehen: Es ist das Spiegelbild des Himmels.

Licht in Stoffen

Glasfaserkabel

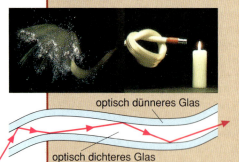

optisch dünneres Glas

optisch dichteres Glas

Glasfasern sehen aus wie sehr dünne Angelschnüre und sind fast genauso elastisch. Sie bestehen meistens aus zwei Glassorten. Der Kern aus optisch dichterem Glas ist von einer Schicht aus optisch dünnerem Glas ummantelt. Dadurch wird Licht fast ohne Verluste durch das Kabel geleitet, weil an der Grenzfläche der beiden Glassorten nahezu immer Totalreflexion auftritt. Dadurch ist es möglich, optische Signale zu übertragen, also Nachrichten.

Fasst man viele Tausende dieser Fasern zu einem Kabel zusammen, so ist auch die Übertragung von Bildern möglich. Diese werden punktweise übertragen. Eine wichtige Anwendung dieser Bildübertragung ist das **Endoskop.** Damit können medizinische Untersuchungen im Körperinneren ohne Operation durchgeführt werden. Dazu sind mindestens zwei Glasfaserkabel erforderlich. Das eine dient zur Beleuchtung im Körperinneren, das andere überträgt die Bildinformation aus dem Körper. Meist ist noch ein Hohlkabel daneben angebracht, durch das spezielle Geräte (Messer, Scheren, Zangen) in den Körper eingebracht werden können, sodass sogar Operationen z. B. am Kniegelenk oder am Mageninneren durchgeführt werden können.

Glasfaserkabel

Glasfaserkabel zum Betrachten   Werkzeug

Linse
Gegenstand

Glasfaserkabel zum Beleuchen

0,1 mm

Warum funkeln Diamanten so schön?

Der Wert von Diamanten wird im englischen durch vier „C" charakterisiert:
Carat (1 Karat = 200 mg)
Clarity (Reinheit)
Colour (Farbe)
Cut (Schliff)
Die ersten drei C werden durch den Rohdiamanten selbst festgelegt, so wie man ihn in der Natur findet.
Für 1 g Diamant müssen oft bis zu 100 Tonnen Gestein bewegt werden. Der größte Diamant, den man bis heute gefunden hat, wurde nach seinem Fundort in Südafrika Cullinan genannt. Er hatte 3106 Karat, also mehr als 600 g. Er wurde in 105 Stücke zerteilt, von denen die größten in Zepter, Krone und Ring der englischen Kronjuwelen eingesetzt wurden.

Diamant hat eine sehr große optische Dichte. Daher tritt sehr leicht Totalreflexion ein. Die Kunst des Diamantenschleifers besteht nun darin, durch geschickten Schliff aus dem Diamanten einen Brillanten zu machen. Denn der richtige Schliff bewirkt, dass der größte Teil des Lichts zur betrachtenden Person reflektiert wird und dadurch das intensive Funkeln hervorruft. Das wird durch das vierte „C" gekennzeichnet.

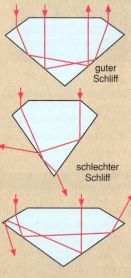

guter Schliff

schlechter Schliff

Der meistverwendete und „brillanteste" Schliff wurde um die Jahrhundertwende von MARCEL TOLKOWSKY durch Berechnung mithilfe des Brechungs- und Reflexionsgesetzes entwickelt. Er war Mitglied einer alteingesessenen mächtigen Familie im Diamantengeschäft.

Brechung und Totalreflexion

V1 Fülle einen durchsichtigen Plastikbehälter (Quader) mit Wasser. Du erhältst so unterschiedliche planparallele „Platten" aus Wasser. Die Wassertiefe ist gleich der Plattendicke.

a) Lege den Wasserbehälter auf eine gerade Linie und miss die Parallelverschiebung des Bildes für verschiedene Plattendicken.

b) Welche Rolle spielt bei dieser Messung der Blickwinkel, unter dem du auf die Platte schaust?

c) Experimentiere auch mit Öl.

V2 a) Richte einen dicken Trinkhalm so aus, dass du den „Fisch" (Münze) durch ihn hindurch sehen kannst.

b) Führe dann eine Stricknadel durch den Trinkhalm und beobachte, ob die Münze getroffen wird.

c) Erkläre das Versuchsergebnis.

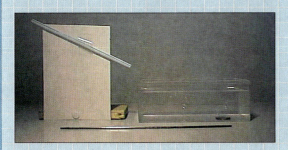

V3 Die linke Tasse scheint leer zu sein. Wird Wasser hineingegeben, so erscheint plötzlich eine Münze.

a) Wie ist das möglich?

b) Erkläre den Versuch mithilfe einer Skizze.

V4 Bohre in einen Plastikbecher eine kleine kreisrunde Öffnung, sodass ein Trinkhalmstück stramm hineinpasst. Bohre auf der gegenüberliegenden Seite eine etwas größere Öffnung in den Becher und verklebe sie mit Tesafilm. Der Trinkhalm muss so ausgerichtet sein, dass das Licht der Taschenlampe durch die Öffnung und durch den Trinkhalm hindurch gehen kann.

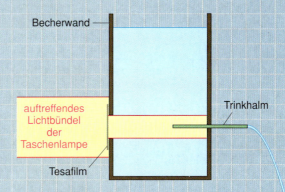

Becherwand

auftreffendes Lichtbündel der Taschenlampe

Trinkhalm

Tesafilm

a) Leuchte mit einer Taschenlampe von hinten in den Trinkhalm hinein. Beschreibe und erkläre deine Beobachtung.

b) Konstruiere den Weg des Lichtbündels im auslaufenden Wasser.

V5 Baue den folgenden Versuch auf.

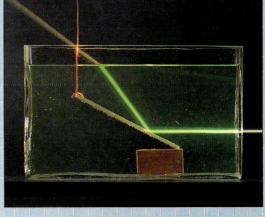

a) Verfolge den Lichtweg im Wasser und in der Luft. Skizziere ihn grob. Miss auch die Winkel. Welche Gesetze kannst du so nachprüfen bzw. bestätigen?

b) Erkläre den Lichtweg mithilfe einer geometrischen Konstruktion.

Sammellinsen

Nach einem Regenschauer glänzen die Regentropfen auf den Blättern der Pflanze im Sonnenlicht. Aber nach kurzer Zeit ist eine erstaunliche Beobachtung zu machen: Die Blätter haben regelrechte „Verbrennungen" dort, wo sich eben noch Wassertropfen befunden haben.

Was geschieht mit dem Licht im Tropfen, dass es auf dem Blatt eine solche Wirkung hervorrufen kann?

Wassertropfen haben eine gewölbte Oberfläche und sind durchsichtig. Auch eine Lupe hat gewölbte Oberflächen und ist durchsichtig, aber sie besteht aus Glas, manchmal auch aus Kunststoff. Fallen Lichtbündel auf einen solchen Glaskörper, so wird das Licht gebündelt und es entsteht eine Stelle, die besonders hell ist. Bringen wir die Hand an diese Stelle, so wird die Haut sehr heiß. Wenn die Geduld groß genug ist, kann mithilfe einer Lupe sogar ein Stück Zeitungspapier entzündet werden.

Durch eine Lupe wird also ein Lichtbündel so gebrochen, dass es hinter dem Glaskörper in einem Punkt zusammenläuft, *gesammelt* wird. Daher heißen solche Linsen **Sammellinsen.** Hinter dem Sammelpunkt läuft das Lichtbündel dann wieder auseinander.

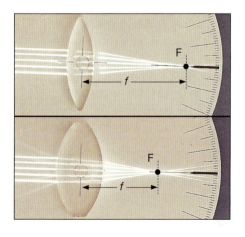

Zentraler Versuch

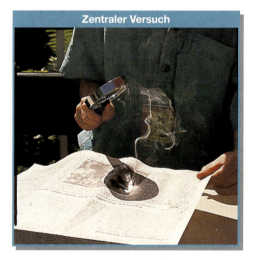

Wiederholen wir diesen Versuch mit anderen Lupen oder alten Brillengläsern, so stellen wir fest, dass der Abstand vom Glaskörper zum Sammelpunkt ganz unterschiedlich ist. Es kann sogar vorkommen, dass überhaupt kein solcher Brennfleck entsteht. Bei genauerer Betrachtung zeigt sich, dass dies offenbar mit der Form der Linse zu tun hat. Zur Bündelung des Lichts sind die Glaskörper besonders gut geeignet, die auf beiden Seiten leicht nach außen gewölbt sind.

Um diese Sammelwirkung von Linsen genauer beschreiben zu können, sind einige Begriffe nötig. Die Abbildung links zeigt sie:
● Fällt ein Parallellichtbündel (z. B. Sonnenlicht) auf verschiedene Sammellinsen, so wird das Licht

hinter jeder Sammellinse in einem Punkt vereinigt, dem **Brennpunkt F.** Der Abstand Mittelebene Linse–Brennpunkt heißt **Brennweite f.**
● Die Brennweite ist bei stärker gekrümmten Linsen kleiner als bei weniger stark gekrümmten Linsen.

Linsen werden hauptsächlich für Brillen verwendet. Der Optiker beschreibt die Lichtbrechung bei einem Brillenglas allerdings nicht mithilfe der Brennweite f sondern mithilfe der **Brechkraft D** in der Einheit Dioptrie (dpt). Je stärker eine Linse das Licht bricht, desto größer ist ihre Brechkraft, desto mehr Dioptrien hat sie.

Es besteht ein einfacher Zusammenhang zwischen Brennweite f und Brechkraft D:

$D = \frac{1}{f}$.

Auch die Einheiten lassen sich umrechnen: 1 dpt = $\frac{1}{m}$.

> Linsen, die Lichtbündel in einem Punkt zusammenziehen, heißen Sammellinsen.
> Der Abstand von der Sammellinse zum Brennpunkt heißt Brennweite f. Er hängt von der Form der Linse ab.

Eine Linse aus vielen Prismen

Beim Übergang Luft→Glas wird Licht aus seiner Richtung abgelenkt. Diese Brechung tritt natürlich auch bei Linsen auf. Jede Sammellinse können wir uns stark vereinfacht aus unterschiedlichen Prismen zusammengesetzt denken.

Zur genauen Betrachtung ist es zweckmäßig, das Lichtbündel mit geeigneten Blenden in schmalere Teilbündel zu zerlegen. Jetzt zeigt sich eine zweifache Brechung, nämlich beim Übergang Luft→ Glas und dann wieder bei Glas→ Luft. In der Mitte trifft das Lichtbündel senkrecht auf das Linsenstück („planparallele Platte") und wird nicht abgelenkt.

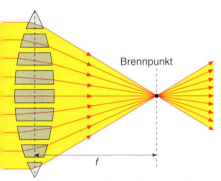

Brennpunkt

f

Damit verstehen wir auch die unterschiedlichen Brennweiten. Bei stärker gewölbten Linsen wird das Licht stärker gebrochen, folglich befindet sich der Brennpunkt näher an der Linse.

Geometrie hilft der Optik

Sammellinsen bündeln Licht. Damit wir diesen Vorgang besser nachvollziehen können, teilen wir ein Lichtbündel in mehrere sehr schmale Lichtbündel auf. Jedes dieser Lichtbündel besteht aus ungeheuer vielen Photonen,

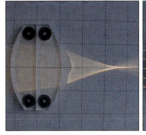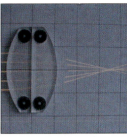

die sich geradlinig ausbreiten. In ganz dünnen Lichtbündeln bewegen sich alle Photonen nahezu exakt in die gleiche Richtung. Erst der Übergang Luft→Glas verändert ihre Richtung.

Zur Darstellung der Lichtausbreitung können wir deshalb die aus der Geometrie bekannten Strahlen verwenden. Aber bevor wir zeichnen, wollen wir noch eine Vereinbarung treffen: Die zweifache Brechung des Lichts an den beiden Grenzflächen Glas–Luft wird durch einen Knick an der senkrechten Symmetrieachse der Linse, ihrer *Mittelebene* ersetzt. Senkrecht zur Mittelebene verläuft genau durch die Mitte der Linse eine Hilfslinie, auf die wir alle Betrachtungen beziehen, die *optische Achse*.

Zur geometrischen Konstruktion des Verlaufs eines Lichtbündels reichen uns drei besondere Bündel:

● Ein zur optischen Achse paralleles Lichtbündel verläuft nach der Brechung durch den Brennpunkt. Im Strahlenbild: **Parallelstrahl wird Brennstrahl.**

● Ein Bündel durch den Brennpunkt läuft nach der Brechung parallel zur optischen Achse: **Brennstrahl wird Parallelstrahl.**

● Ein Lichtbündel, das durch den Schnittpunkt Mittelebene – optische Achse verläuft, wird nicht gebrochen: **Mittelpunktstrahl bleibt gerade.**

> Zur Darstellung des Lichtverlaufs durch Linsen verwenden wir drei besondere Strahlen: Mittelpunktstrahl, Parallelstrahl und Brennstrahl.

1 Aus einer Zeitungsmeldung: „Die Feuerwehr nimmt an, dass der Brand durch die Scherben einer Glasflasche ausgelöst wurde. ..." Was sagst du zu dieser Meldung? Begründe deine Antwort.

2 Erläutere die Begriffe Sammellinse, Brennpunkt und Brennweite.

3 Eine punktförmige Lichtquelle wird in den Brennpunkt einer Sammellinse gestellt. Skizziere und erkläre den Weg des Lichts.

4 Übertrage die Zeichnung maßstabsgerecht in dein Heft.
Die Kreise um M_1 und M_2 bilden eine Linse. Vereinfache diese Linse zu einem Prismenmodell aus fünf Prismen und konstruiere den

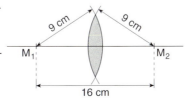

Brennpunkt mithilfe des Diagramms auf Seite 67 (Brechungswinkel).

5 a) Hinter welcher Abdeckung befindet sich die dickere Linse? Begründe.

b) Was versteht man unter der Brechkraft einer Linse? Welcher Zusammenhang besteht zwischen ihr und der Brennweite f?

Wie Bilder entstehen

Während die Kerzenflamme den linken Schirm nur beleuchtet, ist auf dem rechten Schirm ein Bild der Kerze zu erkennen.
Wie ist es möglich, mithilfe einer Lochblende ein Bild zu erzeugen? Warum steht es auf dem Kopf und ist seitenverkehrt? Was geschieht, wenn wir die Lochblende durch eine Linse ersetzen?

Die Lochkamera

Auf jeden Punkt des Schirms gelangt Licht von jedem Punkt der Kerzenflamme. Der Schirm ist gleichmäßig beleuchtet – wir erkennen kein Bild. Durch die Lochblende wird erreicht, dass das Licht eines bestimmten Punktes der Flamme nur auf eine bestimmte Stelle des Schirms trifft und dort einen Lichtfleck erzeugt. Aus all diesen Lichtflecken auf dem Schirm setzt sich das Bild der Kerzenflamme zusammen.

Weil sich die Lichtbündel im Loch kreuzen, steht das Bild auf dem Kopf und ist seitenverkehrt. Durch Vergrößern der Blende wird es zwar heller, aber die Lichtflecke werden größer und das Bild dadurch unschärfer.

Zentraler Versuch

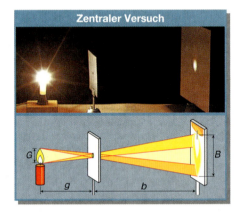

Zur genaueren Beschreibung führen wir folgende Größen ein:
Gegenstandsweite g; Bildweite b; Gegenstandsgröße G; Bildgröße B.

Damit lassen sich folgende Aussagen formulieren:
● Je kleiner die Blendenöffnung, desto deutlicher (schärfer), aber auch dunkler wird das Bild.

● Die Bildgröße hängt von der Gegenstandsweite g (Abstand Gegenstand–Blende) ab und von der Bildweite b (Abstand Blende–Schirm).

Die letzte Behauptung lässt sich durch Messungen überprüfen:

G = 4,0 cm				
g	b	B	$\frac{b}{g}$	$\frac{B}{G}$
10 cm	10 cm	4,0 cm	1,0	1,0
12 cm	15 cm	5,0 cm	1,25	1,25
8,0 cm	16 cm	8,0 cm	2,0	2,0

Dieser Zusammenhang wird mit einer Formel ausgedrückt, dem **Abbildungsmaßstab A:**
$$A = \frac{b}{g} = \frac{B}{G}$$

Eine Lochblende erzeugt Bilder, die auf dem Kopf stehen und seitenverkehrt sind.

Rechenbeispiel

Ein 12 cm hoher Gegenstand befindet sich 20 cm vor einer Lochblende. Wie weit muss der Schirm vom Loch weg sein, damit das Bild 5,0 cm groß wird?

Geg.: $G = 12$ cm; $g = 20$ cm; $B = 5,0$ cm
Ges.: b

Lösung: $\frac{B}{G} = \frac{5,0 \text{ cm}}{12 \text{ cm}} = 0,42$

$\frac{b}{g} = \frac{B}{G} = 0,42 \Rightarrow b = 0,42 \cdot g$

$\qquad = 0,42 \cdot 20$ cm $= 8,4$ cm

Der Abstand Lochblende–Schirm beträgt 8,4 cm.

Aufgaben

1 Beschreibe, wie sich das von einer Lochblende erzeugte Bild verändert, wenn das Loch
a) vergrößert, **b)** verkleinert wird.
2 Erkläre, warum das Bild, das eine Lochblende erzeugt, seitenverkehrt ist und auf dem Kopf steht.
3 Warum ist auf dem Schirm kein Bild der Kerze mehr zu sehen, wenn die Lochblende weggenommen wird? Erkläre mithilfe einer Skizze.
4 Eine Lochblende steht 7,5 cm vom Schirm entfernt. Das Bild ist 4,8 cm groß. Wie weit ist der 165 cm hohe Gegenstand entfernt?

Linsen machen bessere Bilder

Ein Loch im Vorhang kann wie eine Lochblende wirken. Ist der Raum dunkel genug, so entsteht auf der gegenüberliegenden Wand ein seitenverkehrtes und auf dem Kopf stehendes Bild der Umgebung. Je weiter die Wand vom Loch entfernt ist, desto größer aber auch lichtschwächer ist das Bild.

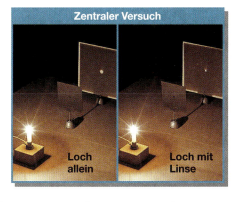

Zentraler Versuch

Loch allein — Loch mit Linse

Wird hinter das Loch im Vorhang eine Sammellinse gehalten, so wird das Bild heller, aber in den meisten Fällen auch undeutlicher. Erst wenn wir einen Schirm in einen ganz bestimmten Abstand zum Vorhang bringen, entsteht ein scharfes Bild. Dieses Bild ist ebenfalls seitenverkehrt und steht auf dem Kopf, aber es ist sehr viel deutlicher und heller als vorher.

Die Abbildung unten zeigt, warum das so ist: Alles Licht, das von einem Punkt P der Kerzenflamme auf die Linse fällt, wird von dieser im Punkt P' gesammmelt. Im Gegensatz zur Lochblende gibt es nun keine Lichtflecke mehr sondern kleine Lichtpunkte, die die gesamte Helligkeit eines Fleckes in sich vereinigen. Auf dem Schirm entsteht so Punkt für Punkt ein scharfes und helles Bild der Kerze. Wir nennen es **reelles Bild.**

Aber es gibt noch einen Unterschied zur Lochblende: Bei ihr entstand immer ein Bild – unabhängig davon, wie groß Gegenstandsweite und Bildweite jeweils waren.

Bei Sammellinsen gibt es nur in ganz bestimmten Fällen ein scharfes Bild auf dem Schirm: Bei Annäherung der Kerze an die Linse (Gegenstandsweite g wird kleiner) muss – um ein scharfes Bild zu erhalten – die Bildweite b vergrößert werden; das Bild wird dabei größer. Bei Vergrößerung von g (d. h. Wegschieben des Gegenstandes von der Linse) ist es umgekehrt.

Die Tabelle links unten zeigt, dass es dabei ganz besondere Abbildungsfälle für spezielle Werte von g und b gibt. Durch Messungen kann leicht nachgeprüft werden, dass für Linsen die gleiche Formel für den Abbildungsmaßstab gilt wie für die Lochblende.

Sammellinsen erzeugen scharfe, lichtstarke Bilder, deren Größe und Lage vom Abstand Gegenstand–Linse abhängen. Je kleiner die Gegenstandsweite, desto größer werden Bildweite b und Bild B.
Abbildungsmaßstab: $A = \dfrac{b}{g} = \dfrac{B}{G}$

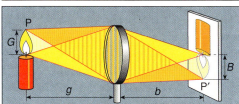

	Gegenstandsweite	Bildweite	Bild
①	$g > 2f$	$f < b < 2f$	$B < G$
②	$g = 2f$	$b = 2f$	$B = G$
③	$f < g < 2f$	$b > 2f$	$B > G$
④	$g = f$	$b = ?$	keines
⑤	$g < f$	$b = ?$	keines

Aufgaben

1 Wie unterscheidet sich das Bild einer Linse von einem Spiegelbild?

2 Das Bild, das durch eine Linse entsteht, ist wesentlich heller als das Lochblendenbild. Gibt es auch einen „Nachteil" gegenüber dem Lochblendenbild? Erläutere.

3 Ein Gegenstand hat den Abstand $3f$ von einer Sammellinse. In welchem Bereich befindet sich das Bild und wie groß ist es?

4 Eine Lochblende wird mit einer Sammellinse ausgestattet.
a) Warum wird das Bild nicht in allen Fällen verbessert?
b) Welche Änderung muss am Schirm der Lochblende vorgenommen werden?

5 Durch eine Sammellinse entsteht auf einer Wand das verkleinerte Bild eines Gegenstands. Wie kann ein vergrößertes Bild erzeugt werden, wenn nur die Linse, nicht aber der Gegenstand verschoben werden darf?

6 **a)** Wie ändert sich die Abbildung durch eine Linse, wenn direkt vor die Linse eine Blende gehalten wird?
b) Zeige anhand von Skizzen, ob die Größe der Blendenöffnung einen Einfluss auf das Bild hat.

Bildkonstruktion mithilfe der Geometrie

Mithilfe von Parallelstrahl, Brennstrahl und Mittelpunktstrahl lässt sich das bei einer Linse entstehende Bild ganz leicht konstruieren. (Die Brechung an den Grenzflächen zwischen Luft und Glas wird wie üblich durch einen Knick an der Mittelebene der Linse ersetzt.)

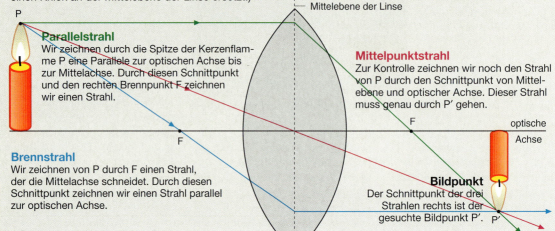

Parallelstrahl
Wir zeichnen durch die Spitze der Kerzenflamme P eine Parallele zur optischen Achse bis zur Mittelachse. Durch diesen Schnittpunkt und den rechten Brennpunkt F zeichnen wir einen Strahl.

Mittelpunktstrahl
Zur Kontrolle zeichnen wir noch den Strahl von P durch den Schnittpunkt von Mittelebene und optischer Achse. Dieser Strahl muss genau durch P′ gehen.

Brennstrahl
Wir zeichnen von P durch F einen Strahl, der die Mittelachse schneidet. Durch diesen Schnittpunkt zeichnen wir einen Strahl parallel zur optischen Achse.

Bildpunkt
Der Schnittpunkt der drei Strahlen rechts ist der gesuchte Bildpunkt P′.

Diese Konstruktionsmethode führt auch zum Ziel, wenn der Gegenstand, der abgebildet werden soll, viel größer ist als die Linse. Wir zeichnen die Mittelebene der Linse ein und können nun für den Punkt P auch den Verlauf des Parallelstrahls konstruieren. Der Schnittpunkt mit dem Mittelpunktstrahl ergibt P′.
Bei einer maßstabsgerechten Zeichnung ist es möglich, die Größe des Bildes aus der Zeichnung abzulesen. Allerdings ist diese Methode ziemlich ungenau.

Aufgaben (Alle Zeichnungen im Querformat anfertigen!)

1 Konstruiere das Bild eines Pfeils (3,0 cm), der im Abstand von 9,0 cm senkrecht vor einer Linse mit f = 5,0 cm steht.

2 Wird eine Linse mit 6,0 cm Brennweite im Abstand von 9,0 cm vor eine weiße Pappe gehalten, so entsteht dort das Bild einer Puppe. Die Bildgröße beträgt 4,0 cm. Konstruiere den Strahlengang im Maßstab 1:2. Wie groß ist die Puppe?

3 Bei einer Abbildung durch eine Linse erhält man die folgenden Werte:
g = 8,0 cm; b = 6,0 cm und G = 2,8 cm.
Konstruiere diese Abbildung und ermittle die Größe von f und B.

4 Konstruiere das Bild eines Pfeils, der nicht senkrecht vor der Linse steht: (Hinweis: Die Lage des Pfeilbildes ist durch Ursprung und Spitze eindeutig festgelegt.)

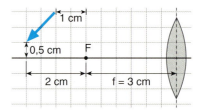

5 Eine 20 cm lange Lochkamera wird mit einer Sammellinse von 15 cm Brennweite ausgestattet.
a) Wo muss sich der Gegenstand befinden, damit ein scharfes Bild entsteht? Konstruiere im Maßstab 1:5.

b) Der Schirm der Lochkamera ist quadratisch 10 x 10 cm. Wie groß darf der Gegenstand sein, damit er voll abgebildet wird?

6 Ein 3 cm großer Gegenstand wird durch eine Sammellinse (f = 6,5 cm) abgebildet. Das Bild entsteht in einer Entfernung von 10 cm hinter der Linse.
Ermittle durch Konstruktion im Maßstab 1:2 die Gegenstandsweite und die Bildgröße.

7 Bei der Abbildung durch eine Sammellinse entsteht ein Bild, das doppelt so groß ist wie der Gegenstand. Bestimme durch Konstruktion die Bildweite und die Brennweite der Linse für eine Gegenstandsweite von 6 cm.

Bildkonstruktion mit EUKLID

Aufgabe: Konstruiere mithilfe einer dynamischen Geometriesoftware die Abbildung durch eine Sammellinse und finde einen mathematischen Zusammenhang zwischen Gegenstandsgröße G, Bildgröße B, Gegenstandsweite g und Bildweite b.

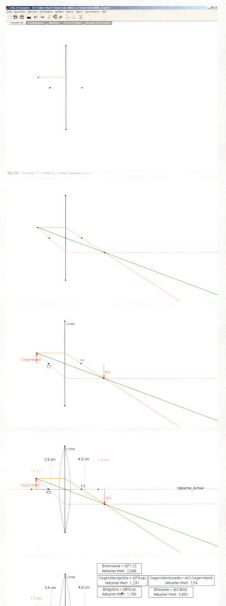

- P1 ist ein Basispunkt, der an die y-Achse gebunden ist.
- P2 ist Bildpunkt von P1 bei der Achsenspiegelung an x-Achse
- Die „Linse" ist die Strecke [P1 ; P2]
- P3 ist ein Basispunkt, der an die Linse gebunden ist.
- (g1 ist das Lot von P3 auf die Linse)
- P4 ist ein Basispunkt, der an g1 gebunden ist.
- s2 ist die Strecke [P3 ; P4]
- F1 ist ein Basispunkt, der an xa gebunden ist.
- F2 ist Bildpunkt von F1 bei der Achsenspiegelung an der Linse
- s3 ist die Strecke [F1 ; F2]
- (P7 ist der Mittelpunkt der Strecke [F2 ; F1])
- h1 ist eine Halbgerade mit Startpunkt P3 durch den Punkt F1
- h2 ist eine Halbgerade mit Startpunkt P4 durch den Punkt P7
- (h3 ist eine Halbgerade mit Startpunkt P4 durch den Punkt F2)
- (P8 ist der Schnittpunkt der Linien Linse und h3)
- s4 ist die Strecke [P4 ; P8]
- P9 ist der Schnittpunkt der Linien h1 und h2
- h4 ist eine Halbgerade mit Startpunkt P8 durch den Punkt P9
- (g2 ist das Lot von P4 auf xa)
- (P5 ist der Schnittpunkt der Linien g2 und x-Achse)
- Gegenstand ist der Vektor, der P5 nach P4 schiebt
- (g3 ist das Lot von P9 auf die x-Achse)
- (P6 ist der Schnittpunkt der Linien g3 und x-Achse)
- Bild ist der Vektor, der P6 nach P9 schiebt
- P10 ist ein Basispunkt, der an die x-Achse gebunden ist.
- b1 ist ein Bogen mit Startpunkt P1 um den Mittelpunkt P10 bis zum Strahl [P10 ; P2]
- (P11 ist Bildpunkt von P10 bei der Achsenspiegelung an Linse)
- P12 ist Bildpunkt von P1 bei der Achsenspiegelung an der Linse
- P13 ist Bildpunkt von P2 bei der Achsenspiegelung an der Linse
- b2 ist ein Bogen mit Startpunkt P12 um den Mittelpunkt P11 bis zum Strahl [P11 ; P13]
- Optische Achse ist die Strecke [P10 ; P11]
- s5 ist die Strecke [P1 ; P12]
- s6 ist die Strecke [P2 ; P13]
- (g4 ist das Spiegelbild der y-Achse bei der Spiegelung an F1)
- P14 ist der Schnittpunkt der x-Achse und g4
- P15 ist Bildpunkt von P14 bei der Achsenspiegelung an der Linse
- s7 ist die Strecke [P14 ; P15]
- Brennweite ist der Term d(F1;O).
- Gegenstandgröße ist der Term d(P4;xa).
- Gegenstandsweite ist der Term d(O;Gegenstand).
- Bildgröße ist der Term d(P9;xa).
- Bildweite ist der Term d(O;Bild).

Die in Klammern gesetzten Zeilen bedeuten, dass diese konstruierten Objekte Hilfsobjekte sind und anschließend versteckt wurden (Menü – Hauptleiste – Objekte verbergen/anzeigen)

Zerstreuungslinsen

Durch die linke Linse sieht man ein verkleinertes, Kopf stehendes Bild. Dieses Bild können wir auf einem Schirm sichtbar machen, es ist ein reelles Bild. Die verwendete Linse ist eine Sammellinse. Durch die rechte Linse sieht man auch ein verkleinertes, aber aufrecht stehendes Bild. Dieses Bild kann nicht auf einem Schirm sichtbar gemacht werden, wir nennen es **virtuelles Bild.**
Es ist auch nicht möglich, mit der rechten Linse Sonnenlicht in einem Punkt zu sammeln. Diese Linse hat auch eine andere Form – sie ist in der Mitte dünner als außen.

Im unteren Teil des zentralen Versuchs erkennen wir, dass im Nahbereich die linke Linse vergrößert, die

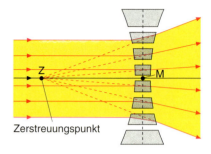

Zerstreuungspunkt

rechte verkleinert. Beide Bilder sind nun aufrecht und virtuell. Mit unseren Augen können wir also sowohl reelle als auch virtuelle Bilder wahrnehmen.

Mithilfe des Prismenmodells können wir unsere Beobachtungen verstehen. Parallel einfallende Lichtbündel werden nicht in einem Punkt gesammelt sondern zerstreut. Deshalb heißen diese Linsen **Zerstreuungslinsen.** Weil die gebrochenen Lichtbündel auseinander laufen, kann ein Gegenstand nicht auf einen Schirm abgebildet werden.
Auffallend ist, dass die rückwärtigen Verlängerungen der auseinander laufenden Bündel sich in einem Punkt schneiden. Es sieht so aus, als ob das gebrochene Lichtbündel von diesem Punkt ausginge. Es ist der *Zerstreuungspunkt* Z dieser Linse. Er ist vergleichbar mit dem Brennpunkt einer Sammellinse.

Die Brechkraft einer Sammellinse ist $D = \frac{1}{f}$, wobei f der Abstand Linsenmitte–Brechpunkt ist. Entsprechend gilt für Zerstreuungslinsen $D = -\frac{1}{ZM}$. Das Minuszeichen kommt daher, dass der Zerstreuungspunkt auf der anderen Seite der Linse liegt als ein Brennpunkt.

> Zerstreuungslinsen erzeugen nur virtuelle Bilder.

Zentraler Versuch

reelles Bild auf Mattscheibe

kein Bild auf Mattscheibe

Werkzeug | **Bildkonstruktion bei Zerstreuungslinsen**

Das verkleinerte Bild bei Zerstreuungslinsen lässt sich nach dem gleichen Prinzip konstruieren wie bei Sammellinsen. (Die zweimalige Brechung an den Grenzflächen Glas–Luft wird wieder durch einen Knick an der Mittelebene der Linse ersetzt.)

- Ein Parallelstrahl wird so gebrochen, als käme er aus dem Zerstreuungspunkt Z.
- Ein Strahl, der ohne Linse durch den jenseitigen Zerstreuungspunkt Z' verlaufen würde, wird zum Parallelstrahl.
- Der Mittelpunktsstrahl läuft ohne Brechung durch.

Die rückwärtigen Verlängerungen schneiden sich in einem Punkt. Beim Blick durch die Linse entsteht der Eindruck, als ob das Licht von dort käme; wir sehen ein verkleinertes virtuelles Bild.

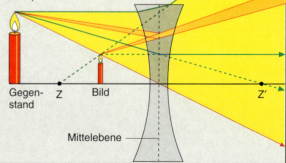

Gegenstand Z Bild Z'

Mittelebene

Bilder und Bildentstehung

V1 a) Bestimme die Brennweite von Brillengläsern, Lupen oder linsenähnlichen Glasgegenständen. Erzeuge dazu mit der Linse ein Bild, miss Gegenstandsweite und Bildweite und notiere sie in einer Tabelle.

g	b	f
12 cm	7,5 cm	4,6 cm
...	...	...

b) Ermittle die Brennweite jeweils durch Konstruktion und ergänze die Tabelle.

V2 Im Fuß dieses Weinglases ist eine Luftblase eingeschlossen.
a) Beschreibe die Wirkung der Luftblase als Linse und beachte dabei, dass Luft das optisch dünnere Medium ist.
b) Versuche selber Luftlinsen herzustellen, indem du eine Glühlampe unter Wasser anbringst. Beachte, dass die Glühlampe schwimmt!
c) Experimentiere auch mit Luftblasen in Glasröhrchen (leeres Tablettenröhrchen, Reagenzglas o. Ä.).

V3 a) Baue den folgenden Versuch auf. Stelle die Linse so ein, dass ein scharfes Bild entsteht.

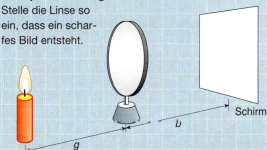

b) Ersetze dann den Schirm durch einen Spiegel. Beschreibe deine Beobachtung und erkläre sie.
c) Wie verändert sich das Bild im Spiegel, wenn du den Spiegel verschiebst? Versuche eine Erklärung.

V4 a) Untersuche verschiedene Linsen (Brillengläser, Lupe usw.) daraufhin, ob sie Licht bündeln können. Arbeite mit Sonnenlicht.
b) Versuche einen möglichst kleinen Brennfleck zu erzeugen und miss den Abstand Linse–Brennfleck.
Vorsicht: Niemals direkt oder durch Linsen in die Sonne sehen!

V5 a) Wiederhole V4 mit gewölbten Glasgefäßen (Kunststoff), die mit Wasser gefüllt sind.
b) Experimentiere auch mit verschiedenen Flüssigkeiten: Salzwasser, Limo, Cola, Apfelsaft.
c) Beschreibe deine Beobachtungen und vergleiche sie.

V6 Untersuche, ob Wassertropfen als Linsen geeignet sind. Bestimme – wenn möglich – die Brennweite.
a) Halte einen Strohhalm in Wasser und verschließe das obere Ende mit dem Finger. Nun lass vorsichtig Luft in den Strohhalm, bis sich am unteren Ende ein Tropfen gebildet hat. Bestimme die Brennweite dieses Tropfens.

b) Setze den Wassertropfen in das Loch im Riegel eines Schnellhefters. Experimentiere auch mit dieser Anordnung.
c) Untersuche mit dieser Methode auch Öltropfen oder andere Flüssigkeiten.

V7 Baue entsprechend der folgenden Abbildung eine einfache Lochkamera.

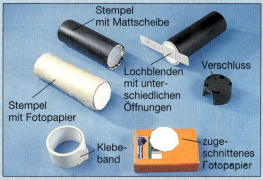

Stempel mit Mattscheibe
Stempel mit Fotopapier
Lochblenden mit unterschiedlichen Öffnungen
Verschluss
Klebeband
zugeschnittenes Fotopapier

a) Untersuche, wie sich die Größe der Blendenöffnungen auf Helligkeit und Schärfe des Bildes auswirkt.
b) Erkläre die beobachteten Unterschiede.
c) Mache Fotos mit deiner Lochkamera. Damit die Bilder nicht verwackeln, musst du die Kamera immer fest auflegen.
d) Klebe eine kleine Glaslinse auf das Loch der Verschlusskappe. Wiederhole dann die Teilversuche a) bis c). Beschreibe deine Ergebnisse.
  Was ist der Unterschied zur Lochkamera ohne Linse?

Das Lochkamerabild wurde eine Minute belichtet.

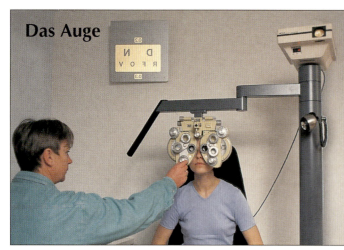

Das Auge

Das Auge vermittelt uns einen Großteil aller Informationen, die wir aus unserer Umgebung aufnehmen. Mit den Augen erfassen wir Form, Größe, Farbe und Abstand von Körpern oder ihre Bewegungen. Wenn das Sehen beeinträchtigt ist, brauchen wir eine Brille oder Kontaktlinsen.

Wie ist unser Auge aufgebaut, damit wir mit ihm die Umwelt wahrnehmen können? Wieso können wir nahe und ferne Gegenstände scharf und farbig sehen? Welche Sehfehler gibt es und wie lassen sie sich korrigieren?

Der Bau des Auges

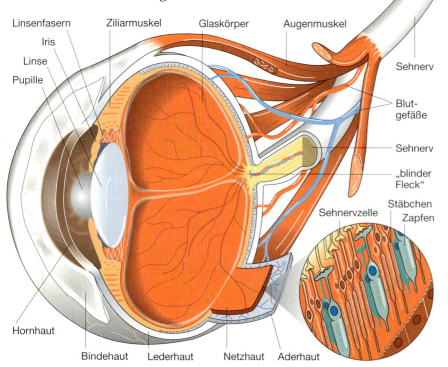

Linsenfasern · Iris · Linse · Pupille · Ziliarmuskel · Glaskörper · Augenmuskel · Sehnerv · Blutgefäße · Sehnerv · „blinder Fleck" · Sehnervzelle · Stäbchen · Zapfen · Hornhaut · Bindehaut · Lederhaut · Netzhaut · Aderhaut

Beim Auge erkennen wir auf einem weißen Hintergrund einen farbigen Ring mit einem dunklen Kreis in der Mitte. Der farbige Ring ist die Regenbogenhaut oder Iris. Sie ist blau, braun, grünlich oder grau. Der dunkle Kreis in der Mitte ist die Pupille. Durch sie fällt das Licht in unser Auge.

Betrachten wir etwas mit unseren Augen, sehen wir es aufrecht. Tatsächlich aber entsteht ein umgekehrtes und verkleinertes Bild auf der Netzhaut. Wir sehen die Gegenstände deshalb „richtig", weil wir von frühester Kindheit durch Betasten der Gegenstände daran gewöhnt sind, unsere Wahrnehmung mit dem Auge richtig zu deuten. Dies ist allein die Leistung unseres Gehirns, das verarbeitet, was der Sehnerv ihm übermittelt.

Hornhaut, vordere Augenkammer, Augenlinse und Glaskörper bilden zusammen ein Linsensystem, das das auftreffende Licht bricht. Der größte Teil der Lichtbrechung findet beim Übergang Luft–Hornhaut statt. Durch die Brechung werden die vom Gegenstand kommenden Lichtbündel in einem Bildpunkt auf der Netzhaut vereinigt.

In der auf der Rückseite des Auges gelegenen **Netzhaut** sitzen Nervenzellen, die elektrische Impulse aussenden, wenn Licht ins Auge fällt. Die zum Gehirn führenden Nervenfasern sammeln sich im hinteren Augapfel zum Sehnerv.
An der Stelle, wo der Sehnerv durch die Netzhaut tritt, ist sie für Licht nicht empfindlich („blinder Fleck").

Im Auge entsteht auf der lichtempfindlichen Netzhaut ein seitenverkehrtes, Kopf stehendes und verkleinertes Bild der Gegenstände der Umgebung.

Hornhaut · Augenkammer · Bildpunkt · Glaskörper · Luft · Augenlinse · Netzhaut

Entfernungsanpassung

Die Gegenstände unserer Umgebung sind ganz unterschiedlich weit vom Auge entfernt. Um trotz der verschiedenen Gegenstandsweiten jederzeit ein scharfes Bild zu erhalten, sind zwei Möglichkeiten für die Abbildung denkbar:
● die Bildweite wird angepasst;
● die Brennweite der Linse wird verändert.

Der Abstand zwischen Linse und Netzhaut, die Bildweite, kann nicht geändert werden. Daher bleibt nur die zweite Möglichkeit, um scharfe Abbildungen zu erzeugen: die Anpassung der Brennweite der Linse an die Entfernung.
Diese erstaunliche Eigenschaft der Linse beruht darauf, dass sie elastisch ist, denn dadurch kann sie dicker oder dünner werden. Je dicker, also stärker gekrümmt sie ist, desto kleiner ist ihre Brennweite und desto näher können Gegenstände dem Auge sein und doch noch scharf gesehen werden.

Die Veränderung der Brennweite erfolgt durch den Ziliarkörper und die natürliche Elastizität der Linse. Der Ziliarkörper ist ein Muskelsystem aus ringförmigen und strahlenförmigen Muskelfasern.
Im entspannten Zustand des Ringmuskels üben die strahlenförmigen Fasern eine Zugkraft auf die Linse aus. Sie ist dadurch abgeflacht und

ermöglicht durch ihre große Brennweite das scharfe Sehen von weit entfernten Gegenständen.
Beim Zusammenziehen des Ziliarkörpers nähert er sich dem Linsenrand. Dadurch lässt die Zugkraft durch die strahlenförmigen Muskelfasern auf die Linse nach. Die Linse krümmt sich ihrer natürlichen Elastizität folgend stärker. Die stärker gewölbte Form führt zu kleineren Brennweiten. Gegenstände in der Nähe können scharf gesehen werden.
Die Anpassung der Augenlinse an die veränderten Gegenstandsweiten heißt **Akkomodation.**

Beim gesunden Auge werden entfernte Objekte ohne Anstrengung scharf gesehen, weil die Brennweite der Augenlinse in etwa dem Abstand Linse–Netzhaut entspricht. Wenn die Entfernung der Gegenstände vom Auge geringer als 25 cm wird, können wir die Brennweite der Linse nur mit Anstrengung bis zum Nahpunkt (10 cm–15 cm) verändern. Wir spüren die Anstrengung nach einiger Zeit als Ermüdung.

> Die Scharfstellung der Bilder erfolgt durch Anpassung der Brennweite der Augenlinse an die Gegenstandsweite bei unveränderter Bildweite.

Helligkeitsanpassung

Zum Schutz vor zu viel Lichteinfall passt das Auge den Durchmesser der Pupille der Zahl der ankommenden Photonen an:
● Bei großer Helligkeit, d. h. vielen ankommenden Photonen, wird die Pupille ganz klein, damit nicht alle Photonen auf die Netzhaut gelangen.
● Bei schwachem Licht, d. h. wenigen ankommenden Photonen, ist sie weit geöffnet, damit möglichst viele Photonen genügend Sehzellen auf der Netzhaut reizen.

In manchen Fällen reicht dieser Regelmechanismus aber nicht aus. Bei hellem Sonnenlicht, insbesondere im Schnee oder am Meer, kneifen wir die Augen zusammen, halten die Hand als Schattenspender über die Augen, tragen Schirmmützen oder eine Sonnenbrille, um die in die Augen gelangende Zahl der Photonen zu verringern. Denn wenn die auf die Netzhaut treffende Lichtmenge zu groß ist, kann dies zu bleibenden Schäden bis hin zur Erblindung führen.

> Die Pupille regelt die Lichtmenge, die auf die Netzhaut trifft.

Aufgaben

1 Beschreibe die Funktion der einzelnen Teile des Auges für den Sehvorgang.
2 a) Was geschieht im Auge, wenn wir entfernte und dann nahe Gegenstände betrachten?
b) Erkläre, warum ein Objekt unscharf gesehen wird, wenn es sich nah am Auge befindet.
3 Die Brennweite der Augenlinse beträgt etwa 24 mm bei Einstellung auf weit entfernte Objekte (100 m). Wie muss sich die Brennweite ändern, wenn ein Objekt in 30 cm Entfernung betrachtet wird?

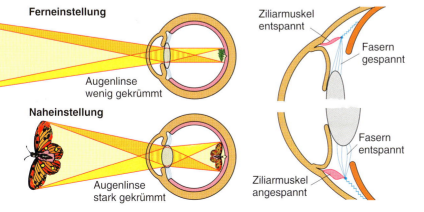

Ferneinstellung

Augenlinse wenig gekrümmt

Naheinstellung

Augenlinse stark gekrümmt

Ziliarmuskel entspannt

Fasern gespannt

Fasern entspannt

Ziliarmuskel angespannt

Sehfehler und ihre Korrektur

Viele Leute können ohne Brille nicht scharf sehen. Dabei gibt es unterschiedliche Arten von Sehfehlern, die angeboren sein können oder sich im Laufe des Lebens ergeben. Aus medizinischen, optischen oder kosmetischen Gründen tragen manche Menschen auch Kontaktlinsen, die direkt auf der Augenlinse schwimmen.

Wenn die Buchstaben verschwimmen

Ein Mensch ist **weitsichtig,** wenn er nur Gegenstände in der Ferne scharf sehen kann. Bei Weitsichtigen ist
- entweder die stärkere Krümmung der Augenlinse nur mühsam möglich
- oder der Augapfel ist für die kleinste mögliche Brennweite der Augenlinse zu kurz.

Die Lichtbündel würden erst hinter der Netzhaut kleine Bildpunkte ergeben. Das scharfe Bild würde daher erst hinter der Netzhaut entstehen.

Auf der Netzhaut ergeben sich Bildflecke, die sich überdecken. Daher kann ein weitsichtiger Mensch Gegenstände in der Nähe nur unscharf wahrnehmen. Selbst bei entfernten Gegenständen muss die Brennweite der Augenlinse durch Anspannen des Ziliarmuskels wie sonst nur bei der Naheinstellung verändert werden. Vor allem Lesen bedeutet große Muskelanstrengung, was zu Ermüdungserscheinungen führt.

Für die Korrektur der Weitsichtigkeit muss durch eine Sammellinse der Brennpunkt von einem Ort hinter der Netzhaut auf die Netzhaut vorgezogen werden.

Wenn wir mit der Nase schreiben

Ein Mensch ist **kurzsichtig,** wenn er nur Gegenstände in der Nähe scharf sehen kann. Bei Kurzsichtigen ist
- entweder die Krümmung der Augenlinse bereits im entspannten Zustand zu stark
- oder der Augapfel ist für die größte mögliche Brennweite der Augenlinse zu lang.

Die Lichtbündel vereinigen sich bereits vor der Netzhaut zu kleinen Bildpunkten und laufen dann wieder auseinander. Das scharfe Bild würde daher vor der Netzhaut entstehen.

Auf der Netzhaut ergeben sich Bildflecke, die sich überlagern. Daher kann der kurzsichtige Mensch entfernte Gegenstände nur verschwommen wahrnehmen, weil eine weitere Abflachung der Linse (Brennweitenvergrößerung) nicht mehr möglich ist.

Eine Brille oder Kontaktlinsen müssen die Lichtbündel so verändern, dass der Ort, wo das scharfe Bild entsteht, nach hinten auf die Netzhaut rückt. Für diese Form der Korrektur werden Zerstreuungslinsen verwendet.

> Für ein scharfes Bild auf der Netzhaut muss bei Weitsichtigen der Brennpunkt durch Sammellinsen nach vorne verschoben werden.

> Für ein scharfes Bild auf der Netzhaut muss bei Kurzsichtigen der Brennpunkt durch Zerstreuungslinsen nach hinten verschoben werden.

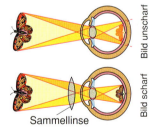

Weitsichtigkeit — Bild unscharf — Bild scharf — Sammellinse

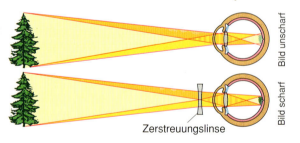

Kurzsichtigkeit — Bild unscharf — Bild scharf — Zerstreuungslinse

Aufgaben

1 Wo entstehen die Bilder von Gegenständen bei kurz- bzw. weitsichtigen Menschen?

2 Welche Probleme treten bei Kurzsichtigkeit bzw. Weitsichtigkeit auf? Wie werden sie behoben?

3 Welchen Augenfehler könnte ein Mensch haben, der seinen Kopf zum Lesen näher als 25 cm bis 30 cm über ein Buch beugen muss?

4 Welcher Augenfehler liegt vor, wenn jemand unter Wasser gut sieht? Erkläre, wie die scharfe Abbildung zustande kommt.

5 In einem Brillenpass steht: „links +1,0 dpt; rechts +1,5 dpt". Was bedeuten diese Angaben?

Probleme mit dem Kleingedruckten

Im Alter von zehn Jahren liegt die geringste Gegenstandsentfernung, bei der das Auge noch ein scharfes Bild erzeugen kann, bei etwa 8 cm: **Nahpunkt.** Nach dem 40. Lebensjahr nimmt die Akkomodationsfähigkeit des Auges immer mehr ab. Das Auge eines normalsichtigen Menschen mit 55 Jahren kann nur noch Gegenstände bis zu einer Entfernung von etwa 1 m scharf abbilden. Grund: Im Laufe der Jahre

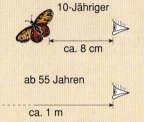

10-Jähriger

ca. 8 cm

ab 55 Jahren

ca. 1 m

verliert die Augenlinse ihre Krümmungsfähigkeit. Ebenso lässt die Spannkraft des Ziliarmuskels nach, der die Akkomodation ermöglicht. Der Nahpunkt rückt allmählich weiter vom Auge weg.

Diese **Alterssichtigkeit** macht sich besonders beim Lesen bemerkbar: Zunächst halten die betroffenen Personen Bücher und Zeitungen weiter weg. Später ist es nicht mehr möglich, die Entfernung zum Auge zu vergrößern, da die Arme zu kurz sind und die Schrift zu klein gesehen wird. Es wird eine Brille erforderlich, um die Augenlinse zu unterstützen.

Die Veränderungen am Auge im Alter sind ein ganz natürlicher Vorgang, den wir nicht aufhalten können. Von der Alterssichtigkeit werden alle Menschen betroffen. Liegt bereits eine Fehlsichtigkeit vor, braucht man für die Nähe nicht selten eine andere Brille als für die Ferne, um wieder scharf sehen zu können. Dieses Problem war früher nur mit zwei Brillen zu lösen – eine für die Ferne und eine für die Nähe. Später wurde oft eine kleine Fläche im unteren Bereich der Brillengläser anders geschliffen, um durch diese Fläche das Nahsehen zu ermöglichen. Bei den sogenannten *Gleitsichtgläsern* ist heute der unterschiedliche Schliff der verschiedenen Brillenbereiche nicht mehr zu erkennen. Inzwischen ist es auch gelungen, das Prinzip der Zwei- und Mehrstärkengläser auf die winzige Fläche der Kontaktlinse zu übertragen.

Brille oder Kontaktlinse?

Von einer bestimmten Glasstärke an ist erkennbar, ob ein Brillenträger kurz- oder weitsichtig ist. Die Augen erscheinen größer oder wirken unnatürlich klein.

 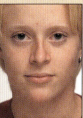 

Sammellinse — Zerstreuungslinse

Der gleiche Effekt, den man äußerlich sieht, beeinflusst auch das Sehen: Je nach Art der Fehlsichtigkeit vergrößern oder verkleinern Brillen die Bilder, die man wahrnimmt. Bei dicken Brillengläsern kommen Randverzerrungen bei der Abbildung hinzu, wodurch das Gesichtsfeld eingeschränkt wird. Die Brillenfassung engt je nach Ausführung das Blickfeld des Brillenträgers ein.

Bei der Korrektur komplizierter Sehfehler sind Brillengläsern gewisse Grenzen gesetzt. Besteht zum Beispiel ein größerer Unterschied zwischen den für das linke und rechte Auge erforderlichen Korrekturwerten, kann das Gehirn die beiden voneinander abweichenden Bilder nicht mehr zu einem Seheindruck verschmelzen. Eine Person mit einem solchen Sehfehler sieht doppelt.

Mit **Kontaktlinsen** bleibt der Seheindruck uneingeschränkt erhalten, denn nichts stört, hemmt, rutscht, wird optisch verzerrt oder kann zu Bruch gehen. Kontaktlinsen sind hauchdünn (ca. 0,10 mm) und für viele Menschen bei der Ausübung ihres Berufes oder zur Korrektur ihrer starken Sehfehler eine willkommene Sehhilfe. Kontaktlinsen haben allerdings den Nachteil, dass sie sehr schmutzempfindlich sind und dass sie allergische Reaktionen am Auge auslösen können.

ca. 14 mm

Ferne Nähe Ferne nachts

Optische Geräte

Optische Geräte sind raffinierte technische Hilfsmittel, die unser Sehvermögen deutlich verbessern:

- **Mit Fotoapparat oder Videokamera halten wir Bilder fest, an die wir uns später erinnern wollen.**
- **Mit Projektoren vergrößern wir Dias oder Folien, um sie gleichzeitig mehreren Personen vergrößert zu zeigen.**
- **Mit Lupe und Mikroskop können wir kleinste Details wahrnehmen.**
- **Mit Fernrohren beobachten wir Objekte, die wir wegen ihrer großen Entfernung sonst nur sehr klein oder gar nicht sehen könnten.**

Fotoapparat und Digitalkamera

Im Gegensatz zur Lochkamera, die ohne Linse und andere technische Details auskommt, wirken in einem Fotoapparat viele Teile zusammen, um auf dem Film ein scharfes und richtig belichtetes Bild zu erzeugen:

● Die durch das Objektiv einfallende Lichtmenge muss geregelt werden.

● Die vom Gegenstand ausgehenden Lichtbündel müssen so gebrochen werden, dass sie sich in der Filmebene zu kleinen Bildpunkten vereinigen.

Beim herkömmlichen Fotoapparat wird das Bild auf einem lichtempfindlichen Film aufgefangen. Nach dem Entwickeln erhält man Dias oder Negative, von denen Bilder gemacht werden können. Bei der Digitalkamera werden die Bildinformationen von lichtempfindlichen Siliciumplättchen als elektrische Signale über einen A/D-Wandler digital auf eine Speicherkarte übertragen. Die Bilddatei kann dann mit einem PC bearbeitet und über einen Monitor oder Drucker ausgegeben werden.

Das Objektiv eines Fotoapparates enthält mindestens eine Linse, durch die die Lichtbündel so gebrochen werden, dass ein scharfes Bild auf dem Film entsteht. Das Objektiv guter Fotoapparate besteht aus mehreren Linsen, um Farb- und Abbildungsfehler zu vermeiden.

Um den Film richtig zu belichten, wird bei einem Fotoapparat die Lichtmenge, die auf den Film fällt, durch den **Verschluss** und die **Blende** eingestellt.

Im Prinzip ist eine Digitalkamera wie ein herkömmlicher Fotoapparat aufgebaut. Statt des Films befindet sich hinter dem Objektiv aber ein so genannter CCD-Sensor. Die Bildhelligkeit kann bei einer Digitalkamera auch elektronisch beeinflusst werden.

> Der Fotoapparat erzeugt durch Abbildung mit Linsen ein scharfes Bild auf einem lichtempfindlichen Film bzw. auf einem Sensor in der Digitalkamera.

Viele Fotoapparate besitzen Vorrichtungen zur Einstellung der Bildweite, also des Abstandes Linse–Film. Diese Veränderung ist nötig, um trotz unterschiedlicher Gegenstandsweiten scharfe Bildpunkte auf dem Film bzw. dem CCD-Sensor zu erhalten, denn die Brennweite der Linse kann – anders als beim Auge – nicht verändert werden.

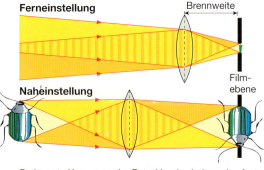

Preiswerte Kameras oder Foto-Handys haben eine feste Bildweite, d. h. eine feste Entfernungseinstellung, die nicht verändert werden kann. Die Entfernung ist üblicherweise auf etwa 3 m eingestellt. Bei einer kleinen Objektivöffnung (Blende) und einer kurzen Brennweite wird alles zwischen etwa 1,5 m und ∞ scharf abgebildet.

Projektoren

Projektoren sollen einen durchsichtigen Gegenstand (Dia, Film, beschriebene Folie oder ein LCD-Display) auf einen weit entfernten Schirm oder eine Leinwand groß und scharf abbilden. Optisch ähneln die Projektoren dem Fotoapparat mit umgekehrtem Lichtweg. Die Abbildung erfolgt auch hier durch ein hochwertiges Linsensystem, **Objektiv** genannt.

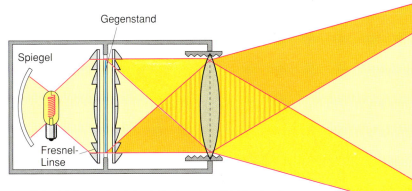

Gegenstand

Spiegel

Fresnel-Linse

Bei der Projektion erfolgt eine starke Vergrößerung. Damit das Bild auf der Leinwand ausreichend hell ist, enthält der Projektor eine sehr lichtstarke Halogenlampe. Sie beleuchtet den abzubildenden Gegenstand von hinten. Das genügt jedoch nicht.

- Ein Hohlspiegel hinter der Lichtquelle reflektiert das nach hinten austretende Licht nach vorne, um die Ausleuchtung des Gegenstands zu verbessern.
- Damit alles Licht, das durch den Gegenstand geht, auch das Objektiv trifft und für die Abbildung genutzt werden kann, wird es durch eine Fresnel-Linse gebündelt. Die auseinander laufenden Lichtbündel der Lampe werden durch die Fresnel-Linse als nahezu parallele Bündel auf den zu projizierenden Gegenstand geschickt.

Die Scharfstellung erfolgt durch Drehen des Objektivs in einem Gewinde. Dabei ändern sich Bildweite und Gegenstandsweite so, dass auf der Leinwand ein scharfes Bild entsteht.

Der Overheadprojektor

Beim Overheadprojektor ist die Fläche der Schreibfolie ca. 100mal größer als die eines Dias. Projiziert werden die Folien unmittelbar auf dem Kondensor liegend. Die Kondensorlinse ist eine Konvexlinse aus Plexiglas. Um die Dicke und das Gewicht der Linse zu verringern, werden die brechenden Abschnitte der Konvexlinse nach oben verschoben. In einer Plexiglas-

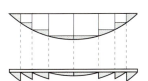

platte entstehen kreisförmige Rillen, die eine so genannte **Fresnel-Linse** ergeben. Sie hat die gleichen Eigenschaften wie eine Linse aus vollem Material.

Unmittelbar über dem Objektiv befindet sich der Umlenkspiegel. Er sorgt dafür, dass das Bild nicht an die Decke sondern an die Wand projiziert werden kann.

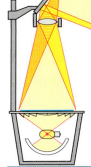

Beim Overheadprojektor befindet sich hinter der Lampe ein Hohlspiegel, um die nach hinten weggehenden Lichtbündel nach vorne zu reflektieren und dadurch die Helligkeit des Bildes zu verstärken.

Aufgaben

1 Eine Person ist 1,8 m groß. Bei einer Aufnahme mit einem 50 mm-Objektiv wurde ihr Bild auf dem Negativ nur 6 mm hoch.
a) Wie groß war die Aufnahmeentfernung etwa?
b) Aus welcher Entfernung hätte man aufnehmen müssen, um ein Bild von 30 mm Höhe zu erhalten?
c) Welches andere Objektiv könnte man statt dessen verwenden?

2 An der Heckscheibe von Kleinbussen sind häufig große Fresnel-Linsen angebracht. Welche Aufgabe erfüllen sie?

3 Beim Vorführen von Dias krabbelt eine Fliege im Linsensystem des Projektors herum. Wo befindet sich die Fliege, wenn sie auf der Leinwand scharf erscheint? Wo kann sie sich aufhalten, ohne zu stören?

4 Du willst Dias vorführen, aber leider erscheinen die Bilder an der Wand a) zu klein, b) zu groß. Welche Möglichkeiten zur Abhilfe gibt es?
c) Begründe die verschiedenen Möglichkeiten.

Die Lupe

Wenn wir kleine Gegenstände größer sehen wollen, halten wir sie näher an unsere Augen, um den Sehwinkel zu vergrößern. Bis zu einer Entfernung von ca. 25 cm zum Auge, der *deutlichen Sehweite,* geht dies ohne große Anstrengung durch seine Akkomodationsfähigkeit. Bei weiterer Verringerung der Entfernung aber wird die Anstrengung für den Ziliarmuskel sehr groß. Außerdem ergibt sich eine natürliche Annäherungsgrenze durch den Nahpunkt des Auges.

Bei fester Entfernung zum Auge kann durch die Verwendung optischer Geräte der Sehwinkel vergrößert werden. Die **Lupe** ist das bekannteste und einfachste optische Gerät zur *Sehwinkelvergrößerung.* Wenn sich der Gegenstand in der Brennebene der Lupenlinse befindet, gelangen alle vom Gegenstand ausgehenden Lichtbündel als Parallelbündel ins Auge. Wir können den Gegenstand dadurch entspannt betrachten, weil das Auge keine Naheinstellung durchführen muss.

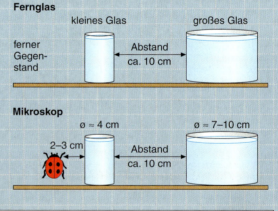

ohne Lupe fern: Netzhautbild: klein, scharf

ohne Lupe nah: Netzhautbild: groß, unscharf

mit Lupe nah: Netzhautbild: groß, scharf

deutliche Sehweite ca. 25 cm

Je kleiner die Brennweite der verwendeten Lupenlinse ist, desto mehr vergrößert sie. Die erreichte Vergrößerung V berechnet sich näherungsweise nach der Formel: $V = \frac{\text{deutliche Sehweite}}{\text{Brennweite}}$

Eine Lupe ist eine Sammellinse, die ein größeres Netzhautbild erzeugt, weil der Sehwinkel des Gegenstandes vergrößert wird.

Versuche und Aufträge

Sehvorgang und optische Geräte

V1 Lege zwei kleine Geldstücke 7 cm auseinander auf den Tisch. Bringe das linke Auge 30 cm über das rechts liegende Geldstück. Was kannst du beobachten? Begründe.

V2 Schließe vor einem Spiegel in einem beleuchteten Raum eine Zeit lang die Augen. Blicke dann in den Spiegel und beobachte deine Pupillen. Begründe die Veränderung.

V3 Schließe das linke Auge und halte diese Buchseite mit ausgestrecktem Arm so, dass sich das Kreuz genau vor dem rechten Auge befindet. Aus dem rechten Augenwinkel siehst du auch die schwarze Scheibe.
a) Was passiert, wenn du die Entfernung zwischen Auge und Buchseite langsam verringerst?
b) Was beobachtest du, wenn du den Abstand zwischen Auge und Kreuz noch mehr verringerst?

V4 Fülle zwei zylinderförmige Gläser mit kleinem und großem Durchmesser mit Wasser und stelle sie in Augenhöhe auf. Ordne die Gläser wie in der Skizze an. Verschiebe sie etwas und beobachte einmal ferne und dann auch nahe Gegenstände.

Fernglas

kleines Glas   großes Glas

ferner Gegenstand

Abstand ca. 10 cm

Mikroskop

ø ≈ 4 cm   ø ≈ 7–10 cm

2–3 cm

Abstand ca. 10 cm

Das Mikroskop

Am oberen Ende des Tubus befindet sich eine Sammellinse mit kleiner Brennweite. Es ist das Okular, durch das der Betrachter blickt.

Für die Betrachtung besonders kleiner Gegenstände, die mit bloßem Auge kaum mehr zu erkennen sind, würden wir eine Lupe mit sehr kleiner Brennweite benötigen, damit die Vergrößerung das 50-fache oder mehr beträgt. Eine Linse mit sehr kleiner Brennweite ist stark gekrümmt und dick. Dadurch kommt es zu Fehlern bei der Abbildung des Gegenstands (Linsenfehler).

Durch ein Mikroskop wird der Sehwinkel stärker vergrößert als von einer Lupe. Dazu wird der Gegenstand auf den Objekttisch gelegt und beleuchtet. Die Objektivlinse erzeugt von ihm ein vergrößertes Zwischenbild, das durch das Okular betrachtet wird.

Am unteren Ende des Tubus befindet sich das Objektiv. Es enthält eine Sammellinse mit sehr kleiner Brennweite ($f \approx 2$ mm). Sie erzeugt im oberen Teil des Tubus ein stark vergrößertes Zwischenbild, das wir durch das Okular betrachten.

Die Scharfeinstellung geschieht durch Heben oder Senken des Objekttisches oder durch Verschieben des gesamten Tubus mit Hilfe feiner Einstellschrauben. Dabei wird das Objekt in die Brennebene der Sammellinse des Objektivs gebracht.

Hat die Sammellinse des Okulars eine Brennweite von 2,5 cm, wird das Zwischenbild vom Auge zehnfach vergrößert wahrgenommen, denn nach der Formel für die Vergrößerung gilt:

$$V = \frac{\text{deutliche Sehweite}}{\text{Brennweite}}$$

$$= \frac{25 \text{ cm}}{2,5 \text{ cm}} = 10$$

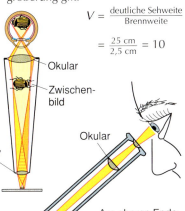

Okular

Zwischenbild

Okular

Objektiv

Am oberen Ende des Tubus befindet sich eine Sammellinse mit kleiner Brennweite. Es ist das Okular, durch das der Betrachter blickt.

Der Vergrößerungsfaktor ist auf dem Okular vermerkt. Die Gesamtvergrößerung durch ein Mikroskop erhalten wir als Produkt der Einzelvergrößerungen von Objektiv und Okular: z. B. Objektiv 100-fach, Okular 8-fach ergibt eine Gesamtvergrößerung 800-fach.

Häufig sind mehrere Objektive und Okulare bei einem Mikroskop miteinander zu kombinieren, um unterschiedliche Vergrößerungen zu erreichen.

Die Okulare werden durch einfaches Aufstecken auf den Tubus gewechselt. Die Objektive können durch Verdrehen eines Objektivkarussells ausgetauscht werden. Die Scharfeinstellung bleibt erhalten, weil das Objekt in der Brennebene bleibt.

Einer beliebigen Steigerung der Vergrößerung sind durch die Natur des Lichts Grenzen gesetzt. Die Vergrößerung von gebräuchlichen Lichtmikroskopen liegt bei 1000-fach bis 1500-fach.

> Beim Mikroskop wird das vergrößerte Zwischenbild durch eine Lupe, das Okular, betrachtet.

Aufgaben

1 a) Welche Vergrößerung kann mit einer Lupe mit $f = 50$ mm erzielt werden?

b) Welche Brennweite muss eine Lupe haben, damit sie vierfach vergrößert?

2 Bei einem Mikroskop beträgt die Bildweite des Zwischenbildes 15 cm. Welche Brennweite muss das Objektiv haben, wenn es die Aufschrift „30 x" trägt?

3 Welchen Einfluss hat die Größe des Zwischenbildes auf die Helligkeit des betrachteten Bildes?

4 Das Objektiv eines Mikroskops trägt die Aufschrift 20 x, das Okular 10 x. Ein Pantoffeltierchen scheint bei Betrachtung durch das Mikroskop 4 cm groß zu sein. Wie groß ist es in Wirklichkeit?

Fernrohre

Astronomisches Fernrohr: Bei ihm erzeugt das Objektiv, eine Sammellinse mit großer Brennweite, ein Zwischenbild vom Gegenstand. Das Zwischenbild wird mit einer Lupe, dem Okular betrachtet.

Diese Anordnung liefert ein aufrechtes und seitenrichtiges Netzhautbild, das vom Gehirn in ein seitenverkehrtes und Kopf stehendes Bild umgewandelt wird. Die Bildumkehrung stört wenig, wenn man mit dem Fernrohr den Himmel betrachtet. Für Erdbeobachtungen ist die Bildumkehrung lästig.

Galilei-Fernrohr: Das Objektiv ist eine Sammellinse, die den Gegenstand abbildet. Allerdings wird hier kein Zwischenbild erzeugt. Vielmehr gelangen die Lichtbündel durch eine Zerstreuungslinse als Okular und durch die Augenlinse auf die Netzhaut.

Die Sammellinse des Objektivs bricht das nahezu parallel einfallende Lichtbündel vom weit entfernten Gegenstand. Bevor es sich aber im Brennpunkt des Objektivs vereinigen kann, wird es durch die Zerstreuungslinse aufgeweitet, sodass es hinter der Linse als Parallellichtbündel weiterläuft. Die Zerstreuungslinse ist so gewählt, dass sie die Wirkung der Augenlinse weitgehend aufhebt. Deshalb erzeugt das Objektiv das Bild direkt auf der Netzhaut. Da es eine größere Brennweite hat als die Augenlinse, sind der Sehwinkel und das Bild größer.

Bei diesem Fernrohr erscheinen uns die Gegenstände aufrecht und seitenrichtig – gerade recht für ein Theaterglas oder ein Nachtglas, weil die Bilder außerdem wesentlich heller sind.

Vergrößerung eines Fernrohrs: Darunter verstehen wir das Verhältnis der Sehwinkel mit und ohne optisches Gerät. Die Sehwinkel verhalten sich annähernd wie die zugehörigen Größen der Netzhautbilder. Da sowohl Sehwinkel als auch Größe der Netzhautbilder schwer zu bestimmen sind, wird die Vergrößerung als Verhältnis der Brennweiten von Objektiv und Okular definiert:

$$V = \frac{f_{\text{Objektiv}}}{f_{\text{Okular}}}$$

Das bei einem Fernrohr erzeugte Netzhautbild ist um so heller, je mehr Licht, das durch das Objektiv in das Fernrohr gelangt, später auch ins Auge fällt. Die Lichtbündel, die aus dem Okular austreten, sollten deshalb den gleichen Durchmesser wie die Augenpupille haben. Daher haben die Okulare der Größe der Pupille eines an Dunkelheit gewöhnten Auges entspricht. Bei der Überlegung keine Rolle, da wir sie sowieso nur als Lichtpunkte wahrnehmen.

Objektiv

Zwischenbild

Okular

Sehwinkel

Sehwinkel

Objektiv

Okular

Sehwinkel

Astronomisches und Galilei-Fernrohr vergrößern die Bilder der Gegenstände auf der Netzhaut.

Aufgaben

1 Ein astronomisches Fernrohr hat ein Objektiv mit einer Brennweite von 50 cm. Welche Brennweiten müssen die Okulare haben, wenn das Fernrohr **a)** 10-fach, **b)** 20-fach vergrößern soll?

2 Warum sehen wir alles verkleinert, wenn wir von der Objektivseite in ein Fernrohr schauen?

3 Für ein astronomisches und ein Galilei-Fernrohr wurde das gleiche Objektiv verwendet. Wodurch unterscheiden sich die Fernrohre schon äußerlich?

4 Worin sind Mikroskop und Fernrohr gleich, worin unterscheiden sie sich?

5 Die Abbildung rechts zeigt ein Prismenfernglas. Wie wird hier die Umkehrung des Bildes erreicht? Warum benutzt man zwei Prismen? Welchen Vorteil hat dieses Fernglas gegenüber dem astronomischen Fernrohr?

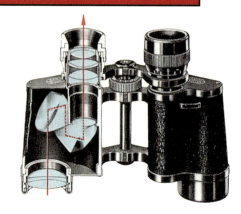

Führen eines Lerntagebuches

Bevor es elektronische Navigationssysteme gab, wurde die Geschwindigkeit eines Schiffes relativ zum Wasser mit einem Log (engl.: Klotz, Block) gemessen, der an einer mit Knoten versehenen Leine ins Wasser geworfen wurde. (Die heute häufig gebrauchten Wörter wie „Login" oder „einloggen" haben hier ihren Ursprung.)

Auf jedem Schiff muss bis heute ein **Logbuch** geführt werden. In diesem Buch werden alle für die Seefahrt wichtigen Ereignisse und Beobachtungen notiert: Geschwindigkeit und Position, Wetter und Seegang, Inseln und Untiefen. Aber auch Überlegungen zur gewählten Route und Vorschläge mit Begründungen, was beim nächsten Mal vielleicht wieder so oder unbedingt anders gemacht werden sollte. Notiert werden auch Stimmungen und Gefühle, Freude und Meuterei.

So ein Logbuch ist eine spannende Lektüre, ganze Reisen können mit seiner Hilfe noch einmal „im Kopf" nacherlebt werden.

Das **Lerntagebuch** ist so etwas wie ein *Logbuch des Lernens:* Alles; was wichtig sein könnte, wird im Lerntagebuch festgehalten – z. B. auch Stimmungen, Ideen und Gedanken. Dadurch unterscheidet es sich vom Versuchsprotokoll.

Gut geeignet als Lerntagebuch ist ein mindestens A5 großes, dickes Heft, kariert oder liniert, besser aber noch ein A5-Buch mit freien Seiten. Ganz vorne legen wir ein Inhaltsverzeichnis an, damit wir beim Suchen ältere Notizen leichter finden.

Zuerst wird außer dem **Datum** auch das **Thema** notiert, an dem wir in der nächsten Zeit arbeiten wollen. Dann kommt das, was wir **neu gelernt haben** – versehen mit Anmerkungen und Erklärungen. Dazu gehören auch Versuchsbeschreibungen und Messergebnisse.

Gespräche und **Überlegungen** fassen wir in ein paar Sätzen zusammen.
Dazu schreiben wir am besten auch gleich den einen oder anderen eigenen Gedanken auf.

Die Seiten sollten mit **Farbstiften** bunt gestaltet werden, sie werden dadurch übersichtlicher. Wichtiges tritt deutlicher hervor und prägt sich so besser ein.

Zeichnungen oder Bilder, kopierte Texte und Zeitungsausschnitte können auch eingeklebt werden.

Ganz wichtig sind auch die **noch offenen Fragen,** die in der nächsten Zeit zu klären sind, oder das, was wir noch nicht verstanden haben.
Das Lerntagebuch sollte auch unsere **Eindrücke, Gefühle** und **Stimmungen** enthalten. Das erleichtert uns später die Erinnerung an den Unterricht und an das Gelernte.

Nach mehreren Stunden und am Ende eines Kapitels **fassen wir den Lernweg zusammen**. Dadurch erkennen wir den „roten Faden" der letzten Stunden. Wir merken, ob wir uns dem Ziel genähert haben oder auf einem Irrweg sind. Wir halten auch fest, ob wir mit der bisherigen Arbeit zufrieden sind oder was wir jetzt anders machen sollten.
Auf dieser Grundlage kann geplant werden, was wir in der nächsten Zeit lernen wollen und wie wir das am besten erreichen können.

Optik

A1 a) Beantworte zu den Merkzettelbegriffen folgende Fragen: Was bedeutet der Begriff? Gibt es Formeln dafür? Gibt es sonst noch etwas Wissenswertes über diesen Begriff?
b) Wenn du Fragen nicht auf Anhieb beantworten kannst, dann lies die entsprechenden Seiten im Buch noch einmal gründlich durch.
c) Notiere auf der Vorderseite von Karteikarten den Begriff, auf der Rückseite die Erläuterung.

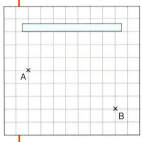

A2 Anja (A) und Bernd (B) besuchen die Kirmes; sie stehen vor einem großen Spiegel.
a) An welchem Punkt des Spiegels sieht Anja Bernd, wo Bernd Anja? Löse durch Konstruktion. (1 Kästchen ≙ 1 m)
b) Während sich die beiden noch im Spiegel betrachten, wird zwischen sie ein 2 m breiter Wohnwagen geschoben. Wie nah darf der Wohnwagen am Spiegel stehen, damit sie sich weiter sehen können?
c) Der Spiegel wird um seine Mitte im Uhrzeigersinn gedreht (30°). Können sich Anja und Bernd noch sehen (mit Wohnwagen)?
d) Welche Aufgabe hat der Spiegel eines Tageslichtprojektors?

A3 Jemand kann sich im Spiegel gut sehen, seine Füße aber gerade nicht.
a) Hilft es ihm, wenn er sich auf die Zehenspitzen stellt?
b) Hilft es ihm, wenn er etwas weiter zurück geht?
c) Begründe deine Antworten auch mit einer Zeichnung.

A4 Ein Winkelspiegel besteht aus zwei ebenen Spiegeln, die einen Winkel von 45° miteinander bilden. Ein Lichtbündel trifft unter Einfallswinkeln, die kleiner als 30° sind, auf die Mitte des einen Spiegels.
a) Konstruiere den Weg des Lichts.
b) Um welchen Winkel wird die Richtung des einfallenden Lichtbündels geändert? Gilt dieser Winkel auch für andere Einfallswinkel? Begründe.
c) Auf einer großen Wiese soll ein Fußballfeld markiert werden. Wozu dient ein Winkelspiegel?
d) Kannst du in einem Winkelspiegel dein eigenes Spiegelbild sehen? Wie musst du ihn dazu halten?

A5 Ein Taucher befindet sich am Boden eines Schwimmbeckens. Die Wasseroberfläche ist glatt wie ein Spiegel. Was sieht der Taucher, wenn er senkrecht nach oben blickt?

A6 Ein schmales paralleles Lichtbündel fällt auf eine dicke Glasplatte. Welche Darstellung gibt den Verlauf richtig wieder?

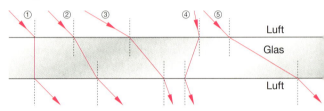

A7 a) Welche Folgen hätte es, wenn Glasscheiben Licht vollständig durchließen und nichts reflektierten?
b) Wenn du dein Spiegelbild in einer Doppelglasscheibe (in fast allen Fenstern sind solche eingebaut) betrachtest, siehst du zwei gleiche Bilder, die gegeneinander versetzt sind.
• Erkläre anhand einer Zeichnung, wie diese beiden Bilder entstehen.
• Was ändert sich an den Bildern, wenn der Blickwinkel oder der Abstand der beiden Scheiben geändert wird?

A8 Ein Lichtbündel trifft unter einem Einfallswinkel von 25° auf die Mitte einer Seitenfläche eines gleichseitigen Prismas mit 6 cm Kantenlänge. Konstruiere den Weg des Lichtes. Um welchen Winkel wird das einfallende Lichtbündel abgelenkt?

A9 a) Konstruiere den Weg der Lichtbündel, die wie in den folgenden Zeichnungen auf ein gleichschenklig rechtwinkliges Prisma treffen.

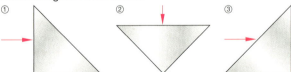

b) Was ändert sich am Verlauf, wenn das Lichtbündel parallel verschoben wird?
c) Was ändert sich, wenn das Lichtbündel in der Zeichnung ② die Basis nicht senkrecht sondern unter einem Winkel von 30° trifft?
d) Welche Richtungsänderung erfährt ein Lichtbündel, das unter einem beliebigen Winkel auf die Basis des Prismas trifft? Begründe.

A10 Vor einer Sammellinse mit der Brennweite 8 cm steht in 12 cm Entfernung ein senkrechter Pfeil der Länge 4 cm.
a) Konstruiere das Bild dieses Pfeils.
b) In welchem Abstand von der Linse muss sich der Pfeil befinden, damit sein Bild ① halb so groß, ② gleich groß, ③ doppelt so groß wird?

A11 Auf ein Negativ der Größe 24 mm x 36 mm soll eine 178 cm große Person abgebildet werden, die in 4,0 m Entfernung von der Kamera steht.
a) Wird die Person vollständig abgebildet, wenn ein Objektiv mit 50 mm Brennweite verwendet wird?
b) Wie müsste die Brennweite des Objektivs geändert werden, damit von der Person unter sonst gleichen Bedingungen eine Porträtaufnahme gemacht werden kann?

A12 Wie groß wird das Bild des Mondes auf dem Film einer normalen Kleinbildkamera mit 50 mm Brennweite? Welche Brennweite muss gewählt werden, damit es 5 mm groß wird?

A13 Eine Sammellinse (+6,7 dpt) soll einen 15 m entfernten Gegenstand auf einen Schirm scharf abbilden, der 25 cm hinter der Linse steht. Wie groß muss die Brechkraft einer Zerstreuungslinse gewählt werden, damit dies gelingt?

A14 Bestimme jeweils die fehlenden Größen:

	f	g	b	G	B	A
a)		8 cm	24 cm	6 cm		
b)	5 cm		5,1 cm	1,8 m		
c)			50 cm		10 cm	0,2
d)	10 cm	5 m		4,5 m		
e)	13,5 cm		140 mm	1,5 m		

A15 Mit einer Sammellinse wird ein Gegenstand scharf auf einem Schirm abgebildet. Nun wird diese Linse durch eine mit kleinerer Brennweite ersetzt. Welche Veränderungen erfährt das Bild?

A16 Hinter einer Sammellinse wurde das Bild einer Kerze aufgefangen.
a) Wie ändert sich das Bild, wenn zwischen Kerze und Linse eine Blende eingefügt wird?
b) Wie ändert sich das Bild, wenn die Linse durch eine gleiche mit einem Schokoladen-Creme Fleck ersetzt wird?

A17 Ein Dia der Größe 24 mm x 36 mm soll auf einer quadratischen Leinwand der Seitenlänge 1,80 m möglichst groß aber vollständig abgebildet werden. Der Projektor steht in 5 m Entfernung zur Leinwand.
a) Welche Brennweite muss das Objektiv des Projektors haben?
b) Welche Abmessungen hätte das Bild bei einer Projektionsentfernung von 12,5 m?
c) Die 1,2 m x 1,8 m große Projektion eines Dias wird aus 3 m Entfernung betrachtet. Welche Größe müssten Papierbilder haben, die aus 30 cm Entfernung betrachtet werden, damit sie genauso groß wie die Projektion auf der Leinwand empfunden werden?

A18 Bei einem Mikroskop beträgt der Abstand zwischen Objektiv und Okular (Tubuslänge) 150 mm, die Okularbrennweite $f_1 = 2$ cm und die Objektivbrennweite $f_2 = 5$ mm.
a) Wie groß ist das reelle Zwischenbild eines 0,1 mm großen Pantoffeltierchens?
b) Welche Vergrößerung liefert das Mikroskop?
c) Die Tubuslänge wird auf 200 mm verlängert. Welche Vergrößerung ergibt sich dadurch?

A19 Ein Fernrohr zur Himmelsbeobachtung hat ein Objektiv mit $f_1 = 60$ cm und ein Okular mit $f_2 = 2$ cm.
a) Welche Vergrößerung ermöglicht das Fernrohr?
b) Wie lang ist das Fernrohr, wenn es einmal auf Unendlich und einmal auf 20 m eingestellt wird?

A20 Mit einer Sammellinse bekannter Brennweite wird die Sonne abgebildet.
a) Welche Größen müssen gemessen werden oder bekannt sein, um mit diesem Versuch auf den Durchmesser der Sonne schließen zu können?
b) Wie groß wird der Fehler, wenn die Größen jeweils nur auf 1 mm genau angegeben werden können?

Zustandsformen und Wärmeausbreitung

Wasser ist normalerweise flüssig. Aber es kann auch fest sein wie Stein – dann bezeichnen wir es als Eis – oder gasförmig wie Luft – dann sprechen wir von Wasserdampf.

Ob sich ein Körper im festen, flüssigen oder gasförmigen Zustand befindet, hängt offensichtlich von seiner Temperatur ab. Unter welchen Voraussetzungen ändert sich die Temperatur eines Körpers? Was geschieht in seinem Inneren, wenn sich seine Temperatur oder sein Zustand ändern?

Könnten wir diese Fragen beantworten, wenn wir mehr über den inneren Aufbau der Materie wüssten?

Beim Löten wird die Spitze des Lötkolbens so heiß, dass das Lötzinn schmilzt und auf die ebenfalls erhitzten Drähte fließt. Die Heizwendel, in der der elektrische Strom die Wärme erzeugt, ist einige Zentimeter von der Lötspitze entfernt. Wie gelangt die Wärme von der Heizwendel zur Lötspitze und von dort in die Drähte? Wie kann sich Wärme überhaupt von einer Stelle zu einer anderen ausbreiten? Und was ist Wärme überhaupt?

Die wichtigsten Begriffe

- Körper – Stoff
- Zustandsformen
- Temperatur
- Thermometer
- Celsiusskala
- Thermische Ausdehnung

Die Temperatur gibt an, wie heiß oder kalt ein Körper ist.
Das Messgerät ist das Thermometer.

Die Temperatur wird in °C angegeben.

Bei Temperaturerhöhung vergrößern nahezu alle Körper ihr Volumen; bei Temperaturerniedrigung ziehen sie sich zusammen (Ausnahme Wasser zwischen 0 °C und 4 °C).

Die Volumenzunahme ist umso größer
- je größer das Ausgangsvolumen
- je größer die Temperaturveränderung.

Bei festen und flüssigen Körpern ist die Größe der Volumenänderung auch vom Stoff abhängig. Gase dagegen dehnen sich alle gleich stark aus.

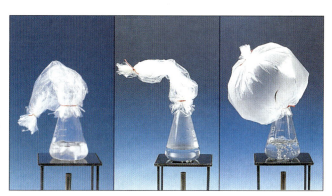

Zustandsformen		
fest	**flüssig**	**gasförmig**
Form		
• bestimmte Form • nur unter großer Krafteinwirkung veränderbar	• keine bestimmte Form • Anpassung an Form des Behälters	• keine bestimmte Form • Gas nimmt zur Verfügung stehenden Raum vollständig ein
Volumen		
• bestimmtes Volumen • auch unter Krafteinwirkung nahezu unveränderbar	• bestimmtes Volumen • auch unter Krafteinwirkung nahezu unveränderbar	• kein festes Volumen • durch relativ geringen Kraftaufwand veränderbar

Übergänge

Schmelzen ➡ Verdampfen ➡

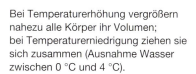

⬅ Erstarren ⬅ Kondensieren

Bei Energiezufuhr ändert sich die Temperatur eines Körpers oder seine Zustandsform.

Zustandsänderungen und Temperatur

Wasser ist für unser Leben eine der wichtigsten Grundlagen. Es begegnet uns in drei verschiedenen Formen – als flüssiges Wasser, als festes Eis oder als gasförmiger Wasserdampf.

Wovon hängt es ab, welchen Zustand das Wasser annimmt? Wann wechselt es von einer Form in die andere? Welche Vorgänge laufen dabei im Wasser ab?

Schmelzen und Sieden

Wenn im Frühjahr die Sonne wieder scheint, steigen die durchschnittlichen Temperaturen der Luft. Nun dauert es nicht mehr lange, bis kein Frost mehr herrscht. Das Eis auf Teichen und Bächen taut.

Im Bild rechts ist dieser Schmelzvorgang nachgebildet. Als Wärmequelle dient statt der Sonne eine Kochplatte, mit der das aus dem Eis entstehende Wasser noch weiter erhitzt wird. Im Diagramm rechts oben ist der Temperaturverlauf für das gesamte Experiment dargestellt.

● Die Temperatur des Eises erhöht sich gleichmäßig, bis es 0 °C, seine **Schmelztemperatur**, erreicht hat.
● Trotz weiterer Wärmezufuhr bleibt die Temperatur nun so lange konstant bei 0 °C, bis alles Eis geschmolzen ist.
● Erst wenn alles Eis geschmolzen ist, steigt die Wassertemperatur wieder gleichmäßig an, bis 100 °C erreicht sind.
● Wenn 100°C erreicht sind, beginnt das Wasser zu sieden. Wir erkennen das am Aufwallen des Wassers. 100 °C ist also die **Siedetemperatur** von Wasser. (Der Wert 100 °C gilt allerdings nur für Meereshöhe und klares Wetter. Bei schlechtem Wetter (Tief) oder in höheren Lagen siedet Wasser schon bei niedrigeren Temperaturen.)

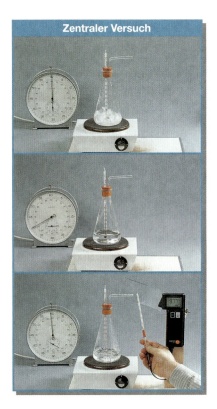
Zentraler Versuch

● Die beim Sieden aufsteigenden Blasen bestehen aus durchsichtigem Wasserdampf, der nach kurzer Zeit den gesamten Kolben ausfüllt und aus dem Röhrchen ausströmt. Er hat ebenfalls eine Temperatur von etwa 100°C.

Wenn wir dieses Experiment mit anderen Stoffen wiederholen, so stellen wir fest: Jeder Stoff hat eine ganz bestimmte Schmelz- und Siedetemperatur. Sie kennzeichnen den betreffenden Stoff. Siehe Tabelle rechts oben.

Da die Schmelz- und Siedetemperaturen von Wasser in Bereichen liegen, die uns leicht zugänglich sind, ist es einfach, alle drei Zustände zu beobachten. Bei anderen Stoffen ist dies schwieriger. Z. B. hat Eisen eine so hohe Siedetemperatur, dass es nur mit großem Aufwand gasförmig gemacht werden kann. Ob sich ein Körper im festen, flüssigen oder gasförmigen Zustand befindet, hängt deshalb von seiner Temperatur und vom Stoff ab, aus dem er besteht.

Bei der Schmelztemperatur geht ein Stoff vom festen in den flüssigen Zustand über, bei der Siedetemperatur vom flüssigen Zustand in den gasförmigen. Schmelz- und Siedetemperatur kennzeichnen einen Stoff.

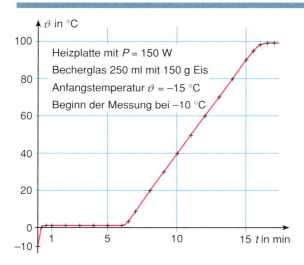

Heizplatte mit $P = 150$ W
Becherglas 250 ml mit 150 g Eis
Anfangstemperatur $\vartheta = -15$ °C
Beginn der Messung bei -10 °C

Kondensieren und Erstarren

Kommt der Wasserdampf, der im Versuch links entstanden ist, an eine kalte Glasplatte, so wird er abgekühlt und kondensiert zu Wasser. Wir sehen die Wassertröpfchen an der Glasplatte hängen. Dieser Vorgang findet bei der **Kondensationstemperatur** statt. Sie beträgt 100 °C. Die Wassertröpfchen an der Glasplatte haben ebenfalls diese Temperatur. Da die Kondensationstemperatur bei allen Stoffen mit der Siedetemperatur übereinstimmt, gibt es in Tabellen nur Angaben zur Siedetemperatur.

Kühlen wir das Kondenswasser immer weiter ab, so erstarrt es bei 0 °C zu Eis. Für alle Stoffe stimmen auch Schmelz- und **Erstarrungstemperatur** jeweils überein.

Stoff	Schmelz-temperatur	Siede-temperatur
Alkohol	−114 °C	78 °C
Quecksilber	−39 °C	357 °C
Wasser	0 °C	100 °C
Aluminium	660 °C	2450 °C
Blei	327 °C	1750 °C
Eisen	1540 °C	3070 °C
Gold	1063 °C	2700 °C
Kupfer	1083 °C	2590 °C
Silber	960 °C	2200 °C
Zinn	232 °C	2650 °C

Aufgaben

1 Wovon hängt es ab, ob Eisen bei 1536°C in den festen oder in den flüssigen Zustand übergeht?

2 Nach einem Wohnungsbrand lag ein geschmolzener Aluminiumgegenstand neben unversehrtem Goldschmuck. In welchem Bereich lag die Temperatur während des Feuers an dieser Stelle?

3 Ein Stück hartes Fett wird in einem Topf so lange erhitzt, bis es verdampft ist. Beschreibe den gesamten Vorgang.

4 **a)** Begründe, warum sich Wasser höchstens für ein Zimmerthermometer als Thermometerflüssigkeit eignet.
b) Warum sind Außenthermometer meist mit Alkohol, manchmal auch mit Quecksilber gefüllt?

5 Ein Topf mit Wasser wird auf die vorgeheizte Herdplatte gestellt. Die Temperatur des Wassers ist nach 2 Minuten von 22 °C auf 30 °C gestiegen.
a) Welche Wassertemperaturen erwartest du nach 4 min, 8 min und 20 min?
b) Begründe deine Antwort.

Nun wird klar, was wir häufig über siedendem Wasser als Nebel sehen: Es ist kondensierter Wasserdampf. In der Luft bilden sich beim Abkühlen des unsichtbaren Dampfes kleine Tröpfchen, aus denen der Nebel besteht.

Der Nebel beginnt nicht unmittelbar über der Oberfläche des siedenden Wassers, da hier die Lufttemperatur für das Kondensieren noch zu hoch ist. Erst in einigem Abstand zur Oberfläche ist die Temperatur niedrig genug.

Gefahren beim Umgang mit Wasserdampf

Wasserdampf oder der aus ihm beim Kondensieren entstehende Nebel sind sehr gefährlich. Schon beim Nachschauen, ob die Kartoffeln gar sind, kann man sich leicht verbrühen. Beim Anheben des Deckels steigt der darunter befindliche Wasserdampf nach oben. Wenn die Hand in diesen Dampfstrom gerät, trifft der heiße Dampf die kalte Hand. Die Dampftemperatur sinkt schlagartig auf die Kondensationstemperatur ab. Genauso schnell wird die Haut aber auf die Kondensationstemperatur von 100 °C gebracht, was zu schweren Verbrühungen führen kann.

Und wenn es doch passiert ist?

- Die betroffene Körperstelle unter fließendem kaltem Wasser etwa 10 Minuten lang abkühlen, bis sie vor Kälte schmerzt.

- Keine Salben oder Ähnliches verwenden. Die Stelle an der Luft trocknen lassen und gegebenenfalls zum Arzt gehen.

Verdunsten

Wasser siedet bei 100°C. Doch so sehr die Sonne auch scheint, diese Temperatur wird die Wäsche auf der Leine ganz sicher nicht erreichen. Trotzdem wird sie trocken. Das Wasser ist also auch ohne Erreichen der Siedetemperatur in den gasförmigen Zustand übergegangen. Dieser Vorgang wird als **Verdunsten** bezeichnet.

Aus Erfahrung wissen wir, dass Wäsche schneller trocknet, wenn es warm, trocken und windig ist. Wenn die Wäsche einfach und möglichst glatt aufgehängt wird, also die Oberfläche, an der das Wasser verdunsten kann, so groß wie möglich ist, geht es ebenfalls schneller.

Unser Experiment zeigt aber noch etwas: Das Absinken der Temperatur durch Verdunstung. Obwohl die Schale schon sehr lange im Zimmer steht, ist die Wassertemperatur stets geringer als die Lufttemperatur. (Dies wird häufig als „Verdunstungskälte" bezeichnet.) Die Temperatur des Wassers sinkt aber nicht beliebig weit ab, denn die umgebende Luft erwärmt das Wasser ständig. Die Wäsche auf der Leine wird also trocken, hat aber während des Trocknens stets eine niedrigere Temperatur als die sie umgebende Luft.

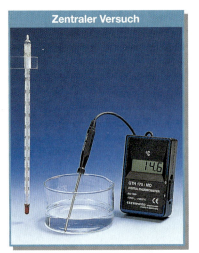

Zentraler Versuch

Gleiches beobachten wir, wenn wir nasse Badesachen anbehalten. Durch das Verdunsten kühlt die Kleidung unseren Körper. Ist Wind dabei, frieren wir noch schneller, da durch die Luftbewegung der Wasserdampf weggetragen wird und stets frische, trockene Luft an die Badebekleidung und unsere Haut gelangt, was das Verdunsten beschleunigt.

Verdunsten im Teilchenmodell

Eigentlich sind die Wasserteilchen im Temperaturbereich unter 100 °C in ihrer Bewegung zu langsam, um die Bindungen zu den anderen Teilchen ganz zu lösen und die Flüssigkeit zu verlassen. Die Temperatur beschreibt aber nur eine mittlere Geschwindigkeit aller Teilchen. Im Wasser gibt es stets auch viel langsamere und einige sehr heftig zappelnde Teilchen bezogen auf den Durchschnitt aller. Und diese sich heftig bewegenden Teilchen können ihre Bindungen lösen und aus der Oberfläche austreten. Sie bilden dann den gasförmigen Wasserdampf.

Da die schnelleren Teilchen das Wasser verlassen haben, sind die restlichen Wasserteilchen danach im Durchschnitt langsamer: Die Temperatur des Wassers sinkt.

Nun ist auch klar, warum die Wäsche an einem heißen Sommertag schneller trocknet. Da die Temperaturdifferenz der Wäsche (und damit des Wassers) zum Siedepunkt geringer ist, ist die mittlere Geschwindigkeit der Wasserteilchen größer. Damit sind mehr schnelle Teilchen vorhanden, die die Flüssigkeit verlassen können als bei kühlem Wetter, also bei niedrigeren Temperaturen.

Beim Verdunsten geht eine Flüssigkeit unterhalb der Siedetemperatur in den gasförmigen Zustand über. Das Verdunsten wird verstärkt durch:
– Vergrößerung der Flüssigkeitsoberfläche;
– mehr Luftbewegung über der Flüssigkeit;
– Verringerung des Unterschieds zwischen Flüssigkeitstemperatur und Siedetemperatur;
– geringere Luftfeuchtigkeit.

Aufgaben

1 Warum ist es besser, zur Kühlung einer Verstauchung einen feuchten Umschlag anzulegen statt die Verletzung nur mit Wasser zu befeuchten?

2 Bei zu heißer Suppe pusten wir über den Löffel. Begründe diese „Kühlung" aus physikalischer Sicht.

3 Begründe die kühlende Wirkung eines Erfrischungstuches.

Stofftrennung durch Zustandsänderungen

Destillieren

Thermo-
meter

Kühler

Alkohol-
dampf

Wasser
und
Alkohol

Kühl-
wasser

hyl-
hol

Ingenieure stehen häufig vor der Aufgabe, Stoffgemische zu trennen. Vor allem bei der Erdölverarbeitung spielt das eine große Rolle. Aber auch reiner Alkohol wird durch Abtrennen aus einem Stoffgemisch gewonnen.
Bei Flüssigkeiten wird häufig die unterschiedliche Siedetemperatur der einzelnen Stoffe genutzt. Dieses Verfahren wird als **Destillation** bezeichnet. Betrachten wir z. B. die Destillation von Wein, der hauptsächlich aus Wasser und verschiedenen Alkoholen besteht:

- Als erster Stoff des Gemischs erreicht der giftige Methylalkohol bei 64,5 °C seine Siedetemperatur. Nur er verdampft, während die anderen Stoffe flüssig bleiben. Die Methylalkohol-Dämpfe werden abgeleitet, abgekühlt und kondensieren. Die entstehende Flüssigkeit wird z. B. als Lösungsmittel verwendet.
- Wenn der gesamte Methylalkohol verdampft ist, steigt die Temperatur der Flüssigkeit bis zum nächst höheren Siedepunkt des im Gemisch enthaltenen Stoffes; in unserem Beispiel ist das Ethylalkohol. Er verdampft bei 78,3 °C und wird auf die gleiche Weise abgetrennt und wieder verflüssigt wie der Methylalkohol. Aus diesem Ethylalkohol wird dann der trinkbare „Weinbrand".

Durch Einstellen der jeweiligen Siedetemperatur kann also genau der Stoff aus dem Gemisch abgetrennt werden, der gewonnen werden soll. Da auch Erdöl ein Gemisch aus vielen verschiedenen Ölen mit unterschiedlichen Siedetemperaturen ist, können mit diesem Verfahren die einzelnen Bestandteile gewonnen und z. B. zu Benzin, Diesel, Schmieröl und Teer weiterverarbeitet werden.

Auch bei der Stahlherstellung werden Zustandsänderungen genutzt: In den Hochofen werden von oben Koks, Eisenerz und Kalkstein gefüllt. Von unten wird die für die Verbrennung des Kokses notwendige Heißluft eingeblasen. Das Eisen schmilzt aus dem Erz heraus und hinterlässt „taubes Gestein", die Gangart. Der Kalkstein verbindet sich mit der Gangart zu leicht abtrennbarer Schlacke. Beim Öffnen des Hochofens am unteren Teil fließen Eisen und Schlacke heraus und können getrennt werden.

Meerwasserentsalzung

Da der weltweit ständig stark steigende Bedarf an Trink- und Brauchwasser in vielen Gebieten nicht aus den natürlichen Süßwasservorkommen gedeckt werden kann, nimmt die Meerwasserentsalzung immer weiter an Bedeutung zu. Dabei wird aus Meerwasser mit einem Salzgehalt von etwa 3,5% durch Abtrennen der Salze trinkbares Süßwasser mit einem Salzgehalt von 0,035% hergestellt.

Das älteste und einfachste Verfahren ist Verdampfen: Salzwasser wird durch Sonneneinstrahlung erhitzt. Da nur das Wasser verdampft, entsteht bei der Kondensation des Wasserdampfes destilliertes Wasser. Zugabe einer geringen Menge Meerwasser ergibt dann Trinkwasser mit dem gewünschten Geschmack und den lebensnotwendigen Salzen.

kaltes Meerwasser

Glasdach

Blechdach

Kondenswasser

Wasserdampf

warmes Meerwasser

destilliertes Wasser

Zustandsänderungen und Temperatur

V1 a) Stelle selbst Schwimmkerzen her. Die Gießform kannst du aus Alufolie basteln.
b) Wie lässt sich eine Delle in der Mitte vermeiden?

V2 a) Stelle eine Kerze für längere Zeit ins Gefrierfach. Erkläre die Veränderungen an der Kerze.
b) Bestimme die Dichteänderung von Kerzenwachs beim Erstarren.

V3 a) Löte einen Würfel aus Kupferdraht.
b) Beschreibe das Löten aus physikalischer Sicht.

Körper im Teilchenbild

Michael hat die Sahnetorte vom Geburtstag neben dem nicht eingepackten Käse im Kühlschrank stehen lassen. Jetzt schmeckt sie nach Käse. Und der Geruch hat sich im gesamten Innenraum ausgebreitet.

Wieso verteilt sich Geruch überall? Warum kann man bei warmem Wetter besser riechen als bei kaltem? Diese Beobachtungen können wir mithilfe der Teilchenvorstellung erklären. Ganz nebenbei wird auch klar, was innere Energie eigentlich ist.

Ein Blick ins Innere der Körper

Gase nehmen jeden ihnen zur Verfügung stehenden Raum ein und lassen sich mit geringem Kraftaufwand zusammendrücken. Die Ursache dafür sind die sehr großen Abstände zwischen den Teilchen und ihre regellose Anordnung. Zwischen ihnen herrschen keine Bindungskräfte, sodass die Teilchen frei sind und sich ungehindert bewegen können.

Flüssige Körper:
Ihr Volumen lässt sich auch durch große Kräfte nicht verändern. Sie passen sich aber der Form des Gefäßes an, in dem sie sich befinden. Auch ohne Gefäß bleiben sie zusammen, weil Bindungskräfte zwischen den Teilchen vorhanden sind. Sie sind aber nicht sehr stark; deshalb lassen sich die Teilchen leicht gegeneinander verschieben.

Feste Körper: Ihre Form kann meist nur durch große Kräfte von außen verändert werden, denn der Zusammenhalt zwischen ihren Teilchen ist sehr stark. Die Teilchen haben einen bestimmten Platz in einer meist regelmäßigen Anordnung, dem Kristallgitter. Deshalb haben feste Körper eine bestimmte Form und ein unveränderbares Volumen.

Alle Körper bestehen aus kleinsten Teilchen (Atomen, Molekülen). Die Art der kleinsten Teilchen legt fest, um welchen Stoff es sich handelt: Ein Stahllöffel besteht aus anderen Teilchen als eine Wachskerze. Die Teilchen unterscheiden sich von Stoff zu Stoff in ihrer Masse, Größe und Anordnung.

In festem und in geschmolzenem Kerzenwachs und im Dampf der gelöschten Kerze ist immer die gleiche Teilchenart zu finden. Nur der Zusammenhalt und das Verhalten der Teilchen sind bei den drei Zustandsformen unterschiedlich.

> Die Zustandsformen fest, flüssig und gasförmig von Körpern unterscheiden sich durch Anordnung und Abstand der Teilchen und durch die Kräfte zwischen ihnen.

Aufgaben

1 Erkläre mithilfe der Teilchenvorstellung, warum feste Körper meist eine große Dichte haben, Gase dagegen eine geringe.

2 Warum lässt sich eine wassergefüllte Spritze fast gar nicht und eine luftgefüllte nur bis zu einem bestimmten Punkt zusammendrücken?

Wie groß ist ein Teilchen?

Die Teilchen, aus denen Körper bestehen, sind so klein, dass wir sie auch mit einem sehr starken Lichtmikroskop nicht sehen und so ihre Größe bestimmen können. Aber der **Ölfleckversuch** lässt eine Größenabschätzung zu:

In diesem Versuch wird der Durchmesser von Ölteilchen bestimmt. Um eine möglichst kleine Menge Öl zu bekommen, wird das Öl mit Leichtbenzin gemischt, sodass z. B nur $\frac{1}{2000}$ der Mischung aus Öl besteht. Ein Tropfen dieser Mischung bildet auf einer Wasseroberfläche einen kreisförmigen Fleck, wie an den zur Seite geschobenen Blütensporen erkennbar ist. Weil das Leichtbenzin rasch verdunstet, bleibt ein dünner Ölfilm zurück. Den Durchmesser des Kreises können wir messen und daraus die Kreisfläche berechnen. Aber wie bekommen wir den Durchmesser oder das Volumen der Ölteilchen heraus?

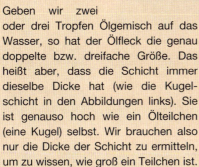

Geben wir zwei oder drei Tropfen Ölgemisch auf das Wasser, so hat der Ölfleck die genau doppelte bzw. dreifache Größe. Das heißt aber, dass die Schicht immer dieselbe Dicke hat (wie die Kugelschicht in den Abbildungen links). Sie ist genauso hoch wie ein Ölteilchen (eine Kugel) selbst. Wir brauchen also nur die Dicke der Schicht zu ermitteln, um zu wissen, wie groß ein Teilchen ist.

Auswertung

Das Volumen der Ölschicht ist genauso groß wie das des Ölanteils im Tropfen. Wir kennen also das Ölvolumen. Da die Schicht die Form eines sehr flachen Zylinders hat, können wir aus dem bekannten Volumen und dem gemessenen Durchmesser seine Höhe berechnen. Diese Höhe ist dann die Schichtdicke. Für eine angenommene Kugelform der Teilchen entspricht das der Teilchengröße.

Hier die Ergebnisse einer Messung: Ein Tropfen der Mischung enthält $V = 0{,}000\,01 \text{ cm}^3$ Öl. Er bildet auf dem Wasser einen Kreis von $d = 12 \text{ cm}$ Durchmesser. Das ergibt als Grundfläche des Zylinders

$$A = 3{,}14 \cdot \left(\frac{d}{2}\right)^2 = 113{,}1 \text{ cm}^2.$$

Teilen wir nun das Volumen des Öles durch die Kreisfläche, dann erhalten wir die Höhe und damit die Schichtdicke h, die ja dem Durchmesser eines Ölteilchens entspricht:

$$h = \frac{V}{A} = \frac{0{,}00001 \text{ cm}^3}{113{,}1 \text{ cm}^2} \approx 0{,}000\,000\,000\,9 \text{ m}$$

Untersuchungen an Teilchen anderer Stoffe führen zu ähnlichen Ergebnissen. Die Teilchengröße liegt also im Bereich eines zehnmilliardstel Meters. Sauerstoffteilchen sind z. B. $0{,}000\,000\,000\,08$ m groß, Eisenteilchen $0{,}000\,000\,000\,12$ m.

Die Abbildungen unten sollen eine Vorstellung von der Winzigkeit der Teilchen vermitteln.

Wenn alle Wasserstoffatome, die in einem 1cm³-Würfel Platz haben, in einer Kette aufgereiht würden, dann ließe sich die Kette etwa 67-mal um den Äquator wickeln.

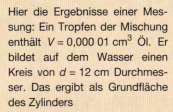

Wenn ein 1,75 m großer Mensch auf die Entfernung Erde–Mond vergrößert würde, dann wären seine Atome 2 cm groß.

Brown'sche Teilchenbewegung

Im Foto rechts ist feiner Aluminiumstaub in einem mit Wasser gefüllten Glas verrührt. Deutlich sind die Staubteilchen zu erkennen, die sich regellos durcheinanderbewegen. Eigentlich müssten sie doch aufgrund der Erdanziehungskraft nach unten sinken wie jeder andere Körper auch. Wodurch wird das lange Zeit verhindert?

Irgendetwas hält sie in der Schwebe und zwingt sie gleichzeitig zu diesen ziellosen Bewegungen in alle Richtungen. Ein Grund für diese Bewegungen ist zunächst nicht zu erkennen. Folgende „Theorie" hilft uns weiter:
Es sind die winzigen Teilchen des Wassers, die ja in ständiger Bewegung sind und dabei zwangsläufig mit dem Aluminiumstaub zusammenstoßen. So wird das (große) Staubkörperchen durch die (winzigen) Wasserteilchen regellos hin und her gestoßen. Damit wird verhindert, dass die Aluminiumteilchen sofort auf den Boden des Glases sinken.

Zentraler Versuch

Mit dieser „Theorie" wäre unsere Beobachtung erklärt. Sie ist von der Wissenschaft bestätigt worden. Die Erscheinung heißt **Brown'sche Bewegung.**

Die Brown'sche Bewegung können wir uns so vorstellen wie das Verhalten eines Papierschnipsels, den wir auf einen Ameisenhaufen fallen lassen: Der Schnipsel bewegt sich in alle Richtungen, denn die durcheinanderwuselnden Ameisen tragen ihn hin und her. Aus größerer Entfernung erkennen wir nur noch die Bewegung des Schnipsels, aber nicht mehr die der Ameisen.

● Aus der Bewegung des Aluminiumstaubs erkennen wir die bislang nur angenommene Eigenschaft der für uns nicht sichtbaren Wasserteilchen, sich ständig und regellos zu bewegen.
● Auch Gasteilchen sind in ständiger Bewegung. Im Lichtbündel eines Diaprojektors beobachten wir im abgedunkelten Raum „tanzende" Staubkörner, die von den sich bewegenden Luftteilchen angestoßen werden.
● Die Teilchen fester Körper können sich nicht so stark bewegen. Sie sind an ihren Platz gebunden und schwingen dort nur hin und her.

> Als Brown'sche Bewegung bezeichnet man die regellose Bewegung kleinster Festkörper aufgrund der Zusammenstöße mit den sich ständig in Bewegung befindlichen Teilchen von Gasen oder Flüssigkeiten.
> Die Brown'sche Bewegung ist ein Beleg für die ständige Bewegung der Teilchen aller Körper.

Versuche und Aufträge

V1 Richte das Licht einer starken Taschenlampe in einen abgedunkelten Raum und schüttle mit einem Lappen Kreidestaub oder Puder in das Lichtbündel. Beobachte genau das Verhalten der Kreideteilchen.

V2 Schichte vorsichtig in ein Glas farbigen Getränkesirup und Wasser und in ein zweites Glas Öl und Wasser übereinander. Lasse die Gläser ruhig stehen und beobachte sie mehrere Tage lang. Beschreibe und erkläre.

Entdeckt wurde die nach ihm benannte Bewegung 1827 von dem schottischen Naturforscher ROBERT BROWN (1773–1858). Eigentlich wollte er Pflanzenzellen untersuchen, da machte er unter einem Mikroskop die erstaunliche Beobachtung, dass sich die Pollenkörner in der Flüssigkeit bewegen. Brown vermutete zuerst, dass die Pollen Lebewesen sind; aber auch verkohlte Pollen und sicherlich leblose Staubkörnchen verhielten sich so.
BROWN konnte die Beobachtung noch nicht deuten. Erst zu Beginn des 20. Jahrhunderts fand ALBERT EINSTEIN in der Teilchenbewegung die Ursache der Brown'schen Bewegung.

Diffusion

Fallen einige Tropfen Tinte in ein Glas mit Wasser, so sinken sie aufgrund ihrer Gewichtskraft zuerst nach unten und bilden eine farbige Schicht auf dem Boden des Gefäßes. Nach einigen Stunden jedoch ist die gesamte Flüssigkeit rot gefärbt, obwohl niemand das Glas geschüttelt oder das Wasser umgerührt hat. Die Trennschicht zwischen den Flüssigkeiten Tinte und Wasser ist verschwunden, beide Körper haben sich vermischt.

Dies ist nur möglich, weil sich sowohl die Wasserteilchen als auch die Tintenteilchen bewegen. Sie dringen in das Gebiet der anderen Flüssigkeit ein, es kommt zur Durchmischung. Schließlich haben sich alle Teilchen gleichmäßig im gesamten Raum verteilt. Diese Durchmischung geschieht von selbst, ohne Umrühren oder einen anderen Anstoß von außen. Der Vorgang wird **Diffusion** genannt.

Gase durchmischen sich ebenfalls selbstständig. Da ihre Teilchen aber freier beweglich und die Kräfte zwischen ihnen geringer sind als bei Flüssigkeiten, erfolgt die Diffusion hier schneller. So riechen wir den gebratenen Fisch ebenso wie das Parfüm aus der geöffneten Flasche bald im gesamten Raum.

Wären die Gas- oder Flüssigkeitsteilchen in Ruhe, käme es nicht zur Durchmischung und die beiden Körper würden getrennt bleiben.

> Durch Diffusion durchmischen sich zwei Flüssigkeiten oder Gase selbstständig aufgrund der ständigen Bewegung der Teilchen.

1 Wie ist auf Seite 98 der Käsegeruch in die Sahnetorte hinein gekommen?

2 Warum schmeckt heißer Tee mit Zucker auch ohne Umrühren nach einiger Zeit süß?

3 Was ist der Unterschied zwischen Brown'scher Bewegung und Diffusion? Gibt es Gemeinsamkeiten?

Diffusion in der Natur

Streifzug

Ein Strauß frisch gepflückter Wiesenblumen lässt rasch „die Köpfe hängen" – ins Wasser gestellt richten sich die Pflanzen schnell wieder auf, die Blätter werden wieder straff. Wie gelangt das Wasser aus dem Boden in die Pflanzen?

Diffusion, die selbstständige Durchmischung von Flüssigkeiten und Gasen aufgrund der Teilchenbewegung, kann auch durch bestimmte trennende Wände, so genannte *Membranen* erfolgen. Bei allen Lebewesen sind die Zellen von solchen Zellmembranen umgeben, die oft nur für bestimmte Teilchen durchlässig sind z. B. für Wassermoleküle. Die im Wasser gelösten Teilchen dagegen können diese Membranen nicht durchdringen, weshalb derartige Membranen auch *semipermeabel* (halbdurchlässig) genannt werden. Durch diese so genannte **Osmose** nehmen die Pflanzen das für sie lebenswichtige Wasser aus dem Boden auf. (Nährstoffe werden auf andere Art in die Pflanze hineingeschleust.)

Auch unser Leben wäre ohne Diffusion nicht möglich. Beim Einatmen gelangt Luft in die Lunge und füllt die Lungenbläschen. Die Sauerstoffmoleküle der Luft diffundieren durch die nur 1 µm dünnen Wände der Lungenbläschen in die Kapillargefäße und lagern sich dort größtenteils an den roten Blutkörperchen an. Über den Blutkreislauf wird der Sauerstoff dann zu den Zellen transportiert, wo die Sauerstoffmoleküle durch die Zellmembranen ins Zellinnere diffundieren. Genau so – nur in umgekehrter Richtung – läuft der Transport des bei Stoffwechselvorgängen in den Zellen entstehenden Kohlenstoffdioxids ab.

Je größer die Fläche der Lunge, desto mehr Gas kann ausgetauscht werden. Damit die bei jedem Atemzug inhalierten 1–5 l Luft auch sofort ins Blut gelangen, besteht die menschliche Lunge aus vielen kleinen Bläschen, die insgesamt eine Fläche von etwa 100 m² haben.

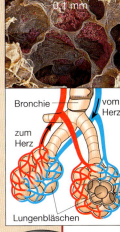

0,1 mm

Bronchie | vom Herz
zum Herz
Lungenbläschen

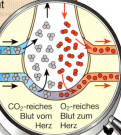

CO₂-reiches Blut vom Herz | O₂-reiches Blut zum Herz

Teilchenbewegung und Temperatur

Im Bild rechts hat sich die Tinte mit dem Wasser durch Diffusion vermischt. In heißem Wasser läuft dieser Vorgang offensichtlich deutlich schneller ab.

Da die Ursache für die Durchmischung die Bewegung der Wasser- und der Tintenteilchen ist, müssen sich die Teilchen des heißen Wassers schneller bewegen als die des kalten. Nur dann erfolgt die Durchmischung rascher.

Die Bewegung der Teilchen eines Körpers und seine Temperatur hängen also zusammen: Je heftiger sich die Teilchen bewegen, desto höher ist die Temperatur des Körpers.

In Luft bewegen sich die Teilchen zum Beispiel nahezu mit Schallgeschwindigkeit! Aber sie sind nicht alle gleich schnell. Es gibt in jedem Körper einige Teilchen, die sich schneller bewegen, und andere, die langsamer sind.

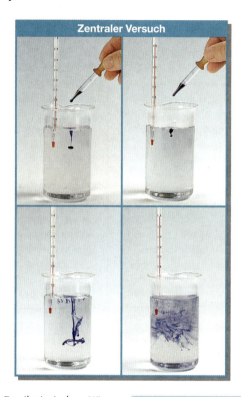

Zentraler Versuch

Deshalb kann die Geschwindigkeit eines einzelnen Teilchens nicht genau angegeben werden, sondern immer nur ein *Mittelwert* für die Bewegung aller Teilchen.

Die Teilchenbewegung kann insgesamt so heftig werden, dass sogar die Bindungen zwischen den Teilchen aufgebrochen werden; z. B. wird Wasser zum Gas Wasserdampf – die Bewegungsfreiheit der Teilchen nimmt deutlich zu.

Was geschieht nun umgekehrt beim Abkühlen eines Körpers? Die Teilchen bewegen sich alle weniger heftig – die einen mehr, die anderen weniger. Bei noch weiterer Temperaturerniedrigung gehen die Teilchen wieder feste Bindungen ein, der Körper erstarrt.

> Die Temperatur eines Körpers ist ein Maß für die Bewegung seiner Teilchen. Je höher die Temperatur ist, desto heftiger bewegen sich die Teilchen *insgesamt*.

Absoluter Nullpunkt

Wie tief kann ein Körper überhaupt abgekühlt werden? Wie tief also kann seine Temperatur sinken?

Beim Abkühlen werden die Teilchenbewegungen immer schwächer. Konsequent weiter gedacht heißt das: Je geringer die Temperatur des Körpers wird, desto schwächer werden die Teilchenbewegungen, bis die Teilchen schließlich alle in einem Zustand vollkommener Ruhe sind. Haben alle Teilchen diesen Ruhezustand, müsste die tiefste Temperatur erreicht sein, die ein Körper überhaupt annehmen kann.

Genaue Messungen und Berechnungen zeigen, dass dies tatsächlich bei –273,15 °C der Fall ist. Niedrigere Temperaturen kann es nicht geben. Deshalb wird diese tiefste erreichbare Temperatur als **absoluter (Temperatur-)Nullpunkt** bezeichnet.

Physiker arbeiten im Labor bereits mit Temperaturen im Bereich von weniger als ein Millionstel Grad über diesem absoluten Nullpunkt.

> Die tiefste mögliche Temperatur beträgt –273,15 °C und wird als absoluter Nullpunkt bezeichnet.

Aufgaben

1 Was passiert, wenn eine Flasche Mineralwasser zum schnellen Abkühlen in das Gefrierfach gelegt und vergessen wird? Beschreibe auch im Teilchenbild.

2 Was passiert am absoluten Nullpunkt mit der Bewegung der Teilchen?

3 Nenne Ursachen, die ein experimentelles Erreichen des absoluten Nullpunktes verhindern.

4 Weshalb zerplatzt ein straff aufgeblasener Luftballon, wenn er der prallen Sonne ausgesetzt wird? Beschreibe und erkläre auch mithilfe der Teilchenvorstellung.

Die Kelvin-Skala

Celsius-Skala

- 200 °C
- 100 °C — Wasser siedet
- 0 °C — Eis schmilzt
- −100 °C
- −200 °C
- −273 °C

absoluter Nullpunkt

Kelvin-Skala

- 400 K
- 373 K
- 300 K
- 273 K
- 200 K
- 100 K
- 0 K

Die tiefste Temperatur, die theoretisch erreichbar ist, beträgt auf der Celsius-Skala −273,15 °C. Für viele Untersuchungen in Wissenschaft und Technik ist es zweckmäßig, von diesem absoluten Nullpunkt aus zu messen. Dieser Vorschlag geht auf LORD KELVIN (1834–1907) zurück. Die Temperatur des absoluten Nullpunktes wird deshalb heute mit 0 K (sprich: Null Kelvin) bezeichnet.

Im Bild links stehen die *Kelvin-Skala* und die *Celsius-Skala* nebeneinander. Ein Vergleich der beiden zeigt den Vorteil der Kelvin-Skala: Es gibt keine negativen Temperatur-Werte. Der Temperaturunterschied 1 K ist in der Kelvin-Skala genauso groß wie der Unterschied 1 °C in der Celsius-Skala.

Temperaturangaben in K und in °C lassen sich leicht ineinander umrechnen:

Der Celsius-Temperatur $\vartheta = 40$ °C entspricht die Kelvin-Temperatur $T = (273,15 + 40)$ K $= 313,15$ K.

Umgekehrt entspricht der Temperatur $T = 300$ K die Celsius-Temperatur $\vartheta = (300 - 273,15)$ °C $= 26,85$ °C.

Temperatur

Die Einheit ist 1 K (Kelvin) oder 1 °C (Grad Celsius).

Das Formelzeichen ist
ϑ für Temperaturangaben in Grad Celsius
T für Temperaturen in Kelvin.

Temperaturunterschiede $\Delta\vartheta$ bzw. ΔT werden in Kelvin angegeben: $\Delta\vartheta = \Delta T$.

Aufgaben

1 Gib in °C und in K an:
a) deine Körpertemperatur
b) die Siedetemperatur von Wasser
c) die Schmelztemperatur von Eis.

2 Ein Heizkörper von zunächst 18 °C nimmt nacheinander folgende Temperaturen an: 45 °C, 30 °C, 22 °C, 18 °C. Gib jeweils die Temperaturdifferenzen an.

3 Die Temperatur eines Backofens beträgt zunächst 18 °C. Durch Regelung am Thermostat wird die Temperatur nacheinander um 10 K, 5 K und 15 K erhöht. Welche Temperatur hat der Backofen schließlich?

Versuche und Aufträge

V1 Fülle ein Glas mit kaltem, ein anderes mit heißem Wasser. Beschwere zwei volle Tintenpatronen mit Knet- oder Kaugummi und steche sie auf der Seite mit einer spitzen Schere an. Die eine Patrone tauchst du in das kalte, die andere in das heiße Wasser. Beschreibe und erkläre deine Beobachtungen.

V2 Ein Glas voller runder Perlen oder Murmeln eignet sich gut als Modell für Flüssigkeiten. Welchen Eigenschaften entsprechen jeweils folgende Beobachtungen?
a) Tauche einen Bleistift ein.
b) Halte das Glas schräg.
c) Gib die Murmeln in ein anderes Gefäß, z. B. einen Teller.

Das Atomium

Streifzug

Das Bild rechts zeigt ein etwas größeres „Teilchenmodell", das Atomium in Brüssel. Das 102 m hohe Bauwerk wurde 1958 anlässlich der Weltausstellung erbaut und stellt vereinfacht die Anordnung der Teilchen in festem Eisen dar. Auffällig ist, dass die Teilchen anders angeordnet sind als in der Zeichnung für feste Körper auf Seite 98. Viele feste Körper haben eine für sie charakteristische regelmäßige Struktur, die sich in besonders schöner Form bei den Kristallen zeigt.

Im Brüsseler Atomium sind in den Kugeln wissenschaftliche Ausstellungen sowie ein Restaurant untergebracht. Ein Fahrstuhl im senkrechten Rohr sowie Rolltreppen in den übrigen Rohren verbinden die einzelnen Kugeln miteinander.

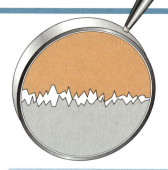

Temperaturänderungen …

… durch Reiben

● Wenn wir im Winter ohne Handschuhe unterwegs sind, reiben wir uns ab und an die Hände, um wieder warme Hände zu bekommen – wir verspüren eine Erhöhung der Temperatur der Haut.

● Die Steinzeitmenschen haben Feuer auch ohne Streichhölzer entfacht: Durch schnelles Drehen eines dünnen, trockenen Holzstockes in einer mit trockenen Gras- oder Moosresten und kleinen Holzspänen gefüllten Mulde eines Rinden- oder Holzstückes entzünden sich die trockenen Reste. Zusammen mit den Holzspänen ließ sich so schließlich ein Feuer entfachen.

● Beim Bohren im Foto rechts werden das Werkstück und der Bohrer sehr heiß.

Durch „Reibung" können die Temperaturen der aneinander reibenden Körper oder Gegenstände stark zunehmen. Mit dem Teilchenmodell lässt sich das erklären:

Feste Körper haben eine sehr unterschiedliche Oberflächenstruktur. Aber selbst polierte Metallflächen sind mikroskopisch gesehen nie ganz glatt. Beim Aneinander-Reiben greifen so die Unebenheiten an den Berührflächen von Bohrer und Werkstück ineinander. Viele Metallteilchen werden durch den „äußerlichen" Reibungsvorgang im Bereich der Berührflächen von ihren Gitterplätzen weggeschoben.

D. h. genauer, die Teilchen im Bereich der Berührungsflächen schwingen dadurch wesentlich heftiger hin und her als vorher. Aber nicht nur diese. Die schnellere Bewegung der Teilchen an der Oberfläche beeinflusst auch die Nachbarteilchen und allmählich alle anderen Teilchen im Metall – schließlich bewegen sich alle Teilchen des Bohrers schneller/heftiger. Diese insgesamt heftigere Bewegung der Metallteilchen nehmen wir „äußerlich" als eine deutliche Temperaturerhöhung $\Delta\vartheta$ des Metalls wahr.

Wie ist das nun bei *Flüssigkeiten?* Lässt sich Vergleichbares feststellen? Ein einfacher Versuch zeigt, dass durch minutenlanges Quirlen von Öl seine Temperatur steigt.

Im Teilchenbild ist das auf die gleiche Art wie bei Festkörpern erklärbar: Durch die Bewegung des

Quirls werden Ölteilchen immer wieder angestoßen. Sie führen dadurch allesamt schnellere Bewegungen aus. „Äußerlich"/Makroskopisch stellen wir wieder eine Temperaturerhöhung $\Delta\vartheta$ fest.

Reiben feste oder flüssige Körper oder Gegenstände aneinander, so führen ihre Teilchen heftigere Bewegungen aus. Entsprechend der Dauer und Intensität des Reibungsvorganges werden die Teilchen zu schnelleren Bewegungen angeregt als dies bei der zuvor herrschenden Temperatur der Fall war. Dementsprechend steigt die Temperatur der aneinander reibenden Körper um $\Delta\vartheta$.

Aufgaben

1 Weshalb umfassen Artisten im Zirkus das Tau nur mithilfe einer Ledermanschette an den Händen, bevor sie an ihm herunter rutschen.

2 a) Reibe deine Hände langsam und fest aneinander. Werde dabei langsam schneller. Was stellst du fest?
b) Verändere den Druck zwischen den Händen.
c) Wiederhole den Versuch mit dick eingeölten bzw. eingecremten Handflächen.
d) Vergleiche deine Ergebnisse und erkläre die Unterschiede.

3 Beschreibe das Abbremsen deines Fahrrades. Wo kommt es dabei zu Temperaturänderungen? Welche Folgen hat das für diese Teile?

4 a) Was geschieht, wenn ein Schmied ein Stück glühendes Eisen in einen Wasserbottich taucht?
b) Erkläre auch im Teilchenbild.

5 a) Was geschieht, wenn heißer Tee längere Zeit steht?
b) Beschreibe den Vorgang auch im Teilchenbild.

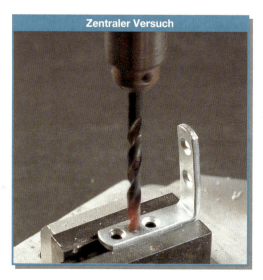

Zentraler Versuch

... durch Mischen

Beim Duschen regeln wir den Zulauf von heißem und kaltem Wasser, um angenehm warmes Wasser zu haben. Welche Mischtemperatur stellt sich ein?

● Mischen wir z. B. Wasser von 40 °C mit gleich viel Wasser von 20 °C, so messen wir eine Mischtemperatur $\vartheta_M \approx 30$ °C, also genau den Mittelwert der Ausgangstemperaturen.

● Mischen wir unterschiedliche Wassermengen, dann ist die Mischtemperatur nicht mehr der Mittelwert der Ausgangstemperaturen.

In beiden Fällen gilt: Die Temperaturen beider Wassermengen haben sich angeglichen. Die Temperatur des wärmeren Wassers sinkt, die des kälteren steigt.

Im Teilchenmodell können wir die Änderung der Temperaturen verstehen: Beim Zusammenschütten vermischen sich die insgesamt viel schnelleren Teilchen des heißen Wassers mit den deutlich langsameren Teilchen des kalten Wassers. Durch ständige Zusammenstöße der Wasserteilchen miteinander gleichen sich die Teilchengeschwindigkeiten einander an, wobei es aber immer einige Teilchen gibt, die schneller sind, und einige, die langsamer sind. Insgesamt ergibt sich eine neue mittlere Geschwindigkeit aller Teilchen, die niedriger ist als die Teilchengeschwindigkeit im heißen Wasser, aber höher als die im kalten.

Lassen wir eine Tasse mit heißem Tee längere Zeit stehen, so gleicht sich die Temperatur von Tee und Tasse allmählich der Zimmertemperatur an. Aufgrund der im Vergleich zur Flüssigkeitsmenge riesigen Luftmenge ist allerdings praktisch keine Änderung der Lufttemperatur messbar – theoretisch müsste sie minimal ansteigen.

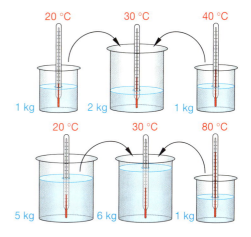

Durchmischen sich Körper unterschiedlicher Temperaturen, so gleichen sich die Temperaturen einander an. Dabei sinkt die Temperatur des Körpers mit der höheren Ausgangstemperatur, die des kälteren Körpers steigt. Die Mischtemperatur liegt immer zwischen den beiden Ausgangstemperaturen.

Temperaturänderungen

V1 a) Fülle einen Messbecher zur Hälfte mit kaltem Leitungswasser und miss die Wassertemperatur.
b) Rühre das Wasser mit einem elektrischen Mixer bei mittlerer Einstellung (Stufe 2) ca. fünf Minuten lang. Miss anschließend die Temperatur. Wie groß ist $\Delta\vartheta$?

V2 Drehe einen Korkenzieher so weit wie möglich in einen Korken hinein, ohne dass die Spitze des Korkenziehers am anderen Ende heraus schaut. Drehe dann den Korkzieher ca. zwei Minuten schnell hin und her. Vergleiche die Temperaturen des Korkenziehers vor und nach dem Drehen.

V3 a) Gib 300 ml Öl oder den Inhalt eines Honigglases in einen Mixbecher und miss die Temperatur. Verquirle anschließend die ölige oder zähe Masse 5 Minuten lang mit einem elektrischen Mixer. Miss anschließend die Temperatur.
b) Vergleiche und erkläre deine Beobachtung.

V4 a) Fülle einen Topf zu dreiviertel mit kaltem Leitungswasser. Bestimme und notiere die Wassertemperatur.
b) Suche dir einen großen Stein mit möglichst glatter Oberfläche, der von der Größe in den Topf passen würde und im Topf vom Wasser bedeckt wäre. Reinige den Stein gut mit Leitungswasser. Erhitze ihn anschließend ca. 20 Minuten lang im vorgeheizten Backofen bei etwa 100 °C. Hole den Stein dann mithilfe einer Lochkelle (**Vorsicht! Verbrennungsgefahr!**) aus der Backröhre und versenke ihn vorsichtig im Topf mit dem kalten Wasser. Miss anschließend die Wassertemperatur in Abständen von einer halben Minute und halte deine Ergebnisse in einer Tabelle fest.
c) Erstelle mit den Tabellenwerten ein Zeit-Temperatur-Diagramm für die Wassertemperatur.
d) Wie ändert sich dementsprechend die Temperatur des Steines? Skizziere dazu ein passendes Zeit-Temperatur-Diagramm.

Energie und Wärme

Es gibt viele Verfahren, Wasser zu erhitzen, wobei „Erhitzen" heißt, die Temperatur zu erhöhen. Je nachdem, wie lange wir heizen oder welche Körper wir erhitzen, erhalten wir bei gleicher Anfangstemperatur unterschiedliche Endtemperaturen.

Was ist das, was die Temperaturerhöhung des Wassers bewirkt? Was ändert sich an den beteiligten Geräten oder Gegenständen? Was ändert sich am Wasser?

Energie – was verstehen wir darunter?

Kaltes Wasser lässt sich erhitzen, indem wir einen heißen Kupferklotz hineinlegen. Dadurch steigt die Wassertemperatur, die Temperatur des Kupferklotzes sinkt.

Auf den ersten Blick ganz selbstverständlich – aber: Dem Wasser muss etwas zugefügt worden sein, was den Temperaturanstieg bewirkt hat. Der Kupferklotz an sich kann es nicht sein, denn ein kalter Klotz führt zu keiner Erwärmung des Wassers. Nur die Eigenschaft, heiß zu sein, kann die Erwärmung des Wassers bewirkt haben. Der Kupferklotz bringt also etwas mit, das er an das Wasser abgibt, wodurch die Wassertemperatur steigt. Andererseits sinkt durch die Abgabe dieses „Etwas" die Temperatur des Klotzes. Umgangssprachlich nennt man dieses „Etwas" Wärme. Die Physiker sprechen von **Energie** oder von **Wärmeenergie.**

Nach einiger Zeit haben der heiße Klotz und das Wasser die gleiche Temperatur angenommen. Der heiße Klotz hat Wärmeenergie abgegeben und ist dadurch kälter geworden. Das kalte Wasser hat Wärmeenergie aufgenommen, wodurch seine Temperatur gestiegen ist. Klotz und Wasser sind im Temperaturgleichgewicht. Jetzt ist kein weiterer Energieübergang mehr möglich. – Erst wenn der abgekühlte Klotz gegen einen neuen, heißen

Zentraler Versuch

ausgetauscht wird, wird dem Wasser erneut Energie zugeführt, was an einer weiteren Temperatursteigerung erkennbar ist.

Legen wir nun einen kalten Kupferklotz in das heiße Wasser, so wird das Wasser kälter und der Klotz wärmer. In diesem Fall gibt das Wasser Wärmeenergie ab, die der Klotz aufnimmt. Wärmeenergie geht also immer von einem heißeren auf einen kälteren Körper über, wenn sich die beiden Körper berühren.

Die Größe der Temperaturänderung bei Erwärmung kann als Maß dafür dienen, wie viel Energie in einen Körper hineingesteckt wurde.

Aber bei solchen Aussagen ist Vorsicht geboten, wie folgende Überlegung zeigt: In manchen Freibädern sind die Schwimmbecken für Nichtschwimmer und Schwimmer gleich groß, aber unterschiedlich tief. Beide erhalten aufgrund ihrer gleich großen Oberfläche im Laufe eines Tages die gleiche Wärmeenergie von der Sonne. Trotzdem ist am Abend das Schwimmerbecken deutlich kälter als das Nichtschwimmerbecken. Ursache dafür ist die unterschiedliche Wassermenge in den beiden Becken. Die gleiche eingestrahlte Energiemenge führt bei der kleineren Wassermenge zu einer größeren Temperaturzunahme als bei der großen.

> Je mehr Wärmeenergie einem Körper zugeführt wird, desto höher steigt seine Temperatur.

Aufgaben

1 a) Finde weitere Beispiele, in denen Wärmeenergie von einem Körper auf einen anderen übergeht. b) Welche Temperaturänderungen werden dadurch bewirkt?
2 Wie könntest du feststellen, dass ein Körper Energie abgegeben hat?

Energie wird gemessen

Wir können die Temperatur einer Wassermenge durch Zufuhr von Energie erhöhen. Je mehr Energie wir ihr zuführen, desto höher steigt ihre Temperatur. Die Temperaturerhöhung hängt aber auch davon ab, wie viel Wasser wir verwenden. Deshalb wurde für die Energie folgende Festlegung getroffen:
Wird 1 kg Wasser um 1 K erhitzt, so sind dafür genau 4186,8 Energieportionen nötig.

Energie

Die Einheit ist 1 J (Joule).

Weitere Einheiten:

Millijoule: 1 mJ = $\frac{1}{1000}$ J

Kilojoule: 1 kJ = 1 000 J

Megajoule: 1 MJ = 1 000 kJ
         = 1 000 000 J

Wie jede andere physikalische Größe hat auch die Energie eine Einheit, nämlich 1 Joule = 1 J. Sie ist nach dem englischen Forscher JAMES PRESCOTT JOULE (1818–1889) benannt. Gesprochen wird sie [dschu:l].

Um 1 kg Wasser um 1 K zu erhitzen, sind also 4186,8 J Energie nötig. Dieser Wert hat aus historischen Gründen so viele Ziffern. Für unsere Zwecke reicht es, sich den Näherungswert 4,2 kJ zu merken:

> Durch die Zufuhr von etwa 4,2 kJ Energie steigt die Temperatur von 1 kg Wasser um 1 K.

Rechenbeispiel

Für ein Vollbad werden 200 l Wasser benötigt. Sie kommen mit einer Temperatur von 15 °C ins Haus und müssen auf etwa 40 °C gebracht werden. Wie viel Energie ist nötig? Was kostet das Vollbad?

Lösung: Um 1 l Wasser um 1 K zu erwärmen, braucht man etwa   4 kJ.
Um 200 l Wasser um 1 K zu erwärmen, braucht man etwa   200 x 4 kJ = 800 kJ.
Um 200 l Wasser um 25 K zu erwärmen, braucht man
        25 x 800 kJ = 20 000 kJ = 20 MJ.

Eine Ölheizung liefert 1 MJ Energie für ungefähr 4 Cent. Das Vollbad kostet also
        20 x 4 Cent = 80 Cent.
Dazu kommen noch die Wasser- und Abwasserkosten in Höhe von 1,20 €.

Die Gesamtkosten für ein Vollbad betragen ca. 2 €.

Die folgende Abbildung zeigt, wie viel Energie in 1 kg der unterschiedlichen Brennstoffe steckt. Sie wird beim Verbrennen frei und an andere Körper übertragen – bei der Heizung z. B. an das Wasser in den Rohrleitungen, beim Motor an die heißen Verbrennungsgase.

Energiegehalt von 1 kg Brennstoff

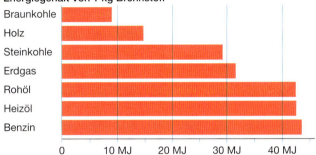

Nahrungsmittel enthalten unterschiedlich viel Energie. Unser Körper holt die Energie bei der Verdauung aus den Nahrungsmitteln heraus und kann damit die Körpertemperatur auf 37 °C halten oder die Muskeln mit der für die Bewegungen nötigen Energie versorgen.

Energiegehalt von 1 kg Nahrungsmittel

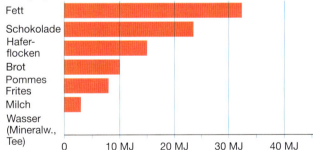

Aufgaben

1 Informiere dich in einem Lexikon über den Namensgeber der Energieeinheit „Joule".

2 Schaue dir die alte Energieeinheit Kilokalorie auf der Pinnwand Seite 114 an. Vergleiche mit unserer Festlegung für die Energie. Wie war wohl früher die Einheit für die Energie festgelegt?

3 Beim Duschen verbrauchst du nur etwa 30 l heißes Wasser. Rechne aus, wievielmal teurer ein Wannenvollbad im Vergleich zu einem Duschbad ist.

4 1 l Wasser wird um 10 K erhitzt. Um wie viel K würden sich unter sonst gleichen Bedingungen
a) 2 l, **b)** $\frac{1}{2}$ l, **c)** $\frac{1}{4}$ l Wasser erhitzen?

Wärmeausbreitung

Im Feriencamp wird am Strand einfach der Topf mit Suppe über das heiße Lagerfeuer gehängt. Warum ist nach kurzer Zeit nicht nur der Topf heiß, sondern auch die Suppe in seinem Inneren? Wir spüren, dass der Topf heiß ist, ohne ihn zu berühren. Wie geht das? Hinter solchen und ähnlichen Fragen steckt das Problem: „Wie kommt Wärmeenergie von einer Stelle zu einer anderen?". Wir werden sehen, dass es dafür drei unterschiedliche Möglichkeiten gibt.

Wärmemitführung

In ein mit Wasser gefülltes Becherglas wird vorsichtig ein Tropfen Tinte gegeben. Wird jetzt an einer Ecke das Wasser erhitzt, bewegt es sich dort nach oben, was an den blauen Schlieren sichtbar ist.

Dabei nimmt das zunächst kalte Wasser Wärmeenergie auf, seine Temperatur steigt: Es bewegt sich nach oben zu den kälteren Bereichen, wo es seine Energie abgibt. Dadurch steigt die Temperatur des dort befindlichen Wassers.

Zum Ausgleich strömt unten kälteres Wasser von der Seite nach. Insgesamt entsteht nach kurzer Zeit ein Kreislauf, der das gesamte Wasser im Glas auf eine höhere Temperatur bringt.

Weil hier Wärmeenergie von dem strömenden Wasser quasi „huckepack" mitgenommen wird, sprechen wir von **Wärmemitführung.** Manchmal wird auch der Name *Konvektion* verwendet.

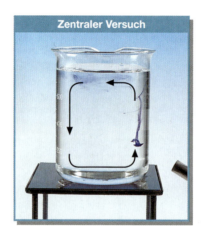

Zentraler Versuch

Beispiele für Wärmemitführung in der Natur sind der Wind und Meeresströmungen. Sie nehmen in warmen Gegenden Energie auf, transportieren sie in kältere Gegenden und geben sie dort wieder ab.

Ein gutes Beispiel ist der Golfstrom im Bild unten: Ohne ihn, der aus den warmen Gewässern des Golfs von Mexiko kommt, hätten wir in Europa ein viel kälteres Klima mit mehr Frost und Eis.

Das Gegenstück dazu ist der kalte Labradorstrom. Er bringt kaltes Wasser aus den Polargegenden nach Süden. Das ist ein weiterer Grund, warum die Winter in New York viel kälter sind als die in Neapel, das auf der gleichen geografischen Breite liegt.

> Bei Wärmemitführung wird Energie durch einen bewegten Körper von einem Ort zu einem anderen mitgenommen.

5°C
10°C
Labrador-strom
Golfstrom
New York
Neapel
Nordatlantik
25°C

Aufgaben

1 Welche Beispiele für Wärmemitführung kennst du noch? Erläutere bei einem deiner Beispiele ausführlich die Wärmemitführung.

2 Beschreibe anhand der Abbildung rechts, wo bei einer Zentralheizung die Wärmeenergie erzeugt wird und wie sie in die einzelnen Zimmer gelangt.

3 Beschreibe genau, wie das Haaretrocknen mithilfe eines Föhns abläuft.

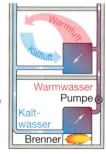

Warmluft
Kaltluft
Warmwasser
Pumpe
Kalt-wasser
Brenner

Warmwasserheizung

Eine Solaranlage auf dem Dach nutzt Sonnenenergie zum Heizen oder für die Warmwasserversorgung.

Strahlung

Wärme-Isolation

Glas-platte

Warm-wasser (Ablauf)

Kalt-wasser (Zulauf)

Über Rippen- oder Flachheiz-körper wird die Energie an die Zimmerluft abgegeben.

Thermostate regeln die Raum-temperatur. Dazu messen sie mit einem Temperatursensor die Lufttemperatur. Dieser Istwert wird vom Regler mit einem vorher eingestellten Sollwert verglichen. Unterschreitet der Istwert den Sollwert, wird das Ventil geöffnet. Warmes Wasser strömt so lange durch den Heizkörper, bis Sollwert und Istwert wieder übereinstimmen. Dann wird das Ventil ge-schlossen, die Warmwasser-zufuhr wird gestoppt. Es wird keine Energie mehr an die Zimmerluft abgegeben. Durch Wärmetransport nach draußen sinkt die Raumtemperatur, der Istwert fällt unter den Sollwert, das Ventil wird wieder geöffnet.

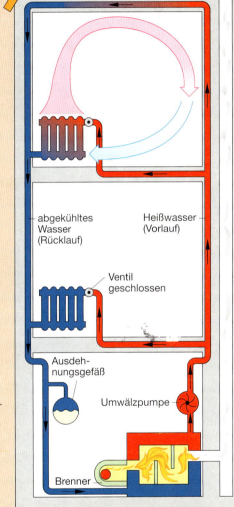

Fußbodenheizung

abgekühltes Wasser (Rücklauf)

Heißwasser (Vorlauf)

Ventil geschlossen

Ausdeh-nungsgefäß

Umwälzpumpe

Brenner

Fußbodenheizungen sorgen für angenehme Temperaturen. Die Fliesen nehmen die Energie vom Wasser auf und geben sie durch Wärmeleitung an die Zimmerluft weiter.

Möglichkeiten zur Energieeinsparung

- Niedertemperaturheizungen (Vorlauftemperaturen von 55 °C bzw. 45 °C)
- Anpassung der Wasser-temperatur an die Außen-temperatur durch Messung mit einem Außenfühler (gleitende Kesselwasser-Temperaturregelung)
- Nutzung der bis zu 180 °C heißen Abgase am Kessel zum Erwärmen von Brauch-wasser

Eine Umwälzpumpe befördert das Wasser vom Kessel zu den einzelnen Heizkörpern und von dort zum Kessel zurück.

In dem mit Heizöl oder Erdgas betriebenen Heizkessel wird das Wasser auf die Vorlauf-temperaturen von 70 °C (Heizung) bzw. 40–60 °C (Warmwasser-versorgung) gebracht.

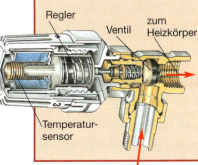

Regler

Ventil

zum Heizkörper

Temperatur-sensor

Warmwasser

Aufgaben

1 Beschreibe den Heizungskreislauf und den Weg der Energie vom Kessel bis in die Zimmer.

2 Welche Aufgabe hat das Ausdehnungsgefäß?

3 Nenne weitere Möglichkeiten der Energieeinsparung beim Heizen und bei der Warmwasserversorgung.

4 Welche Funktion hat die Umwälzpumpe? Würde die Heizung auch ohne sie arbeiten?

Wärmeleitung

Beim Kochen fällt auf, dass nicht nur das Kochgut, sondern auch manche Topfhenkel oder Pfannenstiele schon nach kurzer Kochzeit sehr heiß werden. Wie kommt das?

Das Bild rechts zeigt, dass das Wachs, mit dem die verschiedenen Kügelchen angeklebt sind, nach und nach weich wird und die Kügelchen abfallen. Eine Überprüfung mit der darübergehaltenen Hand zeigt, dass die Metallstäbe auch an den Enden heiß geworden sind, an denen sie nicht erhitzt wurden.

Daraus schließen wir, dass auch in diesem Fall – obwohl sich die Metallstäbe oder Teile davon nicht bewegt haben – Wärmeenergie vom heißen Stabende zum zunächst kalten anderen Ende transportiert worden ist. Diese Art der Wärmeausbreitung heißt **Wärmeleitung.**

Weiterhin erkennen wir, dass die Kügelchen von Stab zu Stab unterschiedlich schnell abfallen. Die an den Kupferstab geklebten fallen am ehesten ab, etwas später die am Messingstab und zuletzt die am Stahlstab. Das bedeutet, dass unterschiedliche Stoffe die Energie unterschiedlich gut weiterleiten.

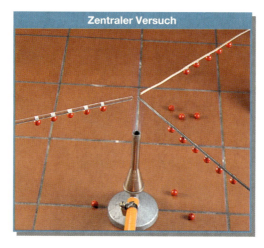

Zentraler Versuch

Deshalb werden die Böden von Kochtöpfen oder Pfannen aus Material hergestellt, das die von der Herdplatte abgegebene Wärmeenergie gut und schnell zum Inhalt leitet.

Dagegen werden für die Griffe Materialien genommen, welche Wärmeenergie schlecht leiten z. B. Holz oder Kunststoff. Dadurch wird verhindert, dass wir uns die Finger verbrennen.

In der Grafik links wird die Wärmeleitfähigkeit verschiedener Stoffe miteinander verglichen. Der Wert 17 000 für Kupfer besagt, dass Kupfer in gleicher Zeit 17 000-mal so viel Wärmeenergie leiten kann wie (ruhende) Luft. (Dabei ist natürlich vorausgesetzt, dass die leitenden Körper die gleichen Formen und Abmessungen haben.)

Aus dieser Grafik lassen sich die Stoffe herausfinden, die für den jeweiligen Zweck geeignet sind, je nachdem, ob gute oder schlechte Wärmeleitung gewünscht ist. Deshalb ist die Bodenplatte von Kochtöpfen häufig aus gut leitendem Kupfer oder Stahl, während Essgeschirr oder Tassen aus dem schlechten Wärmeleiter Porzellan oder Glas bestehen.

Besteht zwischen zwei Körpern mit unterschiedlicher Temperatur ein enger Kontakt, so strömt dauernd und selbstständig Wärmeenergie über diese Berührstelle vom heißen zum kälteren Körper, ohne dass dabei irgendein Stoff bewegt wird. Der Energietransport hört auf, sobald beide Körper die gleiche Temperatur haben.

Dabei wird in der gleichen Zeit umso mehr Energie transportiert,
● je größer der Temperaturunterschied zwischen dem heißen und dem kalten Körper ist;
● je größer die Berührfläche der beiden Körper ist.

> Den Transport von Energie innerhalb eines Körpers ohne Bewegung eines Stoffes nennen wir Wärmeleitung.

Aufgaben

1 Welche Gruppe von Stoffen leitet Wärmeenergie besonders gut? Nenne weitere Vertreter.

2 **a)** Aus welchen Stoffen bestehen Kochlöffel? Warum werden gerade diese Stoffe verwendet? **b)** Welche Stoffe eignen sich weniger gut?

3 Erläutere den Unterschied zwischen Wärmeleitung und Wärmemitführung an zwei Beispielen.

4 Bei dem Vergleich der unterschiedlichen Wärmeleitfähigkeiten der Stoffe wird von „ruhender Luft" gesprochen. Warum ist dieser Zusatz wichtig?

5 Erkläre, warum zähflüssiger Brei im Topf leichter anbrennt als Suppe.

Stoff   **leitet besser als Luft**

Silber
Kupfer
Gold
Alu
Stahl
Luft 1

5000x   10000x   15000x

Eis
Glas
Wasser
Holz
Styropor
Luft 1
Vakuum 0

25x   50x   75x

Wärmestrahlung

Alles Leben auf der Erde hängt von der Energie ab, welche die Sonne seit Jahrmillionen zur Erde schickt. Wärmemitführung und Wärmeleitung scheiden für den Energietransport aus, da zwischen Sonne und Erde nur die Leere des Weltraums herrscht und somit nichts zur Verfügung steht, was Wärmeenergie mitführen oder leiten könnte! Wie funktioniert der Wärmetransport dann?

Kommen wir einem eingeschalteten Bügeleisen nahe, so spüren wir, dass es auf unserer Haut wärmer wird. Dabei befindet sich nur schlecht leitende Luft zwischen dem Bügeleisen und uns. Selbst wenn wir kalte Luft zwischen Bügeleisen und Hand blasen, spüren wir nach wie vor Energie auf der Haut ankommen. Halten wir allerdings ein Buch oder auch nur ein Blatt Papier dazwischen, so wird der Energiestrom sofort unterbrochen.

Energie hat also die Möglichkeit, ohne Beteiligung eines Stoffes von einem Körper mit hoher Temperatur zu einem mit niedriger Temperatur zu gelangen. Diese Art des Transports heißt **Wärmestrahlung.**

Alle Körper strahlen Energie ab, wenn sie wärmer sind als ihre Umgebung. Denke z. B. an eine heiße Herdplatte, einen glühenden Draht oder an deine Hände im Winter. Wie viel Energie sie ab-

Zentraler Versuch

strahlen, hängt von ihrer Temperatur ab. Heiße Körper strahlen mehr Energie ab als kalte. Das bemerken wir z. B. an einer eingeschalteten Herdplatte ohne Kochtopf darauf. Auf Stufe 2 gibt sie weniger Energie ab als auf Stufe 12, wenn sie gelbrot glüht, also sogar sichtbares Licht aussendet.

Wie viel Strahlung ein Körper aufnimmt, hängt von seiner Oberfläche ab:
● Je dunkler seine Oberfläche ist, desto mehr Energie verschluckt der Körper.
● Glänzende oder verspiegelte Oberflächen werfen nahezu alle auffallende Energie wieder zurück.

> Durch Wärmestrahlung wird Energie transportiert, ohne dass dabei ein Stoff beteiligt ist.
> Von der Beschaffenheit der Oberfläche hängt es ab, ob ein Körper auftreffende Energie verschluckt oder zurückwirft.

Aufgaben

1 Im Sommer bevorzugen wir helle Kleidung. Kühlwagen sind weiß gestrichen. Was ist der Grund?

2 Haushaltsfolie aus Aluminium hat eine glänzende und eine matte Seite. Wie musst du die Alufolie einsetzen, wenn du verhindern willst, dass ein Kuchen im Backofen an der Oberfläche zu schnell bräunt? Wie verwendest du sie, damit eine Speise möglichst langsam abkühlt?

Wärmeausbreitung

Versuche und Aufträge

V1 a) Erkundige dich zu Hause, im Baumarkt oder in einem Lexikon, welche Dämm-Materialien es gibt und woraus sie bestehen.
b) Wie wird angegeben, wie gut die verschiedenen Materialien die Wärme zurückhalten?

V2 a) Stelle ein Glas mit heißem Wasser in einen Topf mit kaltem Wasser. Beide Wasserstände sollen gleich hoch sein. Bestimme zu Beginn und dann alle 2 Minuten die beiden Wassertemperaturen. Stelle die Messwerte grafisch dar.

b) Wiederhole den Versuch mit Gefäßen für das heiße Wasser aus anderen Stoffen (Porzellan, Kunststoff, …).
c) Wiederhole a), jetzt aber mit kaltem Wasser im Becher und heißem im Topf.

V3 Wärmemühle: Schneide eine Papierspirale aus, ziehe sie auseinander und hänge sie auf einer Stricknadel über einer Kerze oder über der Heizung auf. Erkläre, wie die Drehung der Wärmemühle zustande kommt.

Benjamin Bettinger 6bc 2014/2015

Wärmedämmung

Aus der geheizten Wohnung soll die Energie nicht gleich wieder entweichen. Im Winter beim Spaziergang möchten wir nicht frieren. In allen solchen Fällen versuchen wir, den Energietransport von einem wärmeren Körper an die kältere Umgebung zu verhindern oder zumindest einzuschränken.

Zentraler Versuch

Schaumstoff

Alufolie

Alufolie

● **Verhinderung der Wärmeleitung:** Im Bild rechts zeigt sich, dass die Temperatur in den ummantelten Gläsern nach zehn Minuten weniger weit abgesunken ist als in den linken beiden. Die Schaumstoffschicht ist ein schlechter Wärmeleiter, denn sie enthält kleine Lufteinschlüsse, welche die Wärmeleitung verhindern. Da Gase schlechte Wärmeleiter sind, wirken Materialien, die solche Lufteinschlüsse enthalten, als Wärmedämmer. Aber auch durch feste Stoffe wie Holz, Kork oder Kunststoffe geht Wärmeenergie vergleichsweise schlecht hindurch. Sie können deshalb zur Wärmedämmung eingesetzt werden.

● **Verhinderung der Wärmemitführung:** Die Deckel auf den rechten Gläsern verhindern, dass die warme Luft über dem Wasser nach oben steigt und Energie vom Wasser wegtransportiert. Die Wärmemitführung lässt sich verringern, indem die Bewegung von Flüssigkeiten oder Gasen, die Energie in der Bewegung der Teilchen transportieren könnte, behindert wird.

Bei einem Doppelfenster wirkt eine dünne Luft- oder Edelgasschicht zwischen den beiden Glasscheiben wärmedämmend. Noch größer ist der Effekt, wenn das Gas vollständig entfernt wird. Dadurch kann überhaupt keine Mitführung stattfinden. Die Erzeugung eines solchen Vakuums ist aber technisch aufwändig und wird deshalb bei Fenstern nur selten angewendet.

● **Verhinderung der Wärmestrahlung:** Um die rechten Gläser ist Aluminiumfolie gewickelt. Sie hat die Aufgabe, die durch Wärmestrahlung nach außen gehende Energie ins Innere zu reflektieren. Energieverluste durch Wärmestrahlung können unterbunden werden, indem die Körper in helle oder glänzende Oberflächen eingepackt werden, die die Strahlung reflektieren und so einen Energietransport in den Körper hinein oder aus ihm heraus vermindern.

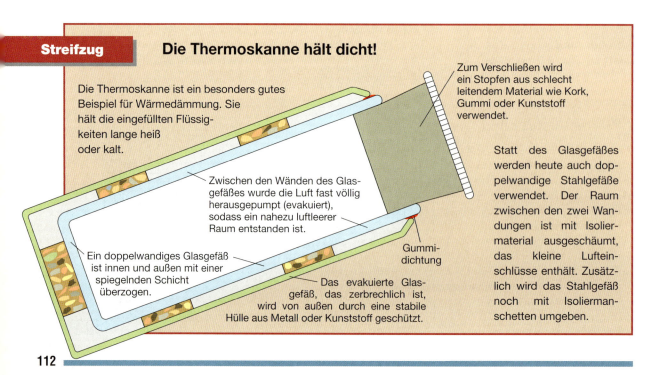

Streifzug

Die Thermoskanne hält dicht!

Die Thermoskanne ist ein besonders gutes Beispiel für Wärmedämmung. Sie hält die eingefüllten Flüssigkeiten lange heiß oder kalt.

Zwischen den Wänden des Glasgefäßes wurde die Luft fast völlig herausgepumpt (evakuiert), sodass ein nahezu luftleerer Raum entstanden ist.

Ein doppelwandiges Glasgefäß ist innen und außen mit einer spiegelnden Schicht überzogen.

Das evakuierte Glasgefäß, das zerbrechlich ist, wird von außen durch eine stabile Hülle aus Metall oder Kunststoff geschützt.

Gummidichtung

Zum Verschließen wird ein Stopfen aus schlecht leitendem Material wie Kork, Gummi oder Kunststoff verwendet.

Statt des Glasgefäßes werden heute auch doppelwandige Stahlgefäße verwendet. Der Raum zwischen den zwei Wandungen ist mit Isoliermaterial ausgeschäumt, das kleine Lufteinschlüsse enthält. Zusätzlich wird das Stahlgefäß noch mit Isoliermanschetten umgeben.

1 Wenn ein Gefrierschrank abgetaut werden muss, sollen die eingefrorenen Lebensmittel in Zeitungspapier eingepackt und eine Decke darüber gelegt werden. Wieso wird dadurch das Auftauen verzögert?

2 Manche Tiefkühltruhen in Supermärkten sind oben offen.
a) Wieso bleibt die Ware trotzdem kalt?
b) Warum darf die Ware aber nicht zu hoch gestapelt werden?
c) Warum haben neue Tiefkühltruhen in der Regel oben Abdeckungen?

3 Ordne die wärmedämmenden Maßnahmen bei der Thermoskanne den Arten der Wärmeausbreitung zu, die sie verhindern sollen.

4 Im Winter ist es günstiger, statt eines dicken Pullovers mehrere dünne Kleidungsstücke übereinander zu tragen. Erkläre diesen Trick.

5 Welchen Zweck hat es, eine glänzende Folie an die Wand hinter einem Heizkörper zu kleben? Erkundige dich, wie die Wärmedämmung beim Kühlschrank bzw. bei einer Backröhre beschaffen ist.

6 Warum frieren dünne Menschen schneller als dicke?

7 Warum sind nach Süden ausgerichtete Fenster in der Regel die größten im ganzen Haus?

8 Viele Kühlschränke sind zusätzlich mit einem Gefrierfach ausgestattet. Warum ist dieses immer möglichst weit oben eingebaut?

9 Beschreibe, welche Art der Wärmeausbreitung bei
a) mit einem Deckel abgedeckten
b) nicht abgedeckten Kochtöpfen auftritt?

10 Für private Haushalte werden für Gefriergut zwei Gerätetypen angeboten: Gefrierschränke oder Gefriertruhen. Beschreibe jeweils die praktischen und physikalischen Vor- und Nachteile der beiden Varianten. Warum werden Gefrierschränke in der Regel bevorzugt?

Wärmedämmumg

V1 a) Stelle in einen Schuhkarton eine Tasse mit möglichst heißem Wasser (ca. 60 °C) und verschließe ihn mit dem Deckel. Lies anschließend alle 5 Minuten die Temperatur ab und notiere die Werte in einer Tabelle.
b) Wiederhole den Versuch bei gleicher Ausgangstemperatur, nachdem der Schuhkarton jedoch vorher innen mit Styroporplatten beklebt worden ist.
c) Vergleiche die Messergebnisse. Was schließt du aus ihnen?

V2 Fenster sind sehr unterschiedlich konstruiert: Einfachverglasung, Doppel- oder Dreifachverglasung. Die Trennschicht zwischen den Gläsern ist eine Folie oder ein mit Gas gefüllter Zwischenraum.
a) Führe Versuche entsprechend der Abbildung rechts durch. Klebe dazu aus Kerzenwachs geformte Kugeln an die Glasscheiben. Bei welcher „Verglasung" fällt die Wachskugel zuerst ab?
b) Was schließt du daraus?
c) Warum sind die Scheiben von großen Bürogebäuden oft zusätzlich farblich getönt oder außen verspiegelt?

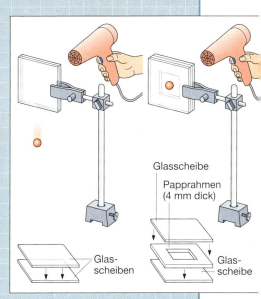

Glasscheibe

Papprahmen
(4 mm dick)

Glasscheiben

Glasscheibe

A3 a) Untersuche bei dir zuhause Wände, Böden und Decken sowie Fenster auf Maßnahmen zur Wärmedämmung. Erkundige dich auch bei Erwachsenen.
b) Welche dieser Maßnahmen haben auch Schallschutz-Funktion?
c) Gibt es in deinem Wohnbezirk ein Gebäude, welches unter Berücksichtigung optimaler wärmedämmender Maßnahmen gebaut wurde? Beschreibe.

A4 a) Informiere dich über unterschiedliche Baumaterialien, welche beim Hausbau für Außenwände genutzt werden.
b) Die Güte von Wärmedämm-Materialien wird durch den so genannten k-Wert angegeben. Er hat die Einheit $\frac{W}{K \cdot m^2}$. Erläutere anhand dieser Einheit, was der k-Wert aussagt.
c) Welche Maßnahmen zur Wärmedämmung sind beim Dachausbau angebracht?
d) Vergleiche die Wärmebilder rechts. Erläutere die Temperaturunterschiede.

WÄRMEAUSBREITUNG

Robben in der Wüste?

Robben haben eine dicke Fettschicht, die sie bei ihren langen Aufenthalten im Wasser vor Auskühlung bewahrt. Denn Fett ist ein schlechter Wärmeleiter. Wenn sich die Robben aber an der Küste Namibias aufhalten, wird es leicht zu heiß, da sich direkt an die Küste eine der trockensten Wüsten der Welt, die Wüste Namib, anschließt. Da Robben nicht schwitzen können, müssen sie überschüssige Wärmeenergie anders als über das Verdunsten von Schweiß ableiten. Sie machen es durch Wärmeleitung über die felllosen Flossen.

Kalte Füße müssen nicht sein. Das hatten sich wohl auch die Hersteller von Schistiefeln gesagt und durch die Auswahl spezieller Kunststoffe und entsprechender Fertigung Spezialschuhe hergestellt. Sie verhindern, dass Wärmeenergie von unseren warmen Füßen in die eiskalte Umgebung geleitet wird. Auch Wanderstiefel oder normale Schuhe können vor Wärmeverlust schützen, wenn die Sohle entsprechend dick und aus schlechten Wärmeleitern gefertigt ist. Nasses Material dagegen leitet die Wärmeenergie gut ab, was schnell zu kalten Füßen führt.

Wärmedämmung aus Spezialschaumstoff

Isolation aus PU-Schaum

Gummi als Nässeschutz

Filz

Tiere im Winter

Vögel haben es im Winter schwer bei der Futtersuche und schaffen es kaum, ihren Körper mit der nötigen Energie zu versorgen. Deshalb müssen sie besonders darauf achten, dass sie wenigstens die Energieverluste gering halten. Das schaffen sie dadurch, dass sie sich beim Sitzen mächtig aufplustern. Die zusätzliche ruhende Luft in ihrem Gefieder behindert wegen ihrer schlechten Wärmeleitfähigkeit den Wärmetransport, so dass die Vögel unter ihrer „Daunendecke" ruhig schlafen können.

Das gleiche Prinzip wie bei den Federn der Vögel liegt dem Fell des Eisbären zugrunde. Luftpolster im Fell behindern den Energietransport vom Körper weg.

Energieeinheiten

In Zeitungen und Zeitschriften, aber auch in den Nachrichten sind oft noch andere, inzwischen aber nicht mehr zugelassene Energieeinheiten zu finden.

1 SKE (1 Steinkohleeinheit) = 29,31 MJ ist die Wärmeenergie, die beim Verbrennen von 1 kg Steinkohle freigesetzt wird. Die SKE wird noch häufig benutzt, wenn es um den gesamten Energiebedarf eines Landes geht.

1 kcal (Kilokalorie) = 4,1868 kJ ist die historische Einheit für die Wärmeenergie. Sie ist festgelegt wie das Joule.

Hausbau im ewigen Eis

Es klingt paradox, dass Menschen sich mit Eis und Schnee vor der Kälte der Arktis schützen. Die Igluwand aus gepressten Schneeblöcken verhindert, dass die Wärme aus dem Inneren nach außen transportiert wird.

Merke

- Töpfe mit gut schließenden Deckeln bedecken, um das Entweichen von heißem Wasserdampf und damit von Wärmeenergie zu verringern.
- Die Größen von Topfboden und Herdplatte müssen zueinander passen, damit möglichst keine Wärme daneben geht.

Auf einem Halbleiterchip, wie er in allen Computern zu finden ist, werden immer mehr elektronische Bauteile untergebracht, die Wärme produzieren. Weil die Bauteile aber bei Erwärmung nicht mehr so gut funktionieren wie im kalten Zustand, müssen sie die erzeugte Wärmeenergie schleunigst abgeben. Dazu dienen großflächige Kühlkörper aus Metall.

Solarherd

Vielerorts ist das Brennmaterial knapp. Holz gibt es in Wüstengegenden kaum und andere Brennstoffe wie Erdöl oder Erdgas sind für die meisten Menschen dort unerschwinglich. Abhilfe kann ein Hohlspiegel schaffen, mit dem Speisen gekocht werden können.

Sonnenbaden beim Ski fahren ist nichts ungewöhnliches. Obwohl der Schnee deutlich kälter als 0 °C ist, liegen die Jungs und Mädels im T-Shirt in den Liegestühlen. Die intensive Wärmestrahlung in den Bergen genügt, um sie nicht frieren zu lassen. Allerdings wird es auf der sonnenabgewandten Seite schnell kalt – und Wind darf es auch nicht geben!

Wärmedämmung und Energiesparen im Haus

Für das Wohlbefinden in unseren Wohnungen brauchen wir viel Energie. Der größte Teil wird für das Heizen und die Warmwasserversorgung verwendet. Geheizt wird, um die Lufttemperatur der Räume zu erhöhen. Dazu ist Wärmeenergie nötig. Meist stammt sie aus einem zentralen Heizofen im Keller, von dem aus die Wärmeenergie von Wasser über ein Rohrsystem in alle Zimmer mitgeführt wird. Dort geht sie durch Wärmeleitung an die Außenseite des Heizkörpers über und erwärmt die umgebende Luft. Diese steigt auf und verteilt die Wärmeenergie im ganzen Raum. Einen Teil der Energie gibt der Heizkörper auch durch Wärmestrahlung ab.

Erzeugt wird die Wärmeenergie durch die Verbrennung von Heizöl oder Erdgas. Ältere Häuser haben manchmal noch Kohleöfen in den Zimmern, die die Wärmeenergie direkt an die Zimmerluft abgeben.

Aber auch die Sonne kann zur Warmwasserbereitung „angezapft" werden. So genannte **Sonnenkollektoren** fangen die Sonnenenergie ein: Die Sonnenstrahlung trifft auf schwarze, wassergefüllte Rohre und gibt Energie an das Wasser darin ab. Die entstandene Wärmeenergie wird dann vom Wasser zu den Heizkörpern in den Zimmern mitgeführt.

Strahlung

Wärme-Isolation

Glasplatte

Warmwasser (Ablauf)

Kaltwasser (Zulauf)

Es reicht nicht, dem Haus einmal Energie zuzuführen, bis die gewünschte Temperatur erreicht ist, und dann die Heizung auszuschalten. Denn die Energie bleibt leider nicht im Haus, sondern verlässt es wieder durch Wände, Türen, Fenster und Dach nach draußen. Dieses Entweichen von Energie lässt sich nicht völlig vermeiden, aber durch geeignete Maßnahmen stark verringern. Und das schont Umwelt und Geldbeutel!

Schon beim Hausbau muss auf eine gute **Wärmedämmung** geachtet werden:
- Für alle Außenwände werden Materialien mit geringer Wärmeleitung ausgewählt.
- Fenster und Türen müssen dicht schließen, um Wärmemitführung durch Zugluft zu verhindern.
- Das Dach wird mit Dämmstoff isoliert, um Wärmemitführung durch strömende Luft zu unterbinden.
- Fensterscheiben haben eine Doppelverglasung, durch die Wärmeleitung verhindert wird.

Aber auch durch eigenes Verhalten lässt sich Energie sparen:
- Eine Raumtemperatur von 23 °C empfinden die meisten Menschen als angenehm. Aber jedes Grad weniger spart Energie. Also lieber Pullover tragen als ärmellose T-Shirts.
- In Schlaf- und Nebenräumen, aber auch in der Küche kann die Raumtemperatur deutlich niedriger sein als in Wohnräumen.
- Richtiges Lüften heißt, die Raumluft möglichst schnell und komplett durch frische Luft zu ersetzen. Dies geschieht am besten durch kurzes, weites Öffnen von Fenstern und Türen und nicht durch eine dauernde Kippstellung.

Niedrig-Energie-Haus

Ein solches Haus besitzt nicht nur eine kompakte Bauform und eine hochwertige Wärmedämmung, sondern außerdem eine Wärmerückgewinnung. Sie entzieht der Raumluft viel Wärmeenergie, bevor die Luft das Haus verlassen darf.

Natürlich hat jedes Niedrig-Energie-Haus Sonnenkollektoren auf dem Dach. Aber die Sonnenenergie wird noch geschickter genutzt: Wie in Wintergärten oder Gewächshäusern sind die Gebäudefassaden, die nach Süden gerichtet sind, hauptsächlich aus Glas, um möglichst viel Sonnenenergie herein zu lassen. Die Gebäudefronten, die nach Norden zeigen, haben dagegen keine oder nur sehr kleine Fenster und dick isolierte Wände.

Architekten und Bauingenieure arbeiten zur Zeit daran, **Null-Energie-Häuser** zu entwickeln. Aufgrund einer extrem guten Wärmedämmung sollen sie keine Energie in Form von Brennstoffen mehr benötigen, sondern allein mit Sonnenenergie auskommen.

Wärmedämmung bei Wänden und Fenstern

Die Aufgabe eines Hauses besteht darin, seine Bewohner vor Regen, Wind und Kälte zu schützen. Die Heizung schafft auch bei niedrigen Außentemperaturen eine angenehme Temperatur im Innern. Die höhere Innentemperatur führt aber dazu, dass laufend Wärmeenergie nach außen abfließt – es muss ständig geheizt werden, um die Innentemperatur zu halten.

Durch verschiedene Maßnahmen beim Hausbau wird versucht, die Energieabgabe durch Wände, Fenster, Dach und Türen so gering wie möglich zu halten.

Je dicker die Wände sind, desto schlechter leiten sie die Energie weiter. Nun kann man aber die Wände auch nicht zu dick machen, weil sie dann zu schwer werden. Deshalb werden die Mauern mit Dämmputz versehen, der besser isoliert als einfacher Mörtelputz. Eine 24 cm dicke Ziegelwand mit 6 cm Dämmputz leitet Energie schlechter als eine 50 cm dicke Ziegelwand allein. Setzt man noch eine zweite Schicht in Form eines Wärmedämmverbundsystems davor, verringert sich die Wärmeleitung noch mehr.

Durch Fenster und Türen strömt die meiste Energie aus einem Wohnhaus nach draußen. Über ein Drittel der Energieverluste eines Hauses geht auf das Konto schlecht isolierter Fenster. Das liegt zum Einen daran, dass sie immer wieder geöffnet werden, und zum Anderen an den Materialien, die hier eingesetzt werden. Die wärmedämmende Wirkung der Fenster kann durch Rollläden oder Klappläden verbessert werden. In erster Linie kommt es aber darauf an, den Ener-

gietransport durch das Glas zu verringern. Denn Glas ist ein besserer Wärmeleiter als Ziegelsteine oder Beton. Deshalb bestehen Fenster aus zwei Glasscheiben mit Luft dazwischen. Die 6–16 mm dicke, trockene Luftschicht zwischen den Scheiben verringert die Wärmeleitung und im Wesentlichen auch die Wärmemitführung. Eine solche Doppelverglasung heißt **Isolierglas.**

Eine **Wärmeschutzverglasung** bewirkt noch mehr: Bei ihr ist die innere Scheibe mit einer äußerst dünnen, reflektierenden Metallschicht aus Silber oder Gold bedampft. An ihr wird ein großer Teil der Wärmestrahlung, die aus dem Zimmer nach außen geht, zurückgeworfen. Zwischen den Scheiben befindet sich keine Luft, sondern ein Gas mit einer noch geringeren Wärmeleitfähigkeit, z. B. Argon. Ein solches Wärmeschutzglasfenster aus zwei 4 mm starken Glasscheiben mit 16 mm Zwischenraum, einer Silberbeschichtung und einer Argonfüllung lässt nur ein Drittel der Energie – im Vergleich zu einem einfachen doppelverglasten Fenster – nach außen.

Große Fensterflächen können auch als Heizung dienen. Im Winter kann durch die Sonneneinstrahlung der Verlust durch das Abfließen von Wärmeenergie nach außen ausgeglichen werden. Im Frühjahr oder Herbst ist sogar ein Energiegewinn möglich. Im Sommer müssen allerdings geeignete Maßnahmen (Jalousien, Markisen) gegen Überhitzung eingesetzt werden.

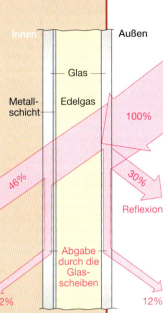

Innen — Außen
Metallschicht
Glas
Edelgas
100%
46%
30%
Reflexion
Abgabe durch die Glasscheiben
12%
12%

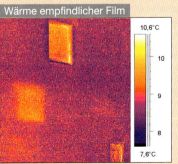

Licht empfindlicher Film | Wärme empfindlicher Film

10,6°C
10
9
8
7,6°C

Innen — Außen
70%
30%
100%

Die Sonne als Motor des Wettergeschehens

Das Leben auf der Erde spielt sich in einer extrem dünnen Schale von 20 km Dicke ab: in der Lufthülle, in oberflächennahen Bodenschichten und in Gewässern. Ermöglicht wird das Leben durch die Sonnenstrahlung, denn nur sie setzt die vielfältigen Prozesse in der Atmosphäre und in den Gewässern in Gang und hält sie am Laufen, alle Lebewesen profitieren davon. Dabei wirkt die Lufthülle der Erde wie ein riesiges Treibhaus: Ohne sie läge die durchschnittliche Temperatur nicht bei +15 °C, sondern bei lebensfeindlichen −18 °C! Betrachten wir im Einzelnen, welche Folgen die Sonneneinstrahlung hervorruft.

Rückstrahlung in Weltraum

Erwärmung Atmosphäre

Erwärmung Ozeane

Erwärmung Land

Wind, Wellen, Meeresströmungen

Pflanzen

Winde

Wenn durch die Sonneneinstrahlung die Luft erwärmt wird, dehnt sie sich aus. Im gleichen Volumen sind dann viel weniger Luftteilchen enthalten. Dieses Luftvolumen ist deshalb leichter und steigt nach oben. Dadurch wird der Luftdruck an dieser Stelle geringer, es entsteht ein **Tiefdruckgebiet.** Beim Hochsteigen kühlt sich die Luft ab, wird schwerer und sinkt wieder zur Erdoberfläche zurück. Dadurch steigt in dieser Region der Luftdruck, es entsteht ein **Hochdruckgebiet.** Von diesem strömt die kältere Luft wieder zurück in das Tiefdruckgebiet – es weht Wind.

Am stärksten erwärmt die Sonne die Luft in den Äquator nahen Gebieten. Die Warmluft steigt auf und fließt in 4–8 km Höhe in Richtung der Polregionen. Nach etwa 3000–4000 km hat sie sich aber so stark abgekühlt, dass sie zu Boden sinkt. So bilden sich nördlich und südlich des Äquators die subtropischen Hochdruckgürtel – bekannt sind bei uns die sommerlichen Azorenhochs. Am Boden fließt ein Teil der abgekühlten Luft als Passatwind zum Äquator zurück.

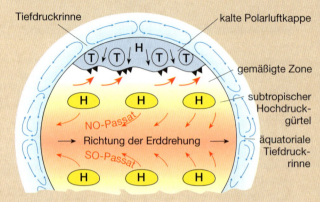

Tiefdruckrinne

kalte Polarluftkappe

gemäßigte Zone

subtropischer Hochdruckgürtel

äquatoriale Tiefdruckrinne

NO-Passat

Richtung der Erddrehung

SO-Passat

Dieser immerwährende Passatwind wird durch die Erddrehung beeinflusst. Die Lufthülle der Erde dreht sich mit der Erde ständig mit. In den Subtropen hat die Luft eine Geschwindigkeit von ca. 400 $\frac{m}{s}$. Der Äquator bewegt sich aber mit etwa 500 $\frac{m}{s}$ in Richtung Osten; folglich dreht sich die Erde unter den in Rotationsrichtung langsameren Winden hinweg. Deshalb kommt der Passatwind auf der Nordhalbkugel aus Nordost, auf der Südhalbkugel aus Südost.

Ein anderer Teil der in den Subtropen absteigenden Luft strömt am Boden zu einer nördlich gelegenen Tiefdruckrinne. Da sich hierbei aber die Luftmassen schneller bewegen als die Erde sich dreht, haben wir in Europa meist Winde aus westlichen Richtungen.

Auch in kleinerem Maßstab gibt es immer wiederkehrende Windströmungen: Am Meer weht der Wind meist sehr gleichmäßig und stabil aus einer Richtung. Das kommt so:

An sonnigen Tagen ist die Luft über dem Land viel wärmer als über dem Wasser, denn der Boden erwärmt sich schneller und stärker. Die Warmluft steigt auf, kalte Luft strömt vom Meer nach. Der Wind weht „auflandig" vom Meer auf das Festland.

In klaren Nächten ist es umgekehrt. Nun kühlt sich die Luft über dem Festland stärker ab als die über dem Meer, denn das Meerwasser gibt laufend tagsüber gespeicherte Energie an die Luft ab. Jetzt steigt die Luft über dem Meer nach oben; durch die vom Festland nachströmende Luft wird der Wind „ablandig".

Wolken und Regen

Durch die Absorption der Sonnenstrahlung erwärmen sich Böden und Gewässer. Deshalb verdunstet ständig Wasser – es bildet sich unsichtbarer Wasserdampf in der Atmosphäre. Aus diesem Wasserdampf können auf verschiedene Weisen **Wolken** entstehen:

- Es lagern sich immer mehr Wasserteilchen an kleine Staubkörnchen in der Luft an. Schließlich werden diese winzigen Wassertröpfchen sichtbar. Unendlich viele davon bilden dann die Wolken.
- Die Temperatur der Atmosphäre wird mit zunehmender Höhe immer niedriger. Weil kalte Luft nicht so viel Wasserdampf aufnehmen kann wie warme, kondensiert der Wasserdampf beim Aufsteigen in höhere Luftschichten zu Wassertröpfchen.

Solange diese Wassertröpfchen klein sind, fallen sie nicht zur Erde, sondern werden durch Strömungen in der Atmosphäre in der Schwebe gehalten. Werden sie zu groß, so sinken sie zu Boden – **Regen** fällt.
Von der Stärke der Aufwinde in der Atmosphäre hängt es ab, wann dieser Zustand erreicht ist. Kleinste Tröpfchen (⌀ ≈ 0,2 mm) fallen als Nieselregen vom Himmel, Riesentropfen (bis 6 mm ⌀) als prasselnder Gewitterregen.

Wird beim Aufsteigen die für das Kondensieren notwendige Konzentration der Wasserteilchen in der Luft erst erreicht, wenn die Temperatur unter 0 °C gesunken ist, so bilden sich keine Tröpfchen mehr. Der Wasserdampf geht dann unmittelbar in den festen Zustand über. Es bilden sich winzige Eiskristalle, die sich an Staubteilchen anlagern und die zauberhaften Schneeflocken bilden.

Treffen Luftmassen mit unterschiedlichen Temperaturen aufeinander, so gleitet die warme, mit Wasserdampf gesättigte Luft auf die kalte Luft auf. Sie wird nach oben gedrückt und kühlt sich dadurch schnell ab. Da sie nun nicht mehr so viel Wasserdampf enthalten kann, bilden sich Wolken, unter Umständen auch Regen. Deshalb erscheint eine Kaltfront auf Wetterkarten immer als Wolkenband.

Klimazonen

In den Äquator nahen Gebieten ist die Strahlung der Sonne das ganze Jahr über sehr stark. Deshalb erwärmt sich das Meerwasser bis in große Tiefen. Es bilden sich Oberflächenströmungen in Richtung der Pole aus. Am Meeresboden strömt dagegen von Norden bzw. Süden kaltes Meerwasser nach – wie in einer riesigen Umwälzpumpe.
Wichtig für Europa ist das warme Meerwasser, das aus dem Golf von Mexiko quer über den Atlantik zu uns strömt, der Golfstrom. Sein Wasser führt eine gewaltige Menge Energie mit sich, die in den kälteren Regionen Nordeuropas an die Luft übergeht. Die Folge: Das Klima im nordwestlichen Teil Europas ist wesentlich wärmer als in anderen Regionen auf demselben Breitengrad.
Aber auch ohne eine spezielle Strömung beeinflusst das Meer das Klima stark: In den Küstenregionen ist es im Sommer nie so heiß wie im Inland. Denn das Meerwasser erwärmt sich bei gleicher Sonneneinstrahlung viel langsamer als Erde oder Fels. Weil es kühler ist als die Luft, entzieht es ihr laufend Energie, was die Luft kühler macht.
Anders im Winter: Jetzt ist das Wasser wärmer als das Land, es kann im Sommer gespeicherte Energie langsam abgeben. Dadurch sind in den Küstenregionen die Winter viel milder als im Landesinneren.

Fazit

Die Sonneneinstrahlung bewirkt also
- Temperaturunterschiede in der Atmosphäre, die die Ursache für Hoch- und Tiefdruckgebiete sind; Winde sind die Folge davon;
- das Verdunsten von Wasser vor allem in den Weltmeeren, was Wolken entstehen lässt;
- das Erwärmen von Meerwasser, was zu Meeresströmungen führt, in deren Folge die unterschiedlichen Klimazonen entstehen.

Wichtig für das Leben auf der Erde ist das Zusammenspiel von Wind und Wolken. Denn der Wind treibt die Wolken auf das Festland, wo sie abregnen. Das Wasser versickert im Boden, sammelt sich im Grundwasser oder in Oberflächengewässern (Bächen, Flüssen und Seen) und strömt schließlich zurück in die Weltmeere. Der Wasserkreislauf hat sich geschlossen.

Beschaffen von Informationen

A4 Informiere dich über die Temperaturen, bei denen die folgenden Stoffe schmelzen („Schmelztemperatur"): Eisen, Kupfer, Wolfram, Blei, Zink, Zinn.

① Beschaffung der Informationen

1. Lehrbuch

Suche im **Stichwortverzeichnis** nach den Seiten des Lehrbuchs, auf denen der Begriff „*Schmelztemperatur*" behandelt wird!

Schmelzen 94
Schmelzsicherungen 141
Schmelztemperatur 94
Schutzisolierung 155

Stoff	Schmelz-temperatur	Siede-temperatur
Blei	327 °C	1750 °C
Eisen	1540 °C	3070 °C
Gold	1063 °C	2700 °C
Kupfer	1083 °C	2590 °C
Silber	960 °C	2200 °C
Zinn	232 °C	2650 °C

2. Nachschlagewerk (Lexikon):

Sieh in einem Lexikon unter dem Stichwort „*Schmelztemperatur*" nach. Suche bei den einzelnen Metallen nach ihren Schmelztemperaturen.

Das Problem bei Lexika ist, dass ihr Schwierigkeitsgrad vom Kinderlexikon, in dem viele Sachverhalte ganz einfach erklärt sind, bis zum Spezial-Lexikon für Fachleute reicht, in dem Schmelztemperaturen von Tausenden von Stoffen bei den unterschiedlichsten Bedingungen aufgelistet sind.

3. Internet:

Suche mit Hilfe von Suchmaschinen (z. B. google.de; search.msn.de; blindekuh.de, altavista.de; fireball.de) nach Artikeln, die die **Suchbegriffe** enthalten.

Verfeinere die Suche durch eine Kombination von Suchbegriffen.

Bei dem Begriff *Schmelztemperatur* erhältst du die Angabe von mehr als 10.000 Seiten auf denen etwas über Schmelztemperaturen steht. Mit den Suchbegriffen *Schmelztemperatur Metalle* findest du 2500 Seiten mit Angaben zu Schmelztemperaturen verschiedener Metalle. Die Suchbegriffe *Schmelztemperatur Wolfram* führen zu wenigen Seiten mit Angaben über die Schmelztemperatur von Wolfram.

② Bewertung der Informationen

Informationen aus dem Internet sind oft unsicher, da sie von Autoren mit unterschiedlichen Interessen ins Netz gestellt wurden. Um die Qualität der Informationen bewerten zu können, sind einige Regeln zu befolgen:

1. Wähle zuverlässige Seiten aus!
 • Zuverlässige Seiten gibt es von Hochschulen, Firmen und staatlichen Institutionen. Weniger zuverlässig sind Seiten von Privatleuten oder Hausaufgaben- und Referatehilfen.
 • Achte darauf, dass du nicht auf gebührenpflichtige Seiten gerätst. Deine Telefonrechnung wird schnell sehr hoch.

2. Überprüfe die Zuverlässigkeit deiner Ergebnisse!
 Wenn du übereinstimmende Daten auf mindestens zwei verschiedenen Seiten findest, kannst du annehmen, dass sie zuverlässig sind.

3. Gib immer den Autor und den Pfad der verwendeten Internetseite an!
 Auf diese Weise kannst du deine Informationen belegen und selbst die verwendeten Seiten wiederfinden.

③ Bearbeitung der Informationen

Du sollst die Information unter einer ganz bestimmten Fragestellung suchen. Deswegen musst du die gefundene Information so bearbeiten, dass das Ergebnis dieser Fragestellung entspricht.

1. Drucke nie ganze Seiten aus, sondern schreibe nur die Informationen heraus, die du benötigst.

2. Kopiere nie ganze Tabellen, sondern nur die Werte, die du benötigst.

3. Ordne die Informationen so, wie es die Fragestellung fordert.

4. Gib die Quelle deiner Informationen an.

Vom Fragen zum Wissen oder
Wie Naturwissenschaftler arbeiten

Physiker forschen so ähnlich, wie du dir im Unterricht neues Wissen erarbeitest. Dabei greifen Fragen und Vermuten, Versuchen und Erkennen sowie Kritisieren und wieder Fragen in ganz bestimmter Weise ineinander. In der Protokollführung ist dieser Weg zur Gewinnung neuen Wissens schon angelegt.

Die Aufgabe
– Formulieren und aufschreiben, was untersucht werden soll.

Die Planung und Vorbereitung
– Zuerst eine <u>Vermutung</u> über das mögliche Versuchsergebnis aufschreiben.
– Die zu untersuchenden Größen festlegen.
– Die nötigen Geräte bereitstellen.
– Anfertigen einer <u>Zeichnung</u> des Versuches unter Verwendung der Vorgaben (Foto im Buch, Zeichnung auf einem Arbeitsblatt, Wandtafel …).

Die Durchführung
– Kurz, eventuell auch stichwortartig, aufschreiben, was <u>getan</u> wurde.

Die Beobachtung / Die Auswertung
– Übersichtlich aufschreiben, was du <u>gesehen oder gemessen</u> hast.
– Dabei beschränken auf die für die Aufgabenstellung wichtigen Dinge.
– Eine Tabelle, eine Skizze oder ein Diagramm sind hilfreich.

Das Ergebnis
– das Versuchsergebnis <u>vergleichen</u> mit der Vermutung, die vor Beginn des Versuches angestellt wurde.
– Formulieren des Ergebnisses.
– Evtl. eine Erklärung dazu schreiben.

Die Fehlerbetrachtung
– Sich vergewissern, was bei der Durchführung des Versuches <u>hätte besser gemacht werden können</u>.
– Überlegen, was zu Fehlern geführt haben könnte, <u>die nicht zu vermeiden waren</u>.

Am Anfang steht etwas **Interessantes, Fragwürdiges**

aus Natur oder Technik, das mich neugierig macht, was es da Neues, mehr oder Genaueres zu wissen gibt.

Daraus entsteht eine **Frage,** die ich als **Vermutung** formuliere.

Dann überlege ich, wie ich aus der Natur selbst oder aus der Technik die Antwort bekommen kann. (Abstimmungen oder die Meinung einer Respektsperson gelten da nicht!) Durch einen Versuch stelle ich die Natur so nach, dass ich besser hinschauen kann, um eine Antwort auf meine Frage zu bekommen.

Der **Versuch** wird dadurch zu einer **Frage an die Natur/Technik.**

Zentraler Versuch

Die sehr genauen **Beobachtungen, Auswertung und Darstellung**

führen zu einem Ergebnis, mit dem ich die

Vermutung überprüfen

kann, ob sie richtig oder falsch war.

Wärmedämmung heißt, die Wärmeausbreitung durch Leitung, Mitführung oder Strahlung einzuschränken oder ganz zu unterbinden.

War die Vermutung *richtig,* formuliere ich einen

Satz oder ein **Gesetz**

als Antwort auf die anfangs gestellte Frage. Vorher denke ich in einer

Fehlerbetrachtung

darüber nach, welche Fehler sich eingeschlichen haben könnten. Sie geben mir mögliche Einschränkungen für den gefundenen Satz oder das Gesetz.

War meine Vermutung *falsch,* so setzt dies ein

erneutes Fragen nach prüfendem Nachdenken

in Gang. Letzteres geschieht auch dann, wenn mich die Ergebnisse eines Versuches neugierig machen auf weiteres Wissen.
Dann geht alles von vorne los!

Zustandsformen und Wärmeausbreitung

A1 a) Beantworte zu den Merkzettel-Begriffen folgende Fragen: Was bedeutet der Begriff? Wie und in welcher Einheit wird diese Größe gemessen? Gibt es Formeln dafür? Gibt es sonst noch Wissenswertes über diesen Begriff?

b) Wenn du die Fragen nicht auf Anhieb beantworten kannst, dann lies die entsprechenden Seiten im Buch noch einmal gründlich durch.

c) Notiere auf der Vorderseite von Karteikarten den Begriff, auf der Rückseite die Erläuterung.

A2 Stoffe können in den Zustandsformen fest, flüssig und gasförmig vorkommen.

a) Welche Eigenschaften (Form, Volumen) zeigt ein Körper in der jeweiligen Zustandsform?

b) Wie können wir uns den Aufbau der Stoffe in den verschiedenen Zustandsformen vorstellen?

c) Wie heißen die Übergänge von einer Zustandsform in die andere? Erkläre sie mithilfe des Teilchenmodells.

d) Gib für die Übergänge von einer Zustandsform in die andere jeweils ein Beispiel aus der Natur oder aus der Technik an.

A3 a) Eine leere, offene Plastikflasche liegt ca. 1 Stunde lang im Gefrierschrank oder in einer Gefriertruhe. Beim Herausholen wird die Flasche zunächst luftdicht verschlossen und bleibt dann längere Zeit im warmen Zimmer stehen. Was passiert vermutlich? Erkläre auch im Teilchenbild.

b) Ein Luftballon wird im warmen Zimmer prall aufgeblasen. Anschließend geht es hinaus in den Schnee. Was passiert vermutlich? Erkläre die Beobachtung auch durch eine Energieüberlegung.

c) Eine zur Hälfte mit Wasser gefüllte Plastikflasche wird in ein Gefrierfach gelegt. Was passiert? Beschreibe die Zustandsänderung mithilfe des Teilchenbildes.

A4 a) Nenne Beispiele, bei denen sich Stoffe von selbst durchmischen.

b) Warum durchmischen sich zwei verschieden warme Flüssigkeiten schneller als zwei gleich warme?

A5 a) Was passiert, wenn du 200 ml Wasser von 20 °C mit 100 ml Wasser von 50 °C zusammenschüttest? Liegt die Mischtemperatur näher bei 20 °C oder bei 50 °C? Schätze ab, welche Mischtemperatur sich voraussichtlich einstellt.

b) Schütte die 100 ml 50 °C heißes Wasser in die 200 ml Wasser von 20 °C. Miss die Temperatur in Abständen von 10 Sekunden und notiere sie. Erstelle ein Zeit-Temperatur-Diagramm.

A6 a) Nenne Reibungsvorgänge, die zu Temperaturerhöhungen führen.

Was musst du beim Herunterrutschen an einem Kletterseil oder einer Kletterstange unbedingt beachten?

b) Gib Beispiele bzw. Maßnahmen an, um den Einfluss der Reibung zu verringern.

c) Nenne Vorgänge oder Situationen, bei denen Reibung unerlässlich ist und auf gar keinen Fall beeinträchtigt werden darf.

d) Worauf ist beim Bremsen mit Fahrrädern zu achten? Warum sind Trommelbremsen besser als Felgenbremsen?

e) In einem Autoprospekt ist u. a. die Rede von „belüfteten" Bremsen.

A7 Beim Heimwerken ist der Metallbohrer glühend rot geworden. Zum schnelleren Abkühlen wird er in Wasser getaucht.

a) Beschreibe den Prozess des Abkühlens mithilfe des Teilchenbildes.

b) Erkläre ihn auch durch eine Energiebetrachtung.

A8 a) Welche Arten von Wärmeausbreitung gibt es? Gib jeweils mehrere Beispiele für die unterschiedlichen Arten an.

b) Warum können sich Körper gleicher Temperatur unterschiedlich warm anfühlen?

c) Im Winter kann man beobachten, dass der Schnee auf verschiedenen Bereichen eines Hausdaches unterschiedlich schnell schmiltzt. Wie lässt sich das erklären?

A9 100 g Wasserdampf mit der Temperatur 120 °C werden bis auf –20 °C abgekühlt.

a) Skizziere das Zeit-Temperatur-Diagramm.

b) Beschreibe mithilfe der Teilchenvorstellung, was während des gesamten Vorgangs geschieht.

A10 In New York herrschen im Winter oft Temperaturen weit unter 0 °C und heftiger Schneefall. In Neapel, das auf dem gleichen Breitengrad liegt, schneit es dagegen im Winter ziemlich selten. Suche in deinem Atlas auf einer Karte, die Wind- und Meeresströmungen zeigt, nach Gründen dafür.

A11 a) Nenne die drei Möglichkeiten, Wärmeenergie zu transportieren.
b) Beschreibe, worin sich die drei Möglichkeiten unterscheiden.

A12 a) Fasse ein Stück Eisen und ein Stück Holz an. Warum fühlt sich das Eisen kälter an als Holz, obwohl beide schon länger im Zimmer lagen und somit dieselbe Temperatur besitzen?
b) Vergleiche mit den Empfindungen, wenn du im Sommer über heißen Sand oder über kalte Steinplatten gehst.

A13 a) Warum sollte man in ein Glas, in das heißes Wasser gefüllt wird, einen metallenen Löffel geben?
b) Warum sind Teegläser besonders dünn?

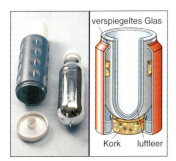
verspiegeltes Glas
Kork   luftleer

A14 Die Thermosflasche, das ideale Gefäß für Sommer und Winter. Ob im Winter heißer Tee oder im Sommer kalte Getränke, eine Thermosflasche verhindert hervorragend, dass Wärmeenergie transportiert wird. Wie wird diese Wärmedämmung erreicht?

A15 Im Automotor entsteht zwangsläufig sehr viel unerwünschte Wärmeenergie. Damit der Motor nicht zu heiß und dadurch zerstört wird, muss diese überschüssige Energie abtransportiert werden. Die Abbildung zeigt, wie dieses Problem gelöst wird.

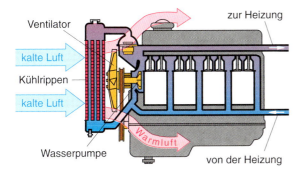
Ventilator
kalte Luft
Kühlrippen
kalte Luft
Wasserpumpe
Warmluft
zur Heizung
von der Heizung

a) Beschreibe, wie die Kühlung funktioniert.
b) Welche Arten von Wärmetransport spielen hier eine Rolle?

A16 Hinter Heizkörpern werden oft Styroporplatten angebracht, die mit Aluminiumfolie beschichtet sind. Grillhähnchen werden in Papiertüten verpackt, die innen mit Aluminiumfolie beschichtet sind. Erkläre, was diese Maßnahmen mit dem Transport von Wärmeenergie zu tun haben.

A17 Verletzte bei Ski- oder Straßenunfällen werden in eine dünne Alufolie eingewickelt, die innen mit Gold bedampft ist. Wie kann eine nur Bruchteile von Millimetern dünne Folie Menschen vor Unterkühlung schützen?

A18 a) Menschen, die sich im kalten Wasser befinden, „kühlen" aus. Wie lässt sich diese Redensart „energetisch" richtig ausdrücken?
b) In der Umgangssprache gibt es die Begriffe „Kälte" und „Wärme", in der Physik nur „Wärme". Warum kann man auf den Begriff „Kälte" verzichten?

A19 Nicht nur Flussigkeiten steigen nach dem Erhitzen nach oben, sondern auch Gase. Dies liegt daran, dass heiße Luft leichter ist als kalte. Eine schöne Anwendung dieser physikalischen Tatsache sind Heißluftballons.
a) Stelle Informationen über Heißluftballons zusammen.
b) Beschreibe die Startvorbereitungen, bis der Ballon aufsteigt.

Der elektrische Stromkreis

Kraftvoll, dynamisch und ohne sichtbare Umweltbelastungen braust die E-Lok daher, vom elektrischen Strom aus der Oberleitung angetrieben. Für viele Elektrogeräte kommt der Strom aus Kraftwerken – bei Spielzeug aus Batterie oder Trafo und beim Fahrrad aus dem Dynamo.
Welche natürlichen Gegebenheiten liegen dem Strom zugrunde und wie sieht die Technik aus, die seinen Einsatz im Alltag der Menschen so effektiv macht?

In Elektrogeräten ruft der elektrische Strom ganz bestimmte Wirkungen hervor. Dazu müssen die Geräte in einen Stromkreis eingebaut sein. Welche Bestandteile hat ein Stromkreis? Was strömt in ihm und wie haben wir uns das Strömen vorzustellen? Wie kommen die Wirkungen des elektrischen Stromes zustande und wovon hängt es ab, wie groß die jeweilige Wirkung ist? Die Wirkungen des elektrischen Stromes bergen auch Gefahren in sich. Wie können Menschen und Elektrogeräte vor diesen Gefahren geschützt werden?

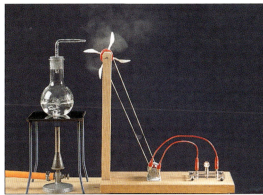

Elemente von Stromkreisen

Es gibt ganz einfache Stromkreise wie im Foto unten. Im „normalen" Leben allerdings sind Stromkreise weitaus komplizierter. Das Foto links zeigt ihr Prinzip: Im Fahrraddynamo (= Kraftwerk) wird der Strom erzeugt, wird zum Lämpchen geleitet (= Fernleitungen) und macht in ihm (= Elektrogerät) Licht.

Welche Teile – Elemente – sind erforderlich, damit der elektrische Strom genutzt werden kann? Was strömt da eigentlich in welcher Weise im Stromkreis?

Wie ein Stromkreis aufgebaut ist

Batterie: Jede Batterie oder Monozelle hat immer zwei Anschlüsse. Sie sind mit $\oplus$ und $\ominus$ bezeichnet. Auch alle anderen Einrichtungen, die in anderen Stromkreisen die Aufgabe der Batterie übernehmen, haben zwei Anschlüsse. **In der Batterie entspringt der elektrische Strom. Sie ist seine Quelle.**

Verbindungskabel: Zwischen Batterie und Gerät laufen Kabel, die aus einem oder mehreren Metalldrähten bestehen. Sie sind oft von einem Plastikmantel umgeben. Von jedem Anschluss an der Batterie zum Anschluss am Gerät muss ein Kabel laufen. **Von den Kabeln wird der elektrische Strom geleitet.**

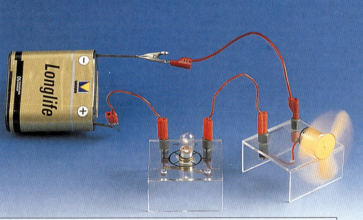

Geräte: Im Foto liegen eine Lampe und ein Ventilator im Stromkreis. In jedem Stromkreis gibt es mindestens ein Gerät, das durch den elektrischen Strom betrieben wird. Jedes Elektrogerät hat zwei Anschlüsse. Sind die Anschlüsse am Gerät auch mit $\oplus$ und $\ominus$ gekennzeichnet, so muss der $\oplus$-Anschluss der Batterie mit dem $\oplus$-Anschluss des Geräts verbunden werden, ebenso die $\ominus$-Anschlüsse. **Im Gerät wird der elektrische Strom genutzt.**

Aufbau: Ob ein Strom fließt, ist nur am Gerät zu erkennen. An welchen Anschlüssen des Geräts die von der Batterie kommenden Kabel angeschlossen werden, ist bei der Lampe gleichgültig. Werden die Kabel jedoch am Ventilator vertauscht, dreht er sich anders herum – die Lampe dagegen leuchtet genau so wie vorher.

Wir können den Weg, den der elektrische Strom nimmt, verfolgen: Er beginnt bei einem Pol (z. B. beim $\ominus$-Pol), folgt dem Verlauf des Kabels zum Ventilator, geht zur Glühlampe und von dort zurück zum anderen Pol der Batterie. Wir sprechen von einem **geschlossenen Stromkreis**. Wird ein Kabel an einer beliebigen Stelle gelöst, ist der Stromkreis unterbrochen, Glühlampe und Ventilator funktionieren nicht mehr.

Ist ein Stromkreis aus Batterie, Kabeln und Glühlampe geschlossen, leuchtet die Glühlampe. Ist der Stromkreis unterbrochen, leuchtet die Glühlampe nicht.

Bei vielen Geräten muss auf die richtige Verbindung zwischen den Anschlussstellen an der Quelle des elektrischen Stromes und am Gerät geachtet werden.

Aufgaben

1 **a)** Zeichne eine Monozelle und kennzeichne die beiden Anschlüsse.

b) Wo sind die Anschlüsse an einer Glühlampe?

c) Zeichne einen Stromkreis mit Monozelle und Lampe.

2 Nenne die Elemente, aus denen jeder Stromkreis besteht. Welche Funktion haben sie jeweils?

Auch in Geräten ist der Stromkreis nicht unterbrochen

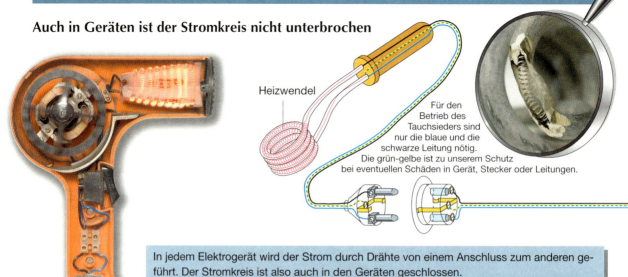

Heizwendel

Für den Betrieb des Tauchsieders sind nur die blaue und die schwarze Leitung nötig. Die grün-gelbe ist zu unserem Schutz bei eventuellen Schäden in Gerät, Stecker oder Leitungen.

In jedem Elektrogerät wird der Strom durch Drähte von einem Anschluss zum anderen geführt. Der Stromkreis ist also auch in den Geräten geschlossen.

Wir löten Stromkreise

Stromkreise können gelötet werden. Dann sind die Verbindungen besonders fest und die Leitung des Stromes ist vorzüglich. So wie in jedem Radio, Walkman oder Computer die Platinen (die kleinen Platten, auf denen sich die Funktionsteile dieser komplizierten Schaltungen befinden) gelötet sind, kannst du das auch.

Lötkolben und Lot, Lampen und die Fassungen dafür sowie verschiedene andere Teile, die sich sinnvoll miteinander verlöten lassen, gibt es für wenige Euro in einschlägigen Elektronik-Bastelläden. Außerdem wird eine feste Unterlage benötigt, in die ihr gut Reißzwecken eindrücken könnt, und ein paar Reißzwecken ohne Plastikkopf.

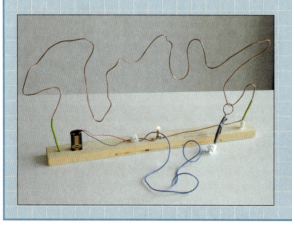

Regeln für das Löten
- Arbeitet immer zu zweit.
- Lüftet den Raum immer gut während des Lötens.
- Haltet eine feuerfeste Unterlage (Holzbrettchen) für den Lötkolben bereit.
- Am Ende des Lötens: Erst Lot weg – dann Kolben weg.

Und so geht ihr vor:
- Reißzwecken dort eindrücken, wo Verbindungen gelötet werden sollen.
- Eine(r) hält die beiden Teile, die miteinander verlötet werden sollen, auf die Reißzwecke – die(der) andere hält das Lot darauf und bringt es mit dem Lötkolben zum Schmelzen.
- Den nächsten Arbeitsschritt erst dann beginnen, wenn die Lötstelle abgekühlt ist.

V1 a) Löte das nebenstehende Geschicklichkeitsspiel aus steifem Draht, einem Stück Kabel und einem Summer oder einer Lampe zusammen. Als Untergrund genügt ein dickeres Holzbrett.
b) Erfinde eine entsprechende Verkabelung für drei Monozellen, wenn du diese verwenden willst.

V2 Finde die Lötstellen im Inneren einer Glühlampe und verfolge von dort aus die Stromführung durch die Lampe. Zerschlage dazu vorsichtig eine in ein dickes Tuch oder eine viellagige Zeitung eingewickelte defekte Glühlampe.

Das Prinzip aller elektrischen Anlagen

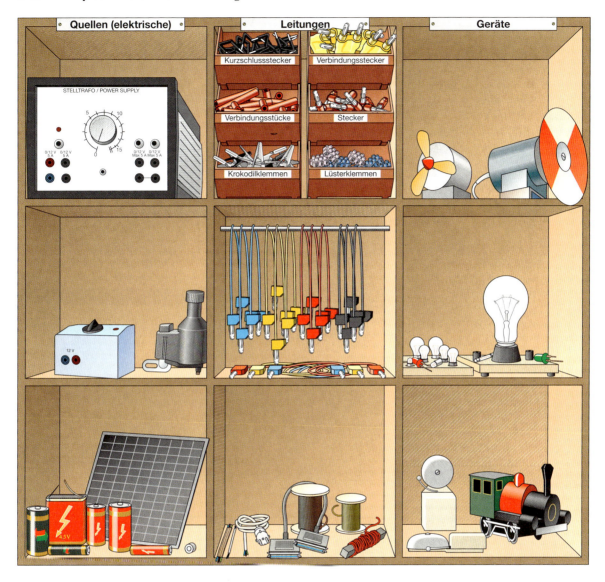

QUELLE des ELEKTRISCHEN STROMES	TRANSPORT	NUTZUNG des ELEKTRISCHEN STROMES

Aufgaben

1 Schreibe für jede elektrische Quelle, jede Leitung und jedes Gerät den richtigen Namen auf. Helft euch dabei gegenseitig, frage deine Eltern, ….

2 Lege eine Tabelle an, in der du alle Quellen, Leitungen und Geräte so einander zuordnest, wie sie deiner Auffassung nach zueinander gehören. Wenn du die Zuordnung nicht weißt, dann lass in der Tabelle die Nachbarplätze offen. Helft euch auch hier gegenseitig.

3 Welches sind die Anschlussstellen an einer Glühlampe?

Schalter

Um eine elektrische Anlage gezielt in Betrieb nehmen oder ausschalten zu können, muss in den Stromkreis eine Lücke eingebaut werden – sinnvollerweise so, dass sie auch einfach wieder geschlossen werden kann. Dies leisten **Schalter.** Die beiden wichtigsten Arten von Schaltern sind in den Vergrößerungen dargestellt:

● Der UM-Schalter ① schaltet zwischen zwei funktionsfähigen Stromkreisen hin und her.
● Der EIN-AUS-Schalter ② unterbricht den gesamten Stromkreis, in dem er liegt.

Zur einfachen Darstellung von elektrischen Anlagen wurde eine eigene „Schrift" entwickelt mit *Symbolen* für die Bauelemente und *Regeln* für ihre Verknüpfungen. Alles zusammen ergibt dann die **Schaltskizze** des Stromkreises.

UM-Schalter

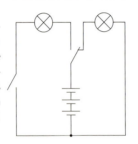

EIN-AUS-Schalter

Reed-Schalter: In ein dünnes Glasröhrchen sind zwei Metallzungen eingeschmolzen, von denen eine aus Eisen besteht. Sie kann mit einem Magneten von außerhalb des Röhrchens bewegt werden. Dadurch kann ein Stromkreis berührungsfrei geschlossen oder geöffnet werden.

Zentraler Versuch

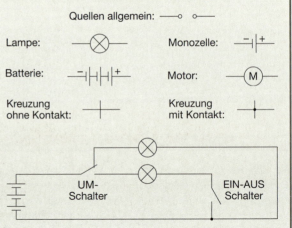

Aufgaben

1 **a)** Links ist die Schaltskizze des zentralen Versuchs noch einmal anders, aber sehr übersichtlich dargestellt. Überprüfe, ob die beiden Schaltungen identisch sind.
b) Verändere die Schaltskizze so, dass eine weitere Lampe hinzugefügt wird, die unabhängig von der Stellung des UM-Schalters leuchtet, sofern der EIN-AUS-Schalter auf „EIN" steht.
c) Füge dann einen Schalter so ein, dass immer alle leuchtenden Lampen mit diesem einen Schalter an- und ausgeschaltet werden können.

Werkzeug · Zeichnerische Darstellung von Schaltungen

Zeichenregeln für Kabel:
• Nur gerade Linien
• nur waagerecht *oder* senkrecht verlaufend
• Richtungswechsel nur rechtwinklig

Zeichenregeln für Wandler:
• Nur waagerechte *oder* senkrechte Kabelanschlüsse
• nur genormte Symbole

Die Schaltskizze rechts zeigt, dass sich die Schaltung des zentralen Versuchs mithilfe der Symbole und Regeln sehr einfach und übersichtlich darstellen lässt.

Quellen allgemein: ⟶○ ○—

Lampe: ⊗

Monozelle: –| |+

Batterie: –| | | |+

Motor: (M)

Kreuzung ohne Kontakt: +

Kreuzung mit Kontakt: •

UM-Schalter   EIN-AUS Schalter

Schalter machen Logik

1. Mit einem einfachen EIN-AUS-Schalter im Stromkreis sagen wir: AN, wenn die Lampe leuchtet, und AUS, wenn sie nicht leuchtet. Diese beiden Zustände der Lampe können auch als JA bzw. NEIN oder RICHTIG bzw. FALSCH gedeutet werden. Je nachdem, was wir dem Zustand „Lampe leuchtet" oder seinem Gegenteil „Lampe leuchtet nicht" zuordnen, macht ihr Leuchten oder ihr Nicht-Leuchten eine Aussage.

2. Sind zwei EIN-AUS-Schalter in einen unverzweigten Stromkreis eingebaut, leuchtet die Lampe nur,

wenn Schalter ① UND Schalter ② geschlossen sind.
Der Strom fließt also nur, wenn zwei Bedingungen gleichzeitig erfüllt sind. Diese Schaltung heißt deshalb **UND-Schaltung.**

3. Sind zwei EIN-AUS-Schalter nebeneinander eingebaut, so leuchtet die Lampe nur,

wenn Schalter ① ODER Schalter ② geschlossen sind.
Der Strom fließt hier also nur, wenn die eine ODER die andere Bedingung ODER beide gleichzeitig erfüllt sind. Diese Schaltung heißt deshalb **ODER-Schaltung.**

Merke: **Mit Schaltungen können logische Aussagen getroffen werden.**

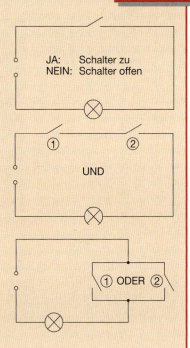

JA: Schalter zu
NEIN: Schalter offen

UND

① ODER ②

Anwendungsbeispiele für logische Schaltungen

Heckenschere mit Sicherheit

Schalter 1
Schalter 2

Das Scherblatt darf sich nur bewegen, wenn die rechte UND die linke Hand an der Maschine sind. Deshalb muss jede Hand einen Schalter betätigen. Würde nur eine Hand den Motor einschalten, könnte die andere in das Scherblatt geraten.

Intelligente Deckenleuchte

Die Deckenleuchte eines Autos leuchtet, wenn eine ODER mehrere Türen offen sind. Bei geschlossenen Türen leuchtet sie nicht. Die Schalter für die Leuchte finden sich als Druckschalter in den Türholmen. Sie sind geöffnet, wenn die Türen geschlossen sind.

Pfiffige Leuchtreklame

Oft werden verschiedenfarbige Leuchtröhren zeitlich versetzt eingeschaltet. Dann gehen sie gleichzeitig wieder aus. Danach beginnt der Vorgang von neuem. Der Betrachter soll dadurch das Bild am Ende voller Spannung erwarten.

1 In den obigen Geräten ist je eine oder eine ähnliche der drei Logik-Schaltungen eingebaut. Ordne ihnen die richtige Schaltung zu. Zeichne.

2 Welche Schalter zusammen ergeben eine ODER- bzw. eine UND-Schaltung, damit Lampe A bzw. B im Bild rechts leuchtet?

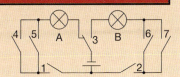

Lampen im Stromkreis

Für eine Partybeleuchtung soll eine Lichterkette gebaut werden. Die gefundenen Lösungen können im Versuch so nachgestellt werden wie in den beiden Fotos. Zwei Lösungen sind möglich:

● Alle Lampen werden einfach hintereinander – in Reihe – in den Stromkreis eingebaut.

● Jede Lampe wird für sich an die Quelle angeschlossen – parallel zu den anderen. Der Stromkreis bekommt dadurch mehrere Verzweigungsstellen. Die Vor- und Nachteile beider Lösungen lassen sich schnell herausfinden:

Zentraler Versuch

Bei der **Reihenschaltung** leuchten die Lampen nicht so hell wie bei der Parallelschaltung. Wird eine Lampe herausgedreht, leuchten auch die anderen nicht mehr.

Wird in der **Parallelschaltung** eine Lampe herausgedreht, leuchten die anderen mit gleicher Helligkeit weiter.

Für die Partybeleuchtung ist sicher die Parallelschaltung der Lampen die bessere Lösung. Hier leuchten alle Lampen gleich hell; und wenn mal eine defekt ist, leuchten die anderen weiter.

Reihenschaltung

Mehrere Lampen sind hintereinander an die Quelle angeschlossen.
* Alle Lampen fallen aus, wenn eine defekt ist.
* Je mehr Lampen im Stromkreis sind, desto schwächer leuchten sie.

Parallelschaltung

Mehrere Lampen sind einzeln an die gleiche Quelle angeschlossen.
* Jede Lampe arbeitet unabhängig von den anderen.
* Alle Lampen leuchten so hell wie eine einzelne Lampe im Stromkreis.

Aufgaben

1 a) Zeichne die Schaltskizzen für eine Reihen- und eine Parallelschaltung von je sechs Lampen.
b) Zeichne sinnvoll Schalter ein.

2 Vergleiche die Schaltung von Schaltern in der UND- und der ODER-Schaltung mit der Reihen- und der Parallelschaltung von Lampen.

3 Weshalb ist es nicht sinnvoll, Steckdosen und Lampen in einer Wohnung in Reihe zu schalten? Was spricht für Parallelschaltung?

4 a) Erläutere, warum die beiden Lampen im zentralen Versuch auf Seite 128 weder in Reihe noch parallel geschaltet sind, obwohl sie doch an der gleichen Quelle angeschlossen sind.
b) Gibt es in dieser Schaltung eine UND-Schaltung oder/und eine ODER-Schaltung? Begründe deine Antwort.

5 a) Gib an, ob es sich bei folgenden Schaltungen um Reihen- oder Parallelschaltung handelt.

①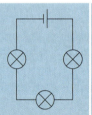

②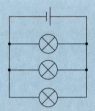

③

b) Begründe jeweils deine Antwort.

6 In jedem Zimmer gibt es mindestens eine Verteilerdose, eine Deckenleuchte mit Schalter und eine Steckdose. Dabei werden die Kabel für eine Lampe oder eine Steckdose nie von einer dieser beiden Stellen zur anderen geführt. Zeichne den Schaltplan einer solchen Anlage unter Verwendung der richtigen Schaltzeichen.

7 a) Welche der Lampen in dieser Schaltung sind in Reihe und welche parallel geschaltet?
b) Füge Schalter so ein, dass für die parallelen Lampen eine UND-Schaltung entsteht und für die in Reihe geschalteten eine ODER-Schaltung.

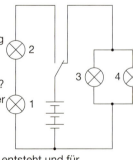

Lampen: Wie es anfing – und wie es heute ist

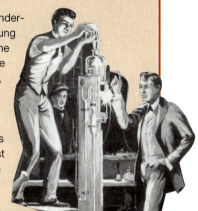

Das war ein aufregendes Wochenende in THOMAS ALVA EDISONS Erfinderlabor in Menlo-Park bei New York. Dort wurde intensiv an der Verbesserung der Glühlampe gearbeitet, die der nach Amerika ausgewanderte Deutsche HEINRICH GOEBEL 1854 erfunden hatte. Über 1600 verschiedene Naturfasern waren auf ihre Fähigkeit, in einem Stromkreis zu glühen, überprüft worden. Am 21.10.1879 war es endlich geglückt, einen verkohlten Faden eines ganz normalen Garns über 13 Stunden lang hell leuchten zu lassen. Vorher war der Glaskolben, in dem der Faden glühen sollte, stundenlang luftleer gepumpt worden. Erst nach Anlegen des Stromes war das gläserne Absaugrohr zugeschmolzen worden. Und erst nach 13 Stunden war der Glühfaden durchgebrannt! EDISON hatte höchstpersönlich den Strom nochmal leicht erhöht – und da war es dann geschehen!

Später entwickelte EDISONS Labor die noch heute gebräuchlichen Schraubsockel und Fassungen für Glühlampen, Kabel und Schalter. 1881 präsentierte er alles auf der internationalen Elektrizitätsausstellung in Paris. Damit begann die Versorgung der Städte in Amerika und Europa mit elektrischer Energie.

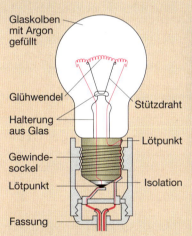

Glaskolben mit Argon gefüllt

Glühwendel

Stützdraht

Halterung aus Glas

Lötpunkt

Gewindesockel

Lötpunkt

Isolation

Fassung

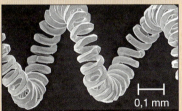

0,1 mm

Die Glühfäden unserer heutigen Lampen bestehen seit ca. 100 Jahren nicht mehr aus verkohlten Naturfasern. Heute werden speziell entwickelte Glühdrähte aus dem Metall Wolfram verwendet.

Der feine Draht ist doppelt gewendelt, einmal in sich selbst und dann noch einmal im Ganzen. Er wird ca. 2500 °C heiß. Der Glaskolben ist heute mit dem Gas Argon gefüllt, das ein frühzeitiges Verglühen des Drahtes verhindert.

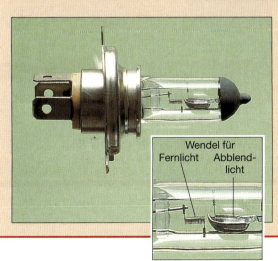

Wendel für Fernlicht   Abblendlicht

In den Lampen von Autoscheinwerfern gibt es zwei Glühdrähte. Von dem hinteren gelangt das Licht auf den gesamten Reflektor des Scheinwerfers, der es in die Ferne strahlt. Die vordere Glühwendel dient dem Abblendlicht: Der kleine Spiegel unter dieser Wendel lenkt das Licht gegen den oberen Teil des Reflektors. Von dort wird es auf die Straße reflektiert, nicht in die Ferne.

Aufgaben

1 **a)** Welche Schalterart ist für das Umschalten von Fern- auf Abblendlicht nötig?
b) Zeichne die Schaltskizze.

Die Wege des elektrischen Stromes

Kabel, in denen ein elektrischer Strom fließen soll, müssen ihn gut leiten und sie dürfen ihn nicht aus sich herauslassen. Sonst käme er nicht dort an, wo man ihn braucht – und sehr gefährlich wäre das obendrein.
Welche Stoffe leiten den elektrischen Strom gut? Wie ist ein guter elektrischer Leiter beschaffen und wie das Gegenteil zu ihm, der elektrische Isolator, der den Strom nicht durchlässt?

Elektrische Leiter und Nichtleiter

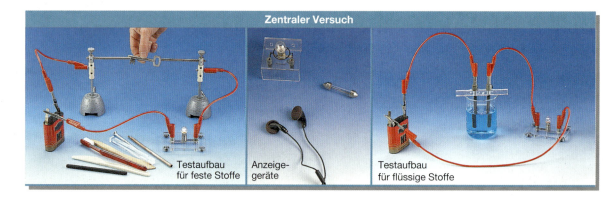

Zentraler Versuch

Testaufbau für feste Stoffe

Anzeigegeräte

Testaufbau für flüssige Stoffe

Bei manchen Stoffen leuchtet die Lampe im Test nur schwach oder gar nicht. Sie müssen nicht gleich Isolatoren sein. Es könnte auch am Nachweisgerät „Lampe" liegen! So wie man Millimeter nicht mit dem Bandmaß misst sondern mit dem Geodreieck, brauchen wir auch für den Nachweis der elektrischen Leitfähigkeit von Stoffen unterschiedliche Geräte: Glimmlampe oder Kopfhörer zeigen weitaus feiner an als eine Lampe.

Stoffe können in gute und schlechte elektrische Leiter eingeteilt werden. Bei manchen können wir mit unseren Mitteln keinen Strom feststellen. Dies sind die Isolatoren. Dazu gehören z. B. die Stoffe, mit denen wir

uns vor Gefahren im Umgang mit elektrischen Strömen schützen: Kunststoff, Porzellan und die Luft gehören dazu wie fast alle anderen Gase.
Aber Achtung: Die Glimmlampe ist z. B. mit einem Gas gefüllt, das unter den besonderen Bedingungen in ihrem Inneren elektrisch leitend ist!

> Feste, flüssige oder gasförmige Stoffe leiten den elektrischen Strom unterschiedlich gut.

Lampe leuchtet	Kopfhörer oder Glimmlampe reagieren	Keine Reaktion eines Anzeigegerätes
– Kupfer – Eisen – Aluminium – Kohlenstoff – Salzwasser	– Leitungswasser – feuchte Erde – Zitrone – Cola	– Gummi – Papier – destilliertes Wasser – Speiseöl
ELEKTRISCHE LEITER		ISOLATOREN

Aufgaben

1 Gibt es in Isolatoren freie Elektronen? Begründe deine Antwort.

2 Schreibe auf, wo du in eurer Wohnung die leitenden Teile des Versorgungsnetzes sehen kannst und wo die isolierenden Teile zu finden sind.

3 a) Zeichne eine Schaltskizze des Lampen-Stromkreises auf Seite 133 rechts oben. Zeichne die Strömungsrichtung der Elektronen ein.
b) Zeichne den Stromkreis mit vertauschten Polen der Batterie. Zeichne wieder die Stromrichtung ein.

Was strömt im Metall der Drähte?

Unsere bisherige Vorstellung vom Aufbau der festen Körper war:

● Ein fester Körper besteht aus kleinen Teilchen.
● Sie sind als massive, unteilbare Kugeln gedacht.
● Jedes Teilchen hat seinen festen Platz im Draht.

Wenn wir verstehen wollen, was im Stromkreis strömt und die unterschiedlichen Wirkungen in den Elektrogeräten hervorruft, müssen wir dieses Bild jetzt erweitern: Die Teilchen des Metalldrahts können nicht strömen, denn dann käme ja der ganze Draht in Bewegung. Die Wissenschaft hat aber festgestellt, dass in Metallen zwischen ihren kleinen Teilchen noch etwas viel Winzigeres vorhanden ist, die **Elektronen.** Sie kommen in Bewegung, wenn der Minus- und der Pluspol einer Batterie mit den Drahtenden verbunden werden. Alle Elektronen driften dann zwischen den Drahtteilchen hindurch gemeinsam in die gleiche Richtung, nämlich vom Minus- zum Pluspol außerhalb der Batterie und vom Plus- zum Minuspol in ihrem Inneren. Sie starten alle im gleichen Moment, weil jedes Elektron mit seinen Nachbarn in Wechselwirkung steht und diese anschiebt.

Durchströmt dieser Elektronenstrom ein Elektrogerät, z. B. eine Lampe, so wird in ihm die Wirkung hervorgerufen, die wir von außen beobachten: Die Lampe leuchtet.

Quelle
Kupfer-Teilchen
Elektronen
Kabel-Hülle (keine beweglichen Elektronen)

Nur Metalle und Kohlenstoff enthalten frei bewegliche Elektronen, mit denen in ihnen ein elektrischer Strom entstehen kann. Sind viele bewegbare Elektronen vorhanden, ist der Strom groß; sind es nur wenige, ist er (an der gleichen Quelle) klein. (In Flüssigkeiten und Gasen strömen nicht nur Elektronen!)

> Im Stromkreis strömen Elektronen vom Minuspol der Batterie durch die Drähte und das Gerät zum Pluspol und innerhalb der Batterie vom Plus- zum Minuspol. Die Batterie treibt den Elektronenstrom an.

Kabel

Freileitung

Streifzug

Stahlseil für Festigkeit

Aludrähte für Stromtransport

Kupferdrähte zur Informationsübertragung

Erdkabel Isolation Erdung

Kupferleitung Feuchtigkeitsschutz

Kautschukisolation

Eine Telefonverbindung von Amerika nach Europa zu schaffen war der Traum aller Zeitungsreporter, Schiffsmanager und sonstiger Leute, die schnelle Nachrichten zwischen den Kontinenten hin- und herschicken mussten. Am 27. 7. 1866 knallten in New York die Sektkorken: Mit der Great Eastern, dem damals größten Schiff der Welt, waren mehr als 3700 km Kabel quer durch den Atlantik verlegt worden. Seitdem ist die Telefonverbindung zwischen Amerika und Europa nicht wieder abgebrochen.

Bei modernen Überlandleitungen, die auf hohen Masten über weite Strecken verlaufen, gibt es keine Probleme mit der Isolierung der Kabel gegen die Umgebung: Die Luft ist ein vorzüglicher Isolator. An den Befestigungspunkten der Masten allerdings muss sorgfältig darauf geachtet werden, dass es auch bei Regen keine elektrisch leitende Verbindung zum Metall der Masten hin gibt. Allerdings haben diese ziemlich dicken Kabel auch ein erhebliches Gewicht. Deshalb bestehen sie nicht nur aus dem leichten, gut leitenden Aluminium, sondern auch aus reißfesten Stahlseilen.

Telefonkabel müssen nur ganz kleine Ströme leiten. Es werden aber sehr viele Drähte benötigt. Deshalb muss der Monteur von der Telefongesellschaft das komplizierte Farbsystem der Kabel sehr gut kennen, denn die richtigen Verbindungen hätten wir schon ganz gern!

Stahlseile für Festigkeit

„Halbe" Leitung – ganzer Stromkreis

Eine „Taschenlampe" aus Alufolie, Lampe und Monozelle wie im folgenden Bild? Gewiss nicht sehr alltagstauglich aber funktionstüchtig: Die Alufolie verbindet Minuspol und Fassung der Lampe, die Kontaktstelle der Lampe sitzt direkt auf dem Pluspol. Der Stromkreis ist auf einfachste Weise geschlossen, wie in jeder handelsüblichen Taschenlampe auch. Auch bei ihnen gibt es keine Kabel mehr, sondern nur noch leitende Gehäuseteile.

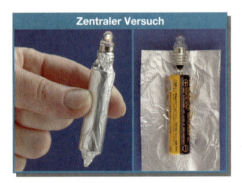
Zentraler Versuch

Auch bei der Autoelektrik werden Leitungen gespart: Ein Pol der Batterie ist über ein dickes Kupferkabel mit der metallenen Karosserie verbunden. Sie steht als Leitung überall hin zur Verfügung. Alle Elektrogeräte, die leitend an der Karosserie befestigt sind, brauchen daher nur noch eine Leitung zur Batterie. Die Gehäuse von Lampen sind meist aus nicht leitendem Kunststoff. Die Lampenfassungen sind deshalb mit einem kurzen Draht mit der Karosserie verbunden. Früher, als die Lampengehäuse noch aus Metall bestanden, war diese zweite Leitung unnötig.

Die Oberleitungen für die E-Loks der Bahn oder für Straßenbahnen bestehen nur aus einem Draht. Natürlich brauchen auch die Stromkreise, in denen die Motoren liegen, eine zweite Leitung. Nur erkennen wir sie nicht auf den ersten Blick, denn es sind die Schienen! Weil sie aus massivem Stahl sind, können sie als zweite Leitung dienen und so eine Menge Material und Kosten sparen.

Bei älteren Fahrrädern ging vom Dynamo immer nur eine Leitung zur Lampe. Die zweite war der Rahmen.

In vielen Stromkreisen dienen Gehäuse, Karosserie oder Schienen als Leitungen.

zum Rücklicht

Aufgaben

1 a) Zeichne die Schaltung für mehrere Elektrogeräte eines Autos, wenn die Karosserie einen Teil der Leitung ersetzt.
b) Zeichne Geräteschalter und einen Hauptschalter (Zündschlüssel) ein.
2 In China war das Fahrrad das gängigste Verkehrsmittel. Von den mehr als einer Milliarde Chinesen besitzen ungefähr 700 Millionen ein Fahrrad. Jedes Kabel vom Dynamo zum Scheinwerfer besteht aus 2,5 g Kupfer, zum Rücklicht aus 5 g.
Wie viele Tonnen Kupfer und wie viele Kilometer Kabel haben die Chinesen dadurch gespart, dass es nur eine Leitung vom Dynamo zur Lampe bzw. zum Rücklicht gibt? (Hinweis: Pro Fahrrad sind etwa 2 m Kabel nötig.)
3 Wie lässt sich bei alten Ein-Kabel-Fahrrädern an einer defekten Beleuchtung überprüfen, ob der Defekt in der Lampe liegt oder ob es ein Leitungsschaden ist?
4 Wenn du auf die Schienen der Straßenbahn trittst, bekommst du ebenso wenig einen elektrischen Schlag wie Vögel, die auf einer elektrischen Leitung sitzen. Zeichne und erkläre.

Die Fahrradbeleuchtung

Für Fahrräder gibt es umfangreiche Sicherheitsvorschriften. Neben den Bremsen, sind vor allem die Beleuchtundseinrichtungen des Fahrrades genau vorgeschrieben. Danach gibt es Bestimmungen für die aktive Beleuchtung des Fahrrades – das sind Bauteile, die selbst Licht erzeugen – und für die passive Sicherheit durch Bauteile, die auftreffendes Licht zurückwerfen. Letzteres ist vor allem dann erforderlich, wenn die Eigenbeleuchtung durch Scheinwerfer oder Rücklicht ausfällt.

Wenn es keine aktive Beleuchtung gibt, muss mit passiven Bauteilen dafür gesorgt werden, dass Rad und Fahrer gesehen werden können. Dafür hat man allerlei verschiedenfarbige Rückstrahler entwickelt: rot für die Strahlung nach hinten, weiß oder gelb nach vorn bzw. zur Seite. Diese vielfältigen Reflektoren machen ein Fahrrad auch bei Dunkelheit aus allen Richtungen erkennbar. Radfahrer, die ihr Rad nicht so ausrüsten, riskieren nicht nur Geldstrafen, sondern leben sehr gefährlich!

Weißer Reflektor (nur nach vorn abstrahlend), falls kein in den Frontscheinwerfer integrierter Reflektor vorhanden ist

Lichtmaschine („Dynamo") durch Doppelleitungen mit den Lampen verbunden

Ein mit dem Buchstaben „Z" gekennzeichneter roter Großflächenrückstrahler, höchstens 60 cm über der Straße

Weißer Frontscheinwerfer mit Frontreflektor, fest montiert

Je Rad ein kreisförmiger zusammenhängender reflektierender weißer Streifen, entweder auf dem Reifen aufgeprägt oder zwischen die Speichen geflochten.

Oder je Rad mindestens zwei gelbe Speichenrückstrahler (um 180° versetzt angebracht)

Gelbe Pedalstrahler (nach vorn und hinten reflektierend)

Rote Schlussleuchte mit Standlicht, fest montiert. Roter Rückstrahler (meist in der Rückleuchte integriert)

Batteriebeleuchtung mit Ladezustandsanzeige

Kein Dynamo erforderlich
Achtung: Batteriebeleuchtung ist nur für Rennräder bis 11 kg oder Geländeräder bis 13 kg erlaubt

Blink- oder Dauerleuchten mit Dioden

Das Blinken erregt Aufmerksamkeit; solche Leuchten dürfen nur am Körper getragen werden, nicht am Rad montiert sein

Dioden-Rücklicht mit Standlicht

Dank spezieller Speichertechnik Lichtabgabe auch im Stand; wegen der Diode (statt Glühlampe) geringerer Energieverbrauch

Halogenscheinwerfer mit Frontreflektor und Standlicht

Sehr helles Licht durch Halogenlampe, kein eigener Reflektor nötig

Stromkreise übertragen Energie

Der Wasserstromkreis

In dem links fotografierten Aufbau wird Wasser bewegt: Die Pumpe treibt das Wasser im Kreis. Am Schaufelrad wird es gebraucht, um den kleinen Sack zu heben. Das Wasser wird dann wieder aus dem Auffanggefäß hoch gepumpt.

Der elektrische Stromkreis

Im rechten Foto zieht der Motor ein Wägestück hoch. Damit das geht, müssen die Kabel vom Minuspol der Batterie zu einem Anschlusspunkt des Motors und von dessen zweitem Anschluss zum Pluspol geführt werden.

Die Richtung im Stromkreis

Im elektrischen Stromkreis kann die Strömungsrichtung der Elektronen umgedreht werden: Wenn die Kabel an den Polen der Batterie vertauscht werden, dreht sich die Achse des Motors anders herum. Wir schließen: Der Strom tut es auch.

Zentraler Versuch

Es vollführt also einen Kreislauf von der Pumpe über das Schaufelrad zurück zur Pumpe. Welchen Zweck erfüllt dieser Wasserkreislauf?

Würde die Pumpe den Kreislauf nicht antreiben, könnte auch der Sack nicht vom Schaufelrad gehoben werden. Die Bohrmaschine mit der Pumpe bewirkt das Drehen des Schaufelrades. Sie packt nicht selbst an der Achse des Rades an. Sie gibt ihre Wirkung weiter an das Wasser, das sie durch sein Strömen weiterreicht an das Schaufelrad. Dieses erst hebt den Sack durch das Drehen seiner Achse.

Immer wenn ein Elektrogerät betrieben werden soll, muss solch ein geschlossener Kreis vorhanden sein. Man braucht immer eine Hinleitung von der Batterie zum Gerät und eine Rückleitung vom Gerät zur Batterie. Für die Nutzung des elektrischen Stromes müssen also die Bedingungen für eine Kreisströmung wie beim Wasserkreislauf erfüllt sein.
Und was läuft in diesem Stromkreis im Kreis? Klar – die Elektronen, die durch den Motor und die Drähte von Hin- und Rückleitung strömen. Alle sich gleichzeitig bewegenden Elektronen sind der elektrische Strom.

Viele Elektrogeräte arbeiten unabhängig von der Richtung des Elektronenstromes: Eine Lampe leuchtet immer gleich hell, ein Ventilator dreht sich immer gleich schnell – unabhängig davon, wie herum der Elektronenstrom durch den Stromkreis fließt. Es ist also gleichgültig, ob er erst die Lampe durchläuft und dann den Ventilator oder umgekehrt. Das Gerät, das zuerst durchströmt wird, nimmt dem nachfolgenden nichts weg. Im Stromkreis geht also nichts verloren, es wird nichts verbraucht, denn die Zahl der Elektronen, die das erste Gerät durchströmt, ist gleich der Zahl, die durch das zweite Gerät hindurchgeht.

> In einem Strom bewegen sich viele Elemente in die gleiche Richtung.
> In einem Kreisstrom machen alle Elemente einen Kreislauf. Es gehen keine Elemente (Wasserteilchen oder Elektronen) verloren.

1 **a)** Zeichne für den Wasserkreislauf aus Bohrmaschine/Pumpe und Schaufelrad das Energiefluss-Schema entsprechend dem Schema für den elektrischen Stromkreis. Gib die Richtungen der Strömung und des Energieflusses mit an.
b) In dem Streifzug „Fahrradkette …" ist ein weiterer Kreisstrom beschrieben, der Energie transportiert.

Zeichne auch für ihn das Energiefluss-Schema mit den Richtungen für Strömung und Energiefluss.
c) Vergleiche die drei Energiefluss-Schemata.
2 Eine Steckdose ist die Quelle elektrischer Energie im Zimmer. Zeichne und beschrifte für eine Tischlampe das Stromkreis-Energie-Schema von der Steckdose zur Lampe.

Energiewandler

Der Motor ist nicht dazu da, dass sich seine Achse um sich selbst dreht. Er soll etwas tun! Im Bild rechts z. B. bewirkt er das Heben des Sackes, was vorher das Schaufelrad im Wasserstromkreis erledigt hatte. Das kann der Motor aber nur, weil ihm der Elektronenstrom die Wirkung der Batterie (physikalisch: ihre **Energie**) überträgt. Diese gibt sie an den Motor ab. Dabei wird sie „leer" von Energie, sie erschöpft sich. Der Motor nimmt die elektrische Energie der Batterie auf und nutzt sie zum Heben des Sackes.

So wie die Strömung des Wassers Energie von der Pumpe zum Schaufelrad bringt, befördert im elektrischen Stromkreis der Elektronenstrom Energie von der Batterie

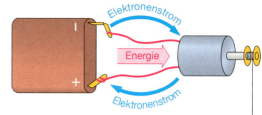

zum Motor. Dabei ist die Batterie die *Quelle* der elektrischen Energie. Das Gerät im Stromkreis ist ein *Wandler,* der elektrische Energie in andere Energieformen umwandelt.

Diese Vorgänge lassen sich sehr einfach und übersichtlich in einem **Energiefluss-Schema** darstellen. Die Grafik unten zeigt ein solches Schema für beliebige elektrische Stromkreise. Je nachdem, was für ein Gerät im Stromkreis betrieben wird, kommt rechts eine bestimmte Energieform heraus.

Elektrogeräte werden oft auch als „Verbraucher" bezeichnet. Wie wir gesehen haben, werden die Elektronen, die das Gerät durchströmen, aber nicht verbraucht. Nur die Energie in der Batterie wird

weniger. Aber im Gerät kommt sie als Wärme oder Licht oder Bewegung wieder heraus. Auch sie ist also nicht verbraucht sondern nur gewandelt worden. Geräte sind folglich keine „Verbraucher" sondern (Energie-) Wandler!

> Im elektrischen Stromkreis gelangt elektrische Energie von ihrer Quelle zum Wandler, dem Elektrogerät.
> Der Elektronenstrom ist das Transportmittel für die elektrische Energie.

Energiefluss-Schema

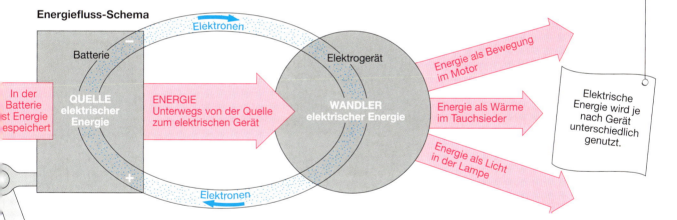

Die Fahrradkette – ein Kreislauf als Energietransporter Streifzug

Die Fahrradkette läuft im Kreis: oben vom hinteren, kleinen Ritzel zum vorderen, großen Zahnkranz und unten wieder zurück zum hinteren Rad. Sie überträgt die Energie der Beine auf das Hinterrad. Die Kettenglieder vollführen einen Kreislauf, der Energie überträgt – genau wie beim Wasserkreislauf.

Anders als beim Wasserkreislauf bewegen sich bei der Fahrradkette die einzelnen Kettenglieder entgegengesetzt zum Energiestrom. Beim elektrischen Stromkreis wissen wir noch gar nicht, in welche Richtung sich die Elektronen bewegen – aber Energie übertragen alle drei Kreisströme gleichermaßen.

Elemente elektrischer Stromkreise

Auf den folgenden Seiten werden Versuche vorgeschlagen, die du zu Hause selbst ausführen kannst. Dafür findest du hier einfache Bauanleitungen für eine elektrische Quelle, *den Batteriepack,* ein elektrisches Gerät, *die Lampe mit Fassung,* und die Transportwege der Elektrizität, *die Kabel.*

Bauanleitungen

a) Batteriepack: Aus den Mono-zellen eines Rekorders kannst du dir diesen Batteriepack bauen.
Material: 4 Mignon-Zellen 1,5 V – 2 Streichholzschachteln – etwas Alufolie – 1 Gummiband

b) Lampenfassung: Von ihnen solltest du 3 oder 4 bauen.
Material: 1 Fahrradlampe 4,5 V – 1 Streichholzschachtel – 1 Stück Styropor in Steichholz-schachtelgröße – etwas Alufolie (mit Tesafilm hinterklebt)

c) Kabel: Von ihnen wirst du etwa 10 Stück von ca. 15 cm Länge brauchen.
Material: Tesafilm oder ein anderes Klebeband – Alufolie

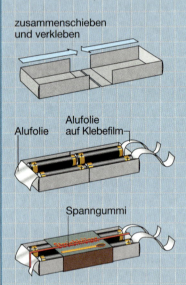

zusammenschieben und verkleben

Alufolie
Alufolie auf Klebefilm
Spanngummi

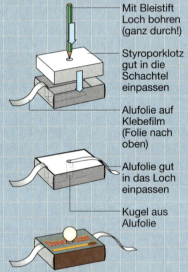

Mit Bleistift Loch bohren (ganz durch!)

Styroporklotz gut in die Schachtel einpassen

Alufolie auf Klebefilm (Folie nach oben)

Alufolie gut in das Loch einpassen

Kugel aus Alufolie

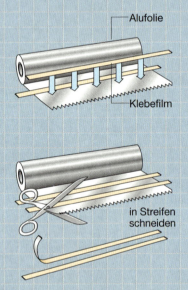

Alufolie

Klebefilm

in Streifen schneiden

Einfacher Stromkreis

V1 Erprobe deine Geräte, indem du den Stromkreis von Seite 125 aufbaust. Gehe dabei in folgender Weise vor:
a) Ein Kabel an einem Anschluss des Batteriepacks mit einer Büroklammer befestigen.
b) Dieses Kabel in gleicher Weise an einem An-schluss der Lampenfassung anbringen.
c) Ein zweites Kabel von der Lampenfassung zum freien Anschluss am Batteriepack zurückführen.

V2 Erfinde aus dem Batteriepack und einer Lam-penfassung mit Lampe eine Taschenlampe. (Benutze die Lampenfassung ohne das Schiebeteil der Streichholzschachtel. Verbinde damit Batteriepack und Lampe.)

Reihen- und Parallelschaltung

V3 Baue die Schaltung rechts auf und erläutere sie mit den Begriffen „in Reihe" und „parallel".

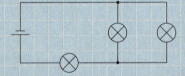

V4 a) Baue eine Reihen- und eine Parallelschaltung mit je zwei Lampen auf. Verdeutliche im Versuch die Vor- und Nachteile beider Schaltungsarten.
b) Begründe, weshalb die Reihenschaltung von den Materialkosten her die günstigere ist.
c) Betreibe eine Lampe zunächst nur mit zwei Mono-zellen. Achte dabei auf die Helligkeit. – Schließe dann zwei in Reihe geschaltete Lampen an den Bat-teriepack mit vier Monozellen an. Welche Helligkeit stellst du jetzt fest?

Wechsel- und Kreuzschalter

V5 In vielen Zimmern soll die Deckenleuchte von zwei Türen aus ein- und ausschaltbar sein.
a) Erfinde dazu eine passende Schaltung.
(*Hinweis:* Die beiden Schalter sind keine EIN-AUS-Schalter, sondern UM-Schalter; zwischen ihnen läuft nicht eine, sondern zwei Leitungen.)
b) Baue die Schaltung auf. Aus Hülle und Schiebeteil einer Streichholzschachtel kannst du entsprechend der folgenden Grafik mit Aluminiumfolie als Kabel einen UM-Schalter bauen.

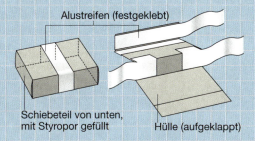

Alustreifen (festgeklebt)

Schiebeteil von unten, mit Styropor gefüllt

Hülle (aufgeklappt)

c) In zweistöckigen Häusern braucht man im Treppenhaus auf jeder Etage und im Erdgeschoss einen eigenen Schalter, damit die Beleuchtung von drei verschiedenen Stellen aus geschaltet werden kann. Wenn du in die unter a) gefundene Lösung den folgenden Kreuzschalter einbaust, ist auch dieses Problem zu lösen.

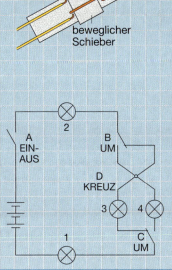

beweglicher Schieber

V6 a) Wenn ihr in der Gruppe die Konstruktion der einzelnen Elemente unter euch aufgeteilt habt, könnt ihr jetzt alles zusammen tragen und die Schaltung links unten aufbauen. (Natürlich könnt ihr euch auch eigene Schaltungen ausdenken und dann aufbauen.)
b) Wann leuchtet welche Lampe? Legt eine Tabelle an.

A EIN-AUS

2

B UM

D KREUZ

3   4

1

C UM

Leitfähigkeit verschiedener Stoffe

V7 Prüfe mindestens folgende Stoffe auf ihre Leitfähigkeit: Metalle, Glas, Radiergummi, Plastik, Papier, Bindfaden (feucht, trocken), Kartoffel (geschält, ungeschält), Bleistiftmine.
Leuchtet die Lampe nicht, dann benutze den Kopfhörer eines Walkmans: Wenn es beim Schließen des Stromkreises knackt, fließt Strom.
Trage die Ergebnisse in eine Tabelle wie auf Seite 132 ein und vergleiche die Leitfähigkeit der Stoffe.

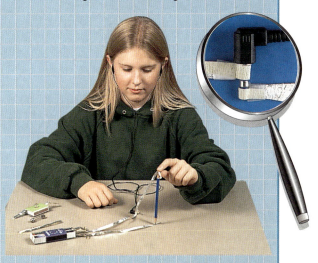

V8 a) Stecke zwei Metallstifte in ein Stück Fleisch. Leitet es? Wie gut?
b) Verkürze die Teststrecke und befeuchte sie mit etwas Speichel. Wie gut leitet es jetzt?
c) Hältst du nach den Ergebnissen der Versuche a) und b) den menschlichen Körper für elektrisch leitend? Begründe.

V9 Prüfe, ob destilliertes Wasser (findet beim Bügeln Verwendung), Regenwasser, Leitungswasser, Limonade, Essig oder Speiseöl den elektrischen Strom leiten.

V10 Prüfe die Leitfähigkeit einer starken Salzlösung.
a) Schreibe alle Beobachtungen an der Lampe und an den Elektroden auf.
b) Vertausche die Anschlüsse am Batteriepack.
c) Deute das Ergebnis unter dem Gesichtspunkt, dass der Strom im Stromkreis eine Richtung hat.

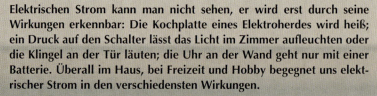

Stromwirkungen

Elektrischen Strom kann man nicht sehen, er wird erst durch seine Wirkungen erkennbar: Die Kochplatte eines Elektroherdes wird heiß; ein Druck auf den Schalter lässt das Licht im Zimmer aufleuchten oder die Klingel an der Tür läuten; die Uhr an der Wand geht nur mit einer Batterie. Überall im Haus, bei Freizeit und Hobby begegnet uns elektrischer Strom in den verschiedensten Wirkungen.

Wie kommen die Stromwirkungen zustande? Wie funktionieren die Geräte, in denen sie genutzt werden? Was ist überhaupt der Grund dafür, dass diese Wirkungen auftreten?

Wärmewirkung

Entsprechende Versuche belegen, dass verschiedene Drähte unterschiedlich schnell aufglühen und auch unterschiedlich hell leuchten. Das Glühen bzw. Leuchten ist eine Erscheinung, die durch die Temperaturerhöhung des Drahtes hervorgerufen wurde.

Die Fotos rechts zeigen, dass die Temperatur eines Strom durchflossenen Drahtes abhängig ist von
- der Größe des Stromes;
- der Dicke des Drahtes.

Wenn in Drähten ein elektrischer Strom fließt, so bewegen sich Elektronen in eine bestimmte Richtung. Bei dieser Bewegung stoßen sie immer wieder gegen die Teilchen des Drahtes, die dadurch zu stärkeren Schwingungen angeregt werden. Diese verstärkten Schwingungen werden äußerlich als Temperaturerhöhung beobachtet.

Elektrische Geräte, die die Wärmewirkung des Stromes ausnutzen, sind **Energiewandler.** Sie wandeln elektrische Energie in Wärmeenergie um.

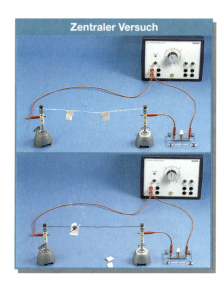

Zentraler Versuch

Jeder Strom durchflossene Leiter erwärmt sich. Die Temperaturerhöhung hängt von der Dicke des Leiters und der Größe des elektrischen Stromes durch den Leiter ab.

Aufgaben

1 Schreibe alle Elektrogeräte im Haus auf, die elektrische Energie in Wärmeenergie umwandeln.

2 Bei welchen Elektrogeräten ist die Umwandlung elektrischer Energie in Wärmeenergie gewollt, bei welchen ein Nebeneffekt?

3 Beschreibe den Elektronenfluss durch eine Glühlampe und ihre Fassung.

4 Warum glüht die Wendel einer Glühlampe hell auf, die Zuleitung jedoch nicht?

Sicherungen und Schalter

Die Erwärmung von Strom durchflossenen Leitern wird bei Elektrogeräten auch zum Ein- bzw. Ausschalten des Stromes verwendet. Dies kann sowohl zur Einstellung einer bestimmten Temperatur als auch zum Schutz der elektrischen Geräte dienen.

Schutz vor zu großen Strömen in Elektrogeräten des Haushalts oder der Autos bieten **Schmelzsicherungen.** Sie bestehen aus einem dünnen Draht, der in einer Hülle aus Porzellan oder in einem Glaskolben liegt. Bei zu großen Strömen erhitzt sich der Draht so stark, dass er schmilzt und damit den Stromkreis, in den er eingebaut ist, unterbricht. Dadurch werden die Elektrogeräte vor Schaden geschützt.

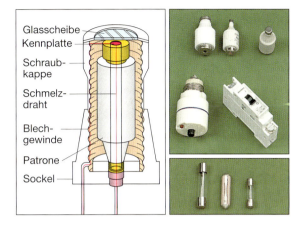

- Glasscheibe
- Kennplatte
- Schraub- kappe
- Schmelz- draht
- Blech- gewinde
- Patrone
- Sockel

Bimetallstreifen als Schalter und Temperaturregler

Die **Regelung der Temperatur** geschieht in den meisten Fällen durch einen Bimetallstreifen. Dabei wird das unterschiedliche Verhalten verschiedener Metalle bei Temperaturänderungen ausgenutzt. Zwei Metalle, z. B. Messing und Eisen werden fest miteinander verbunden. Wenn sie anschließend erhitzt werden, dehnen sie sich unterschiedlich stark aus und der Bimetallstreifen krümmt sich in Richtung des Eisens, weil sich Eisen weniger stark ausdehnt.

Die Erwärmung des Bimetallstreifens geschieht entweder direkt durch die im Streifen fließenden Elektronen oder durch einen Heizdraht, der um das Bimetall gewickelt ist. Wegen der unterschiedlich starken Ausdehnung der Metalle verbiegt sich der Bimetallstreifen und unterbricht den Stromkreis. Kühlt er sich wieder ab, dann kehrt er in seine Ausgangslage zurück und schließt den Stromkreis wieder.

Eine genaue Einstellung der Temperatur ist beim Bügeleisen besonders wichtig. Denn die unterschiedlichen Stoffe unserer Kleidung dürfen nur bei bestimmten Temperaturen gebügelt werden – wie wir an der Beschriftung des Stellknopfes leicht sehen können: Für ein Kleidungsstück aus Seide muss die Temperatur des Bügeleisens geringer sein als für Leinen oder Wolle.

Das Ausschalten des Stromes bei einer bestimmten Temperatur wird mechanisch geregelt: Die am Stellknopf befestigte Schraube drückt das Kontaktblech, durch das der elektrische Strom fließt, bei der Einstellung für Leinen stärker auf den Kontakt als bei der Einstellung für Seide. Der mit dem Boden verbundene Bimetallstreifen muss sich im ersten Fall stärker krümmen, um das Kontaktblech zu heben und damit den Stromkreis zu unterbrechen.

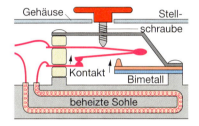

Gehäuse | Stell-schraube

Kontakt | Bimetall

beheizte Sohle

bei höheren Temperaturen

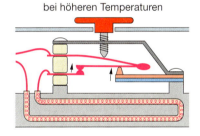

1 Erkläre die Wirkungsweise eines Bimetalls. Wie kann damit der elektrische Strom aus- und eingeschaltet werden?

2 Welche Geräte im Haushalt arbeiten mit einer Temperaturregelung?

3 Wo befinden sich im Haushalt und in den elektrischen Geräten die Sicherungen?

4 Welche dieser Sicherungen sind Schmelzsicherungen?

5 Welche Stromkreise im Auto sind durch Schmelzsicherungen abgesichert?

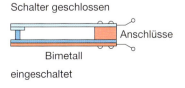

Schalter geschlossen

Anschlüsse

Bimetall

eingeschaltet

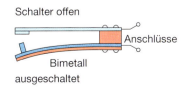

Schalter offen

Anschlüsse

Bimetall

ausgeschaltet

Lichtwirkung

Fließt ein elektrischer Strom durch einen Draht, so wird dieser erwärmt. Dabei kann die Temperaturerhöhung zunächst zu einem Glühen und später sogar zu einem hellen Leuchten führen. Versucht man, den Draht so hell wie in einer Glühlampe aufleuchten zu lassen, so schmilzt er und unterbricht damit den Stromkreis. Was muss verändert werden, damit auch ein so dünner Draht wie in Glühlampen sehr hell aufleuchtet, ohne zu schmelzen?

Die Wendelung des Drahtes bewirkt, dass dieser heißer werden kann als ein gerades Stück, da ein gewendelter Draht wesentlich weniger Wärme an die Umgebung abgibt. Die Lichterzeugung bei einer Glühlampe oder einer Halogenlampe ist also bei näherer Betrachtung

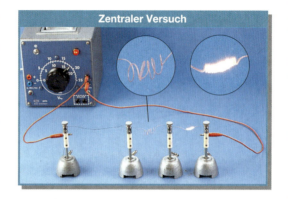

Zentraler Versuch

keine weitere Wirkung des Stromes, sondern nur eine andere Erscheinungsform der Wärmewirkung.

Die Zuleitungen zur Wendel sind Drähte aus Kupfer, während die Wendel selber aus einem dünnen Wolframdraht besteht, der über 2500 °C heiß werden kann. Das Innere der Glühlampe ist luftleer oder mit einem Gas gefüllt, welches das Verdampfen des Wolframdrahtes verhindert. Neben den Glühlampen gibt es noch andere elektrische Lichtquellen z. B. die **Leuchtstoffröhren.** Wir finden sie in vielen Klassenzimmern. Das Besondere dieser Lampen ist, dass sie Licht fast ohne Wärmeentwicklung abgeben, so genanntes kaltes Licht.

Energiewandler

In Batterien ist Energie gespeichert und steht an den Batteriezungen zur Verfügung, die vom Kraftwerk gelieferte *elektrische Energie* an den Steckdosen.

Elektrogeräte wandeln diese Energie z. B. in einem Herd in „Wärme" (genauer in **Wärmeenergie**), in Lampen in „Licht" (genauer in **Lichtenergie**) und in allen Elektromotoren in „Bewegung" (genauer in **Bewegungsenergie**).

elektrische Energie → Föhn → Wärmeenergie

Elektrogeräte sind Energiewandler.

elektrische Energie → Lampe → Lichtenergie

Aufgaben

1 a) In welche Form wird elektrische Energie in folgenden Geräten umgewandelt: Toaster; Handmixer; Brotschneider; Fernseher; Föhn; Taschenlampe?
b) Welche Energieform tritt zusätzlich auf?
2 Welche Arten von Glühlampen gibt es? Worin bestehen ihre Unterschiede?

3 Was muss bei Schmelzsicherungen geändert werden, damit sie erst bei großen Strömen ansprechen?
4 Zeichne und erkläre den Aufbau einer Glühlampe.
5 Zeichne das Energiefluss-Schema einer Glühlampe und eines Toasters. Vergleiche beide. Was unterscheidet sie?

Wärme- und Lichtwirkung

Streifzug

Die Bimetallsicherung

Bimetallsicherungen können immer wieder verwendet werden. Der Strom durchfließt eine Wendel, die um einen Bimetallstreifen gewickelt ist. Diese Wendel erhitzt das Bimetall unterschiedlich stark – je nachdem, wie groß der Strom ist. Übersteigt er einen Wert, der zu Schäden führen könnte, biegt sich der erwärmte Bimetallstreifen so weit zur Seite, dass die eingebaute Feder freigegeben wird. Sie springt zurück und unterbricht dadurch den Stromkreis. Ist der Schaden behoben, kann man den Stromkreis durch Drücken des Knopfes wieder schließen. Der Nachteil dieser Sicherung ist, dass sie erst anspricht, wenn das Bimetall durch den Strom so stark erwärmt wurde, dass es sich biegt. Das kann jedoch zu lange dauern und somit bereits zu Schäden in den Elektrogeräten führen. Deshalb ist in den modernen Sicherungsautomaten noch zusätzlich eine zweite, schnell reagierende Art von Sicherungen eingebaut.

Drücker

Sperr-klinke

Kontakt-stift

Bimetall

Automatische Temperaturregelung; Thermostate

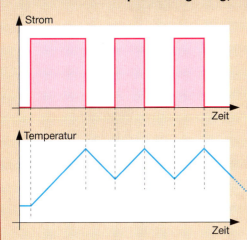

Strom

Zeit

Temperatur

Zeit

Viele Elektrogeräte brauchen eine bestimmte Betriebstemperatur: Der Backofen muss für einen Braten eine andere Temperatur halten als für einen Kuchen; für verschiedene Textilien werden beim Bügeln unterschiedliche Temperaturen verlangt; die Zimmertemperatur soll auf einem konstanten Wert gehalten werden.

Die Regelung der Temperatur geschieht durch Ein- und Ausschalten des elektrischen Stromes mithilfe eines Bimetalls. Ist die gewünschte Höchsttemperatur erreicht, öffnet das Bimetall den Stromkreis, es wird nicht weiter geheizt; fällt die Temperatur unter einen vorgegebenen Wert, wird der Stromkreis automatisch wieder geschlossen, es wird wieder geheizt. Weil die Temperatur bei dieser Regelung zwischen zwei Werten („Temperaturpunkten") hin und her springt, spricht man von einer **Zwei-Punkt-Regelung.**

Kaltes Licht

Bei den in vielen Schulzimmern vorhandenen **Leuchtstoffröhren** beruht die Lichtaussendung auf Prozessen, die sich in den Füllgasen abspielen: Die am einen Ende der Glasröhre ausgesendeten Elektronen stoßen auf ihrem Weg zum anderen Ende mit Gasatomen zusammen, die daraufhin für uns nicht wahrnehmbares Licht aussenden. Erst das Auftreffen dieser Strahlung auf den Leuchtstoff an der Innenwand der Röhre erzeugt für uns sichtbares Licht. Auch **Glimmlampen,** die in Krankenhäusern oder Kinderzimmern als Nachtbeleuchtung dienen, oder die Bildschirme von TV- und Computer-Monitoren erzeugen kaltes Licht.

Der Vorteil von „kalten Lichtquellen" gegenüber herkömmlichen Glühlampen ist, dass sie viel mehr elektrische Energie in Lichtenergie umwandeln und viel weniger in unerwünschte Wärmeenergie. In immer mehr Haushalten findet man daher „Energiesparlampen" anstelle von herkömmlichen Glühlampen.

„Warmton"

„Weiß"

„Tageslicht"

ohne Leucht-stoff

LAMPEN

Leuchtstofflampen

In Leuchtstofflampen wird das Licht nicht mithilfe eines Glühdrahts erzeugt, sondern mithilfe einer Einrichtung (Elektroden), die Elektronen in die gasgefüllte Röhre entlässt. Die Elektronen stoßen auf die Gasteilchen, die daraufhin unsichtbares ultraviolettes Licht (auch im Sonnenlicht vorhanden) abstrahlen.

Ein Leuchtstoff auf der Innenseite des Glases wandelt das UV-Licht in für uns sichtbares Licht um.

Halogenlampe, die Steigerung der Glühlampe

In der Halogenlampe ist die Glühwendel aus Wolfram von einem speziellen Gas unter hohem Druck umgeben. Dieses Gas verhindert, dass die Glühwendel verdampft. Die Wendel kann deshalb auf eine höhere Temperatur gebracht werden (über 3000 °C). Dadurch leuchtet sie heller, gibt mehr Licht ab und hat eine wesentlich längere Lebensdauer als die einfache Glühlampe.

Gasentladungslampe

Das sind kleine, sehr helle und langlebige Lampen für Autoscheinwerfer. In ihnen wird ein unter hohem Druck stehendes Gas elektrisch leitend gemacht. Dadurch leuchtet das Gas hell auf und sendet bläulich weißes Licht aus – viel mehr als vergleichbare Halogen- oder gar normale Glühlampen.

Gas

Im Großen werden solche Gasentladungslampen für Flutlichtanlagen auf Sportplätzen verwendet.

Autolampen

In den Lampen von vielen Autoscheinwerfern gibt es zwei Glühdrähte – daher der Name Bilux-Lampe (von bi = zwei und Lux = Licht).
• Von der hinteren Wendel gelangt das Licht auf den gesamten Reflektor des Scheinwerfers, der es in die Ferne strahlt.
• Die vordere Glühwendel erzeugt das Abblendlicht: Der kleine Spiegel unter dieser Wendel lenkt das Licht gegen den oberen Teil des Reflektors. Von dort wird es auf die Straße reflektiert, nicht in die Ferne.

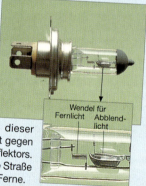

Wendel für
Fernlicht   Abblendlicht

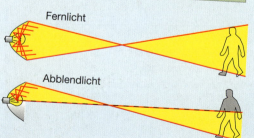

Fernlicht

Abblendlicht

Leuchtdioden (LED)

Im Gegensatz zu herkömmlichen Glühlampen ist in LEDs kein Glühdraht erforderlich, da das einfarbige Licht direkt in den Siliciumkristallen erzeugt wird, aus denen eine LED besteht. Deshalb werden LEDs auch nicht heiß, haben eine sehr hohe Lebensdauer und sind unempfindlich gegen Stöße.

Die kleinen LEDs sind praktisch punktförmige Lichtquellen, die nur wenig Energie benötigen und vielfältig eingesetzt werden können, z. B. als Stand-by-Anzeigen bei Fernsehern und als Rücklichter von Fahrrädern. In vielen Bereichen ersetzen sie bereits konventionelle Lampen, z. B. in Heckleuchten von Autos, in Verkehrssignalen und in der Werbung.

Um weißes Licht mit Dioden zu erzeugen, muss man entweder eine rote, grüne und blaue Diode zusammenschalten (Farbaddition) oder das LED-Gehäuse mit einem bestimmten Farbstoff überziehen, der aus dem ausgesendeten farbigen Licht weißes Licht macht.

Magnetische Stromwirkung

Auf Schrottplätzen müssen häufig sperrige Eisenteile von einem Ort zu einem anderen transportiert werden. Die Teile werden nicht von einer Klaue erfasst, sondern hängen unten an einer dicken Platte. Es sieht so aus, als wäre dies ein großer Magnet. Wie werden die magnetischen Kräfte erzeugt?

Eine Spule wirkt wie ein Stabmagnet

Wenn wir einen langen Draht wie den Faden auf einem Nähgarnröllchen aufwickeln, erhalten wir eine Drahtspule. Fließt durch den aufgewickelten Draht Strom, werden eiserne Gegenstände wie von einem Magneten angezogen. Wir haben einen **Elektromagneten** gebaut, dessen magnetische Kraft mit dem elektrischen Strom durch die Spule an- und abschaltbar ist.

Wir wollen die Eigenschaften dieser Art von Magnet genauer untersuchen:

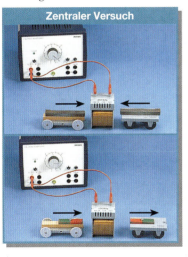

Zentraler Versuch

● Die beiden Wagen mit den Eisenstäben bewegen sich beim Einschalten des elektrischen Stromes auf die Spule zu.

● Von den Wagen mit den Magneten wird einer angezogen, der andere abgestoßen.

Sobald der Strom durch die Spule fließt, wirkt sie wie ein Stabmagnet. An einem Ende ist ein magnetischer Nordpol; am anderen Ende befindet sich ein magnetischer Südpol. Die Wagen mit den Magneten werden nach dem magnetischen Kraftgesetz angezogen oder abgestoßen, weil sich ungleiche bzw. gleiche Pole von Spule und Magneten gegenüberstehen.

Die Bewegung der Wagen mit den Magneten erfolgt in die entgegengesetzten Richtungen, wenn die Anschlüsse (Pluspol und Minuspol) an der elektrischen Quelle vertauscht werden.
Wir sehen also:

> Eine Strom durchflossene Spule ist ein an- und abschaltbarer Magnet mit einem Nordpol an der einen und einem Südpol an der anderen Öffnung. Bei Umkehr der Stromrichtung tauschen die Pole die Plätze.

Der elektrische Türöffner

Beim elektrischen Türöffner wird durch einen Elektromagneten eine Sperre an der Halteplatte nach unten gezogen. Drückt der Schließriegel der Tür nun gegen den Schnäpper, so gibt die Halteplatte nach, der Schnäpper klappt seitlich weg und die Tür geht auf.

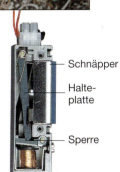

Schnäpper

Halte-
platte

Sperre

Der Türgong

Beim Druck auf die Klingeltaste ertönt „DING" und – wenn wir sie wieder loslassen – „DONG". Das Bild unten zeigt, wie das funktioniert:

● Wenn der Klingelknopf gedrückt wird, fließt durch den geschlossenen Stromkreis Strom. Eine Spule im Gong wird dadurch zu einem Elektromagneten. Die Spule zieht den beweglichen Eisenstab an.

● Der Eisenstab bewegt sich durch die Spule und stößt gegen das Klangrohr, das „DING" erzeugt. Dabei wird eine Feder zwischen der Spule und einem Ende des Eisenstabes zusammengedrückt.

● Wenn wir den Klingelknopf loslassen, wird der Stromkreis unterbrochen. Die Spule übt keine magnetische Kraft mehr auf den Eisenstab aus. Weil die zusammengedrückte Feder wieder ihre ursprüngliche Form annehmen will, bewegt sich der Eisenstab zum gegenüberliegenden Klangrohr, das „DONG" erzeugt.

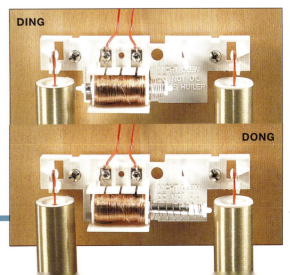

DING

DONG

145

Chemische Stromwirkung

Bauen wir einen Stromkreis wie im Bild rechts auf, so leuchtet das Lämpchen nicht, wenn das Becherglas mit destilliertem Wasser gefüllt ist. Selbst mit einem empfindlichen Kopfhörer ist kein Strom nachweisbar.

Werden aber einige Kristalle des Salzes Kupferchlorid im Wasser aufgelöst, dann leuchtet das Lämpchen. Offensichtlich fließt jetzt ein Strom durch die Flüssigkeit – der Stromkreis muss geschlossen sein.

Dies kann nur durch das Auflösen der Salzkristalle bewirkt worden sein, wodurch aus dem destillierten Wasser eine Salzlösung geworden ist. Offensichtlich leitet die Salzlösung den elektrischen Strom. Das tun auch verdünnte Säuren und Laugen. Alle Strom leitenden Flüssigkeiten heißen *Elektrolyte*.

Doch es passiert noch etwas anderes, wie das kleine Foto oben zeigt: An einem der beiden Kohlestäbe steigen Gasblasen auf – es ist gasförmiges Chlor. Der andere Stab ist nach einiger Zeit braunrot verfärbt; genauere Untersuchungen zeigen, dass es metallisches Kupfer ist.

Offensichtlich bewirkt das Fließen des elektrischen Stromes durch den Elektrolyt eine *Stoffumwandlung:* Aus dem Stoff „Kupferchlorid" sind die beiden Stoffe „Kupfer" und „Chlor" entstanden. Diese Wirkung des elektrischen Stroms wird **chemische Stromwirkung** genannt.

Diese „Zerlegung" von Stoffen und die Trennung ihrer Bestandteile mithilfe des elektrischen Stroms heißt **Elektrolyse.** Die beiden Kohlestäbe werden *Elektroden* genannt. Die am Pluspol der Quelle

Zentraler Versuch

metallisches Kupfer

gasförmiges Chlor

angeschlossene Elektrode ist die *Anode*, die am Minuspol angeschlossene die *Katode*.

Was läuft bei dieser Elektrolyse ab? Die Batterie treibt einen Elektronenstrom durch die Drähte von der Katode über das Lämpchen zur Anode – wie in jedem metallischen Stromkreis. An der Katode gehen Elektronen in den Elektrolyt über, an der Anode aus dem Elektrolyt in den Kohlestift. Durch dieses Übertreten werden die beobachteten Stoffumwandlungen bewirkt.

Was im Elektrolyt zwischen Katode und Anode passiert, können wir nicht sagen. Aber ein zweiter Versuch hilft uns weiter:

Geben wir in eine flache Rinne mit destilliertem Wasser einige wenige Kristalle Kaliumpermanganat, so sehen wir, dass sich die Kristalle auflösen und die Flüssigkeit sich rot-violett verfärbt.

Schließen wir an die Elektroden eine elektrische Quelle an, so wandert die Violett-Färbung zur Anode. Polen wir um, so wandert die Violett-Färbung in der anderen Richtung, aber wieder zur Anode. Daraus können wir schließen: Im

Elektrolyt werden die Teilchen, welche die Violett-Färbung verursachen, von der Katode zur Anode transportiert. Das ist einer der ganz wesentlichen Unterschiede zu dem Leitungsvorgang in Festkörpern, bei dem die Teilchen ja an ihrem Platz bleiben und sich nur die Elektronen bewegen. Wie die Elektronen im Elektrolyt allerdings von der Katode zur Anode gelangen, ist noch nicht beantwortet.

> Elektrolyte (Salzlösungen, verdünnte Säuren oder Laugen) leiten den elektrischen Strom. Dabei bewegen sich die Teilchen des Elektrolyts.
> Fließt ein elektrischer Strom durch einen Elektrolyt, bewirkt er Stoffumwandlungen.

Aufgaben

1 Wie lassen sich im zentralen Versuch oben die Pole der elektrischen Quelle wiederfinden, wenn die Beschriftung unleserlich ist? Zeichne und erläutere.

2 Eine Anwendung der chemischen Stromwirkung ist das Überziehen von billigem Metall (meist Stahl) mit einer dünnen Schicht aus edleren Metallen.
a) Nenne Beispiele, wo dieses Vernickeln, Verkupfern, Versilbern oder Vergolden angewendet wird.
b) Beschreibe, wie das Verfahren funktioniert.

Anode ⊕   Katode ⊖

Rostschutz und Silberlöffel

Beim **Galvanisieren** werden durch die chemische Wirkung des elektrischen Stromes aus Metallsalz-Lösungen (Elektrolyten) dünne metallische Schichten auf elektrisch leitenden Teilen abgeschieden. Diese wenige Tausendstel Millimeter dünnen Schichten können den behandelten Teilen ein völlig neues Aussehen geben oder sie zuverlässig vor Rost schützen.

Beim Galvanisieren werden die zu behandelnden Teile als Katode ⊖ in eine wässrige Lösung (galvanisches Bad) des abzuscheidenden Metalls gehängt. Zum Beispiel wird ein Gegenstand, der mit Kupfer beschichtet werden soll, in eine Kupfersulfatlösung getaucht; soll er mit Silber überzogen werden, ist es eine Silbernitratlösung. Bei der Elektrolyse scheidet sich das gewünschte Metall auf dem Gegenstand ab und bildet dort eine gleichmäßige Schicht. Die Schichtdicke richtet sich nach der Stärke des elektrischen Stromes und der Zeitdauer der Behandlung; sie kann daher sehr genau gesteuert werden. Oft besteht die Anode ebenfalls aus dem Material, mit dem der Gegenstand überzogen werden soll. Sie gibt laufend Metallteilchen an den Elektrolyt ab, die Elektrolyse hört nicht von selbst auf.

Autokarosserien aus Stahl werden mit einer dünnen Metallschicht, z. B. Zink beschichtet, damit der Stahl nicht rostet. Der Vorteil gegenüber einem Anstrich mit einem Pinsel liegt darin, dass keine Lufteinschlüsse zwischen der Karosserie und der aufgetragenen Zinkschicht entstehen können, die zur Rostbildung führen. Denn das Zink aus der Lösung bedeckt jede noch so kleine Ecke der Karosserie.

Neben dem Galvanisieren in einem Tauchbad ist noch eine andere Technik üblich. Dabei wird Zink durch extrem kleine Düsen auf die Karosserie aufgesprüht.

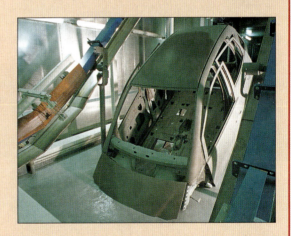

Aufgaben

1 Erkundige dich bei einem Geldinstitut über die Grundmaterialien und die Beschichtungen, aus denen die Euromünzen bestehen.

2 Beschreibe den in der Abbildung links gezeigten Vorgang des Galvanisierens.

Der Löffel (Katode) wird langsam gedreht

Silbernitratlösung

Silber (Anode)

3 **Verkupfern:** (Bei diesem Versuch sollte ein Erwachsener anwesend sein, da Kupfersulfat giftig ist!) Verbinde den Minuspol der Batterie mit dem Schlüssel und den Pluspol mit einer etwa 8 cm langen unisolierten Spule aus Kupferdraht und tauche beides in eine Kupfersulfatlösung aus zwei Teelöffeln Kupfersulfat (aus der Apotheke) und 0,1 l destilliertem Wasser.

Die elektrische Stromstärke

Eine Nebelschlussleuchte am PKW erhöht die Verkehrssicherheit. Denn sie strahlt wesentlich heller als die normalen Rückleuchten.

Sind es unterschiedliche Stromstärken, die die unterschiedlichen Wirkungen hervorrufen? Welche Möglichkeiten gibt es, Stromstärken zu messen? In welcher Einheit werden sie angegeben? Wie stellen wir uns die Stromstärke im Elektronenbild vor?

Strömen wirklich Elektronen im Kreis?

Das Fließen eines elektrischen Stromes haben wir z. B. an der Lichtwirkung erkannt. So leuchtet eine Glimmlampe an dem Drahtende, welches mit dem Minuspol einer elektrischen Quelle verbunden ist. In einem Experiment schalten wir zwei Glimmlampen in Reihe, unterbrechen aber den Stromkreis zwischen den beiden Glimmlampen.

● Berühren wir die Glimmlampe ① mit einer isolierten Metallkugel, so leuchtet sie an der der Kugel abgewandten Seite auf.

● Berühren wir nun mit dieser Kugel die Glimmlampe ②, so leuchtet diese an der der Kugel zugewandten Seite kurz auf.

Dieser Vorgang kann laufend wiederholt werden;

● je schneller wir dies tun, umso häufiger leuchten die Glimmlampen auf;

● je größer die Kugel, umso heller leuchten die Glimmlampen.

Wie können wir diese Beobachtungen erklären? Das Aufblitzen der Glimmlampe zeigt einen Strom-

fluss, also die Bewegung von Elektronen an. Im Fall ① müssen sich Elektronen zur Kugel bewegt haben; somit müssen sich mehr Elektronen auf der Kugel befinden als vorher. Wir sagen, die Kugel ist geladen worden. Die mit Elektronen bela-

dene Kugel kann Elektronen wieder abgeben, wenn sie an das andere Ende des offenen Stromkreises gehalten wird (Fall ②). Das kurze Aufleuchten zeigt uns dies an. Ein erneutes Berühren mit derselben Kugel ruft kein weiteres Aufblitzen hervor. Es stehen offensichtlich keine „überschüssigen" Elektronen mehr zur Verfügung, die einen Elektronen-

strom bewirken könnten. Wir sagen: Die Kugel ist *entladen*.

Eine größere Kugel nimmt mehr Elektronen auf. Das stärkere Aufleuchten der Glimmlampen zeigt es uns an. Die Kugel kann „mehr" oder „weniger" geladen werden. Auf diese Weise können bei einer Bewegung mehr oder weniger Elektronen übertragen werden.

Wir haben den unterbrochenen Stromkreis durch „manuellen" Transport der Elektronen „geschlossen". Werden die beiden Glimmlampen durch einen Draht verbunden, leuchten beide ohne Unterbrechung auf. Im geschlossenen Stromkreis werden laufend Elektronen vom Minus- zum Pluspol geschoben. Es fließt ein gleichmäßiger ununterbrochener elektrischer Strom.

Unsere aufgestellte Vermutung über die Elektronenbewegung bei elektrischem Stromfluss erweist sich als anwendbar. Sie ist von Wissenschaftlern vielfältig bestätigt worden. Wir können also sagen:

Elektrischer Strom ist die Bewegung von Elektronen.

Wie viele Elektronen strömen?

Den elektrischen Strom in einem Stromkreis können wir uns wie fließendes Wasser in einer Anordnung von Pumpe und Turbine vorstellen, die durch Rohre miteinander verbunden sind. Das in dieser Anordnung enthaltene Wasser wird durch die Pumpe in Bewegung gesetzt

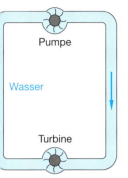

und treibt dadurch die Turbine an. Die Wassermenge im Kreislauf ändert sich nicht. Es gibt keine Anhäufungen, keine Verdünnungen, aber auch keine Staus des Wassers.

Wie viel Wasser strömt, können wir uns beim Füllen eines Gefäßes mit Wasser verdeutlichen: Je geringer der Wasserhahn aufgedreht ist, desto länger ist die Zeit zum Füllen des Glases. Aus der Füllmenge und der dafür benötigten Zeit können wir die Wasserstromstärke ermitteln als Quotient aus Füllmenge (in l) und Zeit (in s). Bedenken wir, dass Wasser aus kleinsten Teilchen besteht, so sind in einem Liter Wasser 15 Quadrillionen Wasserteilchen enthalten.

Im elektrischen Stromkreis fließen Elektronen. Sie werden durch die Quelle angetrieben. Eine entsprechende Wirkung, z. B. das Aufleuchten einer Lampe, kann man

sofort nach Schließen des Stromkreises wahrnehmen.

Eine Möglichkeit zur Bestimmung der Größe der **elektrischen Stromstärke** wäre das Zählen der Elektronen, die in einer bestimmten Zeit an einer Stelle des Stromkreises vorbeiströmen. Werden viele Elektronen in einer Sekunde durch einen Querschnitt des Leiters geschoben, so sprechen wir von einer großen Stromstärke, im umgekehrten Fall von kleiner Stromstärke.

Einzelne Elektronen rufen bei ihrer Bewegung im elektrischen Stromkreis keine wahrnehmbare Wirkung hervor. Erst die Bewegung von sehr vielen Elektronen führt zu beobachtbaren Wirkungen. Deshalb beziehen wir uns auf sehr große Portionen von Elektronen, wenn wir Wirkungen des elektrischen Stromes beschreiben. Wenn 6 240 000 000 000 000 000 Elektronen (das sind 6,24 Trillionen Elektronen) in jeder Sekunde an einer Stelle des Stromkreises vor-

Zentraler Versuch

0,1 l in 1 s

0,3 l in 1 s

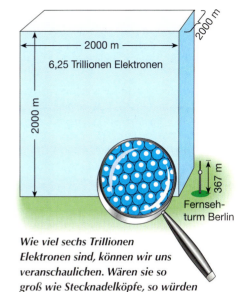

Wie viel sechs Trillionen Elektronen sind, können wir uns veranschaulichen. Wären sie so groß wie Stecknadelköpfe, so würden sie einen Würfel von 2 km Kantenlänge füllen.

(2000 m × 2000 m × 2000 m, 6,25 Trillionen Elektronen, Fernsehturm Berlin 367 m)

beifließen, sprechen wir von einer Stromstärke von **1 Ampere (1 A).** Das ist die Stromstärke, die etwa bei einem einfachen Haartrockner bei Stufe 1 oder bei einem fast voll aufgedrehten Deckenfluter auftritt.

> Die elektrische Stromstärke gibt an, wie viele Elektronen in einer bestimmten Zeit an einer Stelle des Stromkreises vorbeiströmen.

Aufgaben

1 Wie viel Elektronen fließen pro Sekunde, wenn eine Stromstärke von 0,5 A gemessen wird?

2 12,48 Trillionen Elektronen fließen pro Sekunde. Welche Stromstärke wird gemessen?

3 Wie unterscheiden sich die Stromstärken,
a) wenn 12 Trillionen Elektronen in zwei Sekunden
b) wenn 18 Trillionen Elektronen in drei Sekunden
durch den Querschnitt eines elektrischen Leiters fließen?

Die Einheit der elektrischen Stromstärke

Um die Anzahl der Elektronen zu messen, die an einer Stelle des Stromkreises vorbeiströmen, muss das Messgerät in den Kreis eingebaut werden. Dazu trennen wir an dieser Stelle den Kreis auf und überbrücken die Lücke mit dem Messgerät. Die Elektronen fließen jetzt auch durch das Messgerät. Die Stromstärke kann abgelesen werden.

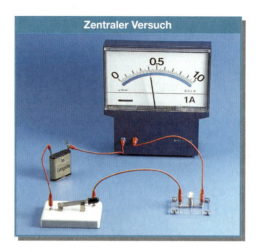

Zentraler Versuch

Das Formelzeichen für die elektrische Stromstärke ist *I*, die Einheit **Ampere (A)**. Sie wurde nach dem französischen Physiker ANDRÉ-MARIE AMPÈRE benannt, der von 1775 bis 1836 lebte.
Das Schaltzeichen für das Strommessgerät ist:

Das Strommessgerät („Strommesser") wird in Reihe mit den elektrischen Geräten geschaltet.

Stromstärke

Die Einheit ist 1 A (Ampere).
Das Formelzeichen ist *I*.

Weitere Einheiten:

Milliampere: $1\ mA = \frac{1}{1000}\ A$

Mikroampere: $1\ \mu A = \frac{1}{1\,000\,000}\ A$

Aufgaben

1 Am Strommessgerät werden 36 mA abgelesen. Rechne um in A.
2 a) Bei einem Tauchsieder wird eine Stromstärke von 0,44 A gemessen. Wie viel mA sind das?
b) Wie muss das Strommessgerät geschaltet sein? Zeichne.
3 Aufschrift auf einer Fahrradlampe: 6 V | 0,3 A.
Was bedeuten diese Angaben?

Das Drehspulmessgerät

Die elektromagnetische Wirkung einer Spule wird stärker, wenn die Stromstärke erhöht wird. Diesen Zusammenhang nutzt man beim Drehspulmessgerät.

Eine drehbar gelagerte Spule befindet sich in einem Magnetfeld. Fließt durch die Spule ein elektrischer Strom, so wird sie zu einem Elektromagneten. Die Pole des Magneten üben Kräfte auf die entstandenen Pole des Elektromagneten aus.

Die Spule wird so ausgerichtet, dass bei Stromfluss die entgegengesetzten Pole sich infolge der anziehenden Kräfte aufeinander zu bewegen können. Je größer die elektrische Stromstärke wird, desto stärker wird der Elektromagnet aus seiner Ruhestellung herausgedreht. Das hat zur Folge, dass der Ausschlag des an der Spule befestigten Zeigers größer wird.

Der magnetischen Kraft wirkt eine mechanische in Form einer Spiralfeder entgegen. Es stellt sich ein Gleichgewicht ein. Durch die Spiralfeder erfolgt auch ein Zurückgehen des Zeigers auf die Ausgangslage Null, wenn kein Strom mehr fließt.

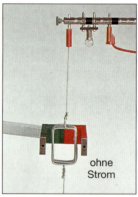

ohne Strom

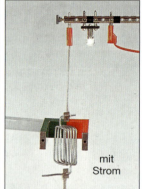

mit Strom

Es gibt analog und digital anzeigende Strommessgeräte. Bei den analogen Messgeräten werden die Messwerte kontinuierlich auf einer Skala angegeben. Die digitalen Messgeräte geben die Messwerte in Ziffern an.

Um genau ablesen zu können, haben die analogen Messgeräte oft doppelte Skalen; meist 5er und 15er, oft auch 3er und 10er.

Analogmessgerät

Digitalmessgerät

Wie schnell strömen Elektronen?

Wenn der Schalter in einem geschlossenen Stromkreis betätigt wird, leuchtet die Glühlampe sofort auf. Die Elektronen bewegen sich aber sehr langsam. Ihre Geschwindigkeit beträgt in einem Kupferdraht von 1 mm² Querschnitt bei einer Stromstärke von 1 A etwa 12 $\frac{m}{h}$, d.h. sie legen einen Weg von 12 m in einer Stunde zurück.

Wenn es nach der Elektronengeschwindigkeit ginge, müssten wir auf eine Nachricht bei einem Telefongespräch von Hamburg nach München (ca. 770 km) über 7 Jahre warten, denn so lange bräuchte ein Elektron für diese Strecke. Doch der Strom der Elektronen verhält sich wie das Wasser in einer geschlossenen Anlage mit Pumpe und Turbine. Wenn die Pumpe in Betrieb gesetzt wird, bewegt sich das ganze Wasser. Die Turbine beginnt zeitgleich sich zu drehen. Genauso hören wir beim Telefonieren den Anrufer fast zeitgleich sprechen, nicht erst Jahre später.

Alles OK, ich such'nen Job

Hey, Jan, ich schaue 'ne Uni an und du?

770 km

770 km

Jan, Hamburg

Hallo, Julia, Sommerferien OK?

Jan, Hamburg

Julia, München

Regeln für den Umgang mit Strommessern

- Schalte das Strommessgerät nie allein in einen elektrischen Stromkreis, sondern immer in Reihe mit dem Gerät, dessen Stromstärke gemessen werden soll.
- Stelle immer zuerst den größten Messbereich ein.
- Prüfe, ob Gleich- oder Wechselstrom anliegt. Stelle den entsprechenden Bereich ein: = oder ~ bzw. DC (Gleichstrom) oder AC (Wechselstrom).
- Bei Gleichstrom ist die mit + gekennzeichnete Buchse zum Pluspol der elektrischen Quelle hin anzuschließen.
- Prüfe die Null-Einstellung und korrigiere notfalls.
- Der Messbereich wird schrittweise verringert, bis ein sichtbarer Ausschlag erfolgt (Vorsicht!). Bei einem einzelnen Messwert sollte die Anzeige in der zweiten Hälfte der Skala liegen.
- Die zu nutzende Skala des Messgerätes wird durch den eingestellten Messbereich bestimmt.
- Blicke senkrecht auf die Skala (Spiegelbild des Zeigers darf nicht zu sehen sein).

Gerät	Stromstärke
LED, Glimmlampe	0,003 A
Transistorradio	0,02 bis 0,05 A
Taschenlampe	0,1 bis 0,5 A
Sparlampe	0,03 bis 0,1 A
Glühlampe	0,1 bis 5 A
Kühlschrank	0,07 bis 0,2 A
Föhn, Staubsauger	5 bis 6 A
Geschirrspüler Waschmaschine	10 A bis 16 A
Straßenbahn	100 bis 400 A
Anlassstrom beim PKW	350 A
Aluminiumherstellung	10 000 A
Gewitterblitz	20 000 A
Elektro-Schmelzofen (Edelstahlherstellung)	bis 100 000 A

Gefahren durch elektrischen Strom

Solche Meldungen können wir immer wieder lesen. Welche Gefahren können beim Einsatz der elektrischen Energie auftreten? Wie kann man sich vor ihnen schützen? Was ist beim Umgang mit elektrischer Energie zu beachten?

Wohnungsbrand durch defekte elektrische Geräte ausgelöst

Scheune durch Funken an defektem Kabel abgebrannt

Brand durch manipulierte Sicherung

Kinder durch Föhn in Badewanne getötet

Mann durch Stromschlag getötet

Gefahrensituationen und Gefahrenursachen

KURZSCHLUSS

ÜBERLASTUNG

FUNKEN

STROMSCHLAG

Kurzschluss
Er kann in der Zuleitung oder im Gerät selbst auftreten, wenn sich bei schadhafter Isolation die Drähte der Zuleitung berühren. Der Elektronenstrom fließt dann fast ungehemmt zur Quelle zurück. Es entstehen sehr hohe Stromstärken. Ursache für Kurzschlüsse sind in vielen Fällen durchgescheuerte Ummantelungen (Isolierung) an den Zuleitungen.

Überlastung
Es sind **sehr viele** „starke" Elektrogeräte in einem Stromkreis in Betrieb. Das führt zu großen Stromstärken und damit zur Erhitzung von zu dünnen Zuleitungen.
Werden die Stromstärken sehr hoch, kann die Erhitzung so groß werden, dass die Isolation von Kabeln schmilzt oder brennbare Materialien (Tapete, Gardine usw.) sich entzünden – oft sind dann Brände die Folge.

Stromschlag
Wird der Mensch Teil eines Stromkreises, so führt dies oft zu schweren gesundheitlichen Schäden manchmal sogar zum Tod.
Der Mensch wird Teil eines Stromkreises
- durch Berühren nicht isolierter oder beschädigter elektrischer Leitungen;
- durch Berühren eines unter Spannung stehenden metallischen Gehäuses eines Elektrogerätes;
- durch Eingriff in ein unter Spannung stehendes Elektrogerät;
- durch Wasser oder Feuchtigkeit bei elektrischen Geräten und Anlagen;
- durch Berühren nicht isolierter Freileitungen (z. B. bei Überlandleitungen oder bei Oberleitungen von Eisenbahnen durch die Schnur beim Drachensteigen).

Funkenbildung
Durch gebrochene Leitungen oder durch nicht fest sitzende Klemmverbindungen beim Anschluss von elektrischen Geräten, d. h. beim Schließen des Stromkreises, treten Funken auf. Diese können brennbare Materialien in der Nähe entzünden.

Die Gefahren für den Menschen durch den elektrischen Strom entstehen durch ausgelöste Brände und beim Durchströmen des menschlichen Körpers. Ursache sind: Kurzschluss, Überlastung, Funkenbildung und alle Formen des Stromschlages.

Nennspannung von Geräten und Quellen

Auf allen Elektrogeräten werden Informationen über das Gerät selbst, den Hersteller, Sicherheitsprüfungen usw. gegeben. Unter den vielen Angaben ist eine besonders wichtig: die Zahl vor dem V. Sie gibt an, ob wir das Gerät mit einer Batterie (1,5 V bis 4,5 V), einem Akku (meist 9 V), einem Netzteil (bis 24 V) oder an der Steckdose betreiben dürfen/sollen.

Warum ist es notwendig, diese Informationen zu haben – warum kann man nicht jedes Elektrogerät an jede elektrische Quelle anschließen?

Wenn wir einen Toaster an eine Flachbatterie anschließen, so wird er nicht funktionieren; schließen wir die Glühlampe eines Fahrrades an die Steckdose an, so wird sie durchbrennen. **(Vorsicht! Nicht ausprobieren!)**

Bis 1992 betrug die Netzspannung der Steckdosen 220 V

Der Grund für dieses unterschiedliche Verhalten ist einfach: Jede Quelle schiebt die Elektronen von der Quelle zum Gerät und wieder zurück, wenn der Stromkreis geschlossen ist. Wie stark die Elektronen angetrieben werden, hängt von der Quelle ab. Die *Stärke* des Antriebs wird durch den physikalischen Begriff **Spannung** gekennzeichnet. Die Einheit der Spannung ist **1 Volt (1 V).**

Je größer die Spannung (die Voltzahl) einer elektrischen Quelle ist, desto größer ist der Antrieb für die Elektronen in einem geschlossenen Stromkreis und damit auch die Wirkung des elektrischen Stroms in dem betreffenden Gerät.

Zentraler Versuch

Lampe 12 V | 5 A

Lampe 230 V | 0,2 A

Jedes Elektrogerät hemmt den Elektronenfluss auf ganz bestimmte Weise. Nur eine passende elektrische Quelle liefert den gerade notwendigen Antrieb, damit sich der richtige Strom durch das Gerät einstellt.

> Die Nennspannungen von elektrischer Quelle und Elektrogerät müssen stets übereinstimmen.

Jedes Elektrogerät benötigt zum optimalen Betrieb eine bestimmte **Nennspannung.** Der Toaster hat eine hohe Nennspannung (230 V); schließen wir ihn an eine elektrische Quelle mit geringer Spannung (4,5 V) an, so kann er nicht funktionieren, weil der Antrieb viel zu gering ist. Zwar bewegen sich nach wie vor Elektronen durch die Heizdrähte; aber sie können die Drähte nicht so stark erhitzen, dass diese zum Glühen kommen und das Brot rösten.

Hat die Quelle dagegen eine hohe Nennspannung (wie die Steckdose mit 230 V), die Fahrrad-Glühlampe dagegen eine niedrige (meist 4,5 V), so werden die Elektronen so stark angetrieben und der Strom folglich so groß, dass der Glühfaden sofort durchbrennt.

Spannung

Die Einheit ist 1 V (Volt).
Das Formelzeichen ist *U*.

Weitere Einheiten:

Kilovolt: $1\ kV = 1000\ V$
Millivolt: $1\ mV = \frac{1}{1000}\ V$

Aufgaben

1 a) Beschreibe, welche Aufgabe die elektrische Quelle in einem Stromkreis hat.
b) Warum muss man sich beim Betrieb eines neuen elektrischen Gerätes informieren, welche Nennspannung das Gerät hat?

2 Wandle um
a) in V: 3,6 kV; 220 kV; 300 mV; 23 mV;
b) in kV: 1620 V; 10 000 V;
c) in mV: 0,3 V; 0,072 V.

3 Was geschieht, wenn ein 3,5 V-Lämpchen an
a) eine 1,5 V-Monozelle
b) eine 9 V-Blockbatterie
angeschlossen wird?

Gefahren für den Menschen

Wenn der menschliche Körper Teil eines Stromkreises ist, kann dies schreckliche Folgen haben: Verbrennungen, Schock bis hin zum Tod. Daher ist es lebensnotwendig, beim Umgang mit elektrischem Strom Umsicht und Vorsicht walten zu lassen. Was aber geschieht im menschlichen Körper, wenn er Teil eines elektrischen Stromkreises wird?

Das Blut in unseren Adern ist ein guter Leiter. Unsere Haut leitet den Strom ebenfalls; wenn sie feucht ist, leitet sie sogar gut, weil der Schweiß auf der Haut salzhaltig ist. Schließt ein Mensch mit seinem Körper nun einen elektrischen Stromkreis, so bilden die Adern ein sehr verzweigtes Netz von Wegen, die die Elektronen nehmen können. Der elektrische Strom erzeugt im Körper Wärme, was dazu führen kann, dass das Blut gerinnt oder Giftstoffe freigesetzt werden. Außerdem ziehen sich durch den elektrischen Strom

auch die Muskeln krampfartig zusammen. Das ist einer der Gründe, warum ein Mensch bei einem Stromunfall die Hände, mit denen er die Strom führenden Leitungen festhält, nicht mehr öffnen kann. Führt die Strombahn über das Herz, so können Herzrhythmusstörungen auftreten. In allen Fällen sind schwere gesundheitliche Schäden die Folge.

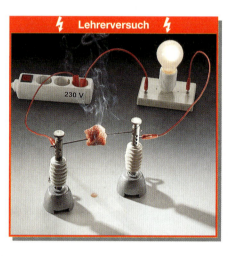

Die Gefahr entsteht daraus, dass Strom durch den Körper fließt. Ein

Vogel, der auf einer Stromleitung sitzt, ist nicht gefährdet; er berührt ja nur eine Leitung, es gibt also keinen geschlossenen Stromkreis und somit fließt auch kein Strom durch seinen Körper. Würde er mit einem Bein oder einem Flügel die andere Leitung berühren, so würde im gleichen Moment der Stromkreis durch ihn geschlossen und er wäre unweigerlich sofort tot.

Die Auswirkungen eines Stromunfalls für einen Menschen hängen von der Größe des elektrischen Stromes ab, denn je stärker der Strom, desto größer seine Wirkung. Aber auch die Einwirkungsdauer spielt eine Rolle: Je länger die Stromwirkung (z.B. das Entstehen von Giftstoffen oder die Herzrhythmusstörungen) anhalten, umso schlimmer sind die Folgen.

> Wird ein Mensch Teil eines Stromkreises, so fließt ein elektrischer Strom durch seinen Körper. Daraus resultieren vielfältige Gefahren.

Was muss bei einem Stromunfall beachtet werden?

In der Schule:
1. Den dafür vorgesehenen roten Notausschalter (Pilzdruckschalter) betätigen, um den Stromkreis zu unterbrechen
2. Den Verunglückten nicht berühren, solange der Stromkreis nicht sicher unterbrochen ist
3. Sofort Hilfe holen
4. Erste-Hilfe-Maßnahmen einleiten

Im Haushalt:
1. Den Stromkreis, in dem sich der Geschädigte befindet, mit Hilfe der Sicherung ausschalten
2. Sofort Hilfe rufen: Notruf 112
3. Erste-Hilfe-Maßnahmen einleiten, z.B. Herzdruckmassage und Atemspende

Erkundige dich, wo in eurem Haushalt der Sicherungskasten ist und welche der Sicherungen zu welchem Stromkreis gehört.

Aufgaben

1 **a)** Zeichne ein Schaltbild, in dem alle vier Ursachen von Gefahrensituationen dargestellt sind.
b) Beschrifte deine Zeichnung sinnvoll.
c) Erkläre die Auswirkungen der unterschiedlichen Gefahrensituationen.

2 Erläutere mithilfe des Energiefluss-Schemas für den elektrischen Stromkreis die Wirkung der Gefahrensituation „Kurzschluss".

3 Welche Auswirkungen hat der elektrische Strom auf den menschlichen Körper? Warum können dadurch schwerste Verletzungen entstehen?

Schutzmaßnahmen

Glücklicherweise haben Elektrotechniker Schutzmaßnahmen erfunden, um uns vor den Gefahren, die der Umgang mit elektrischem Strom mit sich bringt, zu schützen.

Manche elektrischen Geräte (Elektroherd oder Waschmaschine) benötigen einen großen Antrieb und damit die im Haushalt übliche Nennspannung von 230 V. Andere elektrische Geräte (Akkubohrer, Zahnbürste, Rasierer, Handstaubsauger oder Walkman) benötigen nur einen geringeren Antrieb. Deshalb sind unterschiedliche Schutzmaßnahmen notwendig bzw. möglich.

Netzunabhängige Geräte: Immer häufiger werden elektrische Geräte so konstruiert, dass sie beim Betrieb nicht mit dem Stromnetz des Haushaltes verbunden sind. In solchen netzunabhängigen Geräten ist eine wiederaufladbare Batterie, ein Akku eingebaut. Das Netz wird somit nur zum Aufladen des Akkus benötigt. Netzunabhängige elektrische Geräte können aber nur solche sein, die mit einer geringen Nennspannung auskommen.

Schutzkleinspannungen: Das Kraftwerk stellt uns wegen der vielfältigen Anwendungen 230 V an den Steckdosen zur Verfügung. Viele elektrische Geräte benötigen aber diese 230 V gar nicht. Mithilfe eines zusätzlichen Gerätes, einem Transformator, wird die Spannung von 230 V auf die notwendigen 12 V oder 24 V verringert. Dies reicht z. B. in medizinischen Geräten, bei elektrischen Zahnbürsten, bei Halogenlampen und bei elektrischem Spielzeug wie der Modelleisenbahn. Hier ist der Kontakt mit Strom führenden Leitungen über die Schienen für jeden Spieler, Gleisbauer oder Hobbybastler sofort gegeben, aber wegen der Kleinheit der Spannung gefahrlos.

Schutzisolierung: Elektrische Geräte wie Handmixer, Bohrmaschine oder Föhn, die weder mit Batterien noch mit Kleinspannungen auskommen, werden schutzisoliert. Das heißt alle Teile, die gefährliche Spannungen besitzen, sind in ein Kunststoffgehäuse eingeschlossen, so dass sie nicht berührt werden können.

> Der Umgang mit elektrischem Strom birgt Gefahren. Deshalb verwendet man – wann immer es geht – Batterien oder Akkus (bei netzunabhängigen Geräten) oder Schutzkleinspannungen von 12 V oder 24 V. Elektrogeräte, die hohe Spannung benötigen, sind schutzisoliert – sofern dies technisch möglich ist.

Vorsichtsmaßnahmen

- Berühre keine elektrischen Leitungen.
- Berühre elektrische Anlagen nie mit beiden Händen gleichzeitig.
- Bastle nicht an angeschlossenen elektrischen Geräten herum.
- Mache nie Versuche an der Steckdose.
- Reinige elektrische Geräte nie mit Wasser.
- Betätige nie elektrische Geräte von der Badewanne aus.
- Ziehe elektrische Zuleitungen nie am Kabel, sondern stets am Stecker aus der Steckdose.
- Defekte elektrische Geräte dürfen nur von einem Fachmann repariert werden.
- Beim Kauf von neuen elektrischen Geräten ist auf das VDE-Zeichen zu achten.
- Verlege elektrische Zuleitungen nie unter Teppichen oder durch Türritzen.
- Sind Kleinkinder im Haushalt, so sichere die Steckdosen mit Kindersicherungen.
- Halte von herabhängenden oder abgerissenen Überlandleitungen weiten Abstand.

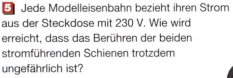

Aufgaben

1 Welche netzunabhängigen Geräte sind in eurem Haushalt vorhanden?

2 Notiere die angegebenen Nennspannungen bei deinem elektrischen Spielzeug.

3 Warum wird eine Klingel nicht an 230 V angeschlossen?

4 **a)** Wo ist in eurem Haushalt der Sicherungskasten? Auf den Sicherungen sollte stehen, welche Stromkreise damit unterbrochen werden können. Schreibe das auf.
b) Zeichne die Schaltskizze für eure Wohnung mit den verschiedenen Stromkreisen.

5 Jede Modelleisenbahn bezieht ihren Strom aus der Steckdose mit 230 V. Wie wird erreicht, dass das Berühren der beiden stromführenden Schienen trotzdem ungefährlich ist?

Batterien und Akkumulatoren

Überall brauchen wir Batterien, um verschiedene Geräte elektrisch zu betreiben. Doch sie haben nur eine begrenzte Nutzungsdauer. Je nachdem, welche elektrischen Stromstärken auftreten, sind sie nach kürzerer oder längerer Zeit „leer". Die gespeicherte chemische Energie ist zunächst in elektrische und dann in andere Energieformen umgewandelt worden. Schalten wir z. B. die Taschenlampe nicht aus, so sind die Batterien nach wenigen Stunden „leer".

Die Batterien unterscheiden sich im Aussehen, in ihrer Spannung und in der so genannten Batterie-Kapazität. Sie wird in Amperestunden (Ah) angegeben.

Batterietyp	Span-nung	Kapa-zität	max. Strom
Flach	4,5 V	1,5 Ah	2 A
Stab	3 V	0,4 Ah	1,5 A
Mono	1,5 V	5 Ah	5 A
Mignon	1,5 V	0,6 Ah	2 A
Block	9 V	0,25 Ah	0,4 A
LR 43 Knopf	1,5 V	80 mAh	
CR 1616 Knopf	3 V	50 mAh	

Was sagt diese Größe aus? Sie gibt an, wie viele Stunden die volle Stromstärke bei der angegebenen Spannung zur Verfügung steht. Die Angabe der Kapazität einer Batterie erlaubt Aussagen über die in der Batterie gespeicherte Energie.

In der Tabelle sind die Kenngrößen verschiedener Batterien angegeben. So kann man beispielsweise mit einer Flachbatterie eine helle Lampe (4 V I 0,3 A) fünf Stunden, eine schwächer leuchtende Lampe (4 V I 0,1 A) 15 Stunden lang betreiben. Eine kleine Taschenlampe (0,3 A) kann mit einer Mignon-Zelle nur zwei Stunden leuchten, mit einer Mono-Batterie mehr als 13 Stunden. Für die Berechnung gilt:

Betriebszeit = Kapazität : Stromstärke

Das Laden von Akkumulatoren

Für die Herstellung neuer Batterien werden wertvolle Rohstoffe benötigt. Diesen Bedarf kann man vermindern, wenn man Akkumulatoren verwendet. Sie haben den Vorteil, dass sie im Vergleich zu Batterien mehrfach verwendbar sind. Dazu wird ihnen nach dem Gebrauch wieder Energie zugeführt, die Kapazität wird wieder auf den „vollen" Wert gebracht. So können wir diese elektrischen Quellen länger nutzen. Dies spart nicht nur Geld, sondern entlastet auch die Umwelt. Es fällt weniger „Sondermüll" an.

Akkumulatoren lädt man, indem eine elektrische Quelle mit der Nennspannung des Akkus angeschlossen wird. Dadurch kann elektrische Energie im Akkumulator in chemische Energie gewandelt und als solche gespeichert werden. Der Akku wird wieder zu einer elektrischen Quelle. Ist schließlich die Spannung am Akku genau so groß wie am Ladegerät, so fließt kein Strom mehr; es erfolgt auch kein Energietransport mehr. Der Akkumulator ist aufgeladen.

NiCd Akku (Micro)	1,2 V	180 mAh
NC Akku (Mignon)	1,2 V	1000 mAh
Bleiakku	6 V	3,4 Ah
NiMH-Akku	9 V	120 mAh

Die Ladegeräte haben unterschiedliche Ladestromstärken, deshalb kann der Akku schnell oder „normal" aufgeladen werden. So kann der NiCd Akku von 1,2 V mit einer Kapazität von 180 mAh in 18 Stunden mit einer Stromstärke von 10 mA sehr schonend geladen werden.

„Verbrauchte" Batterien bzw. Akkus müssen entsorgt werden, sie gehören nicht in den normalen Müll. Sie werden gesondert gesammelt.

Sich ein Bild machen ...

Eine Puppe ist kein wirkliches Baby, ein Modellauto kein wirkliches Auto. Aber auch wenn sie nicht die Wirklichkeit sind, so ist doch auf Anhieb klar, was damit gemeint ist: eben ein Baby, ein Auto ... . Z. B. macht ein Kind an der Puppe Erfahrungen über das wirkliche, lebendige Baby. Es lässt sich also ersatzweise an diesen Abbildern handeln statt direkt an der Wirklichkeit.

Solche Abbilder der Wirklichkeit heißen **Modelle.** Sie sind nicht der Gegenstand selbst, aber sie ermöglichen ein Ziel gerichtetes Erkunden seiner Wirklichkeit. Ein Modell hat also zwei Eigenschaften:
• Es ist ein Abbild der Wirklichkeit.
• An ihm lässt sich die Wirklichkeit erkunden.

WIRKLICHKEIT	MODELL
Abbild	
Das Baby ist warm, lacht, macht Windeln nass, ...	Sieht aus wie ein Baby, ist so groß, so schwer, ...
Es **lebt**	Man spielt mit ihm, übt, macht **Erfahrungen**, wie ein Baby ist
Erprobung	

Modell und Wirklichkeit in der Physik

Elektronen, Elementarmagnete oder Teilchen sind Ergebnisse des Nachdenkens über eine **Wirklichkeit,** die nicht direkt zugänglich ist: Man kann ein Elektron oder die Elementarmagnete nicht sehen oder gar festhalten, um etwas über sie zu erfahren. In den Stromkreis kann man nicht hineinsehen, um sein Fließen zu beurteilen. Aber wir wissen aus **Beobachtungen,** dass es die Wirklichkeit „Strom" gibt – allerdings nur dann, wenn die Kabel einen Kreis bilden und eine Quelle und ein Wandler eingebaut sind.

Vom Wasserkreislauf her wissen wir, dass es da Ähnliches gibt: Eine Quelle des Energieflusses (Bohrmaschine mit Pumpe) und einen Wandler (Wasserrad) in mechanische Energie, die beide durch den Kreisstrom des Wassers miteinander verbunden sind.

Mit diesem Wissen machen wir uns ein Bild, eine **Vorstellung** von den Vorgängen im Stromkreis. Wie weit sie die Wirklichkeit richtig beschreibt, muss in **Experimenten** erprobt werden. Erweist sich die Vorstellung als tragfähig, so wird sie zu einem **Modell.**

Mit ihm lassen sich neue Fragestellungen an die Wirklichkeit finden. Sie werden mithilfe von Experimenten geprüft. Das kann dazu führen, dass das Modell gewandelt, erweitert oder sogar ganz verworfen werden muss, weil es neue Erkenntnisse gibt, die mit dem alten Modell nicht mehr erklärt werden können. Z. B. musste das Teilchenmodell zum Teilchen- + Elektronen-Modell weiterentwickelt werden.

Beispiel: Von einer Eisenstange kann man Unterschiedliches wissen wollen:

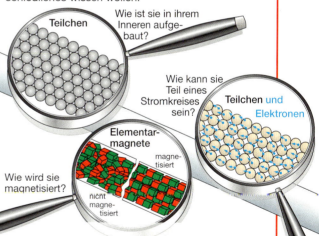

Jede Fragestellung zu einem bestimmten Ausschnitt der Wirklichkeit führt also zu einem eigenen Modell. Ein Modell erklärt deshalb nie die ganze Wirklichkeit, sondern immer nur den Ausschnitt von ihr, den wir betrachten wollen.

Ein Modell ist ein durch Experimente geprüftes Abbild der Wirklichkeit, das immer nur einen Ausschnitt der Wirklichkeit beschreibt – je nach dem, was wir wissen möchten.

Der elektrische Stromkreis

A1 a) Beantworte zu den Merkzettel-Begriffen folgende Fragen: Was bedeutet der Begriff? Wie und in welcher Einheit wird diese Größe gemessen? Gibt es Formeln dafür? Gibt es sonst noch Wissenswertes über diesen Begriff?
b) Wenn du die Fragen nicht auf Anhieb beantworten kannst, dann lies die entsprechenden Seiten im Buch noch einmal gründlich durch.
c) Notiere auf der Vorderseite von Karteikarten den Begriff, auf der Rückseite die Erläuterung.

A2 Eine Lampe wird von einem Fahrraddynamo zum Leuchten gebracht.
a) Zeichne die Schaltskizze und beschrifte sie mit den Begriffen „Quelle", „Wandler".
b) Zeichne das Stromkreis-Energie-Schema.
c) Zeichne das Strömungsschema des natürlichen Wasserkreislaufes und vergleiche mit dem Stromkreis-Energie-Schema. (Beachte: Ein Fluss transportiert nicht nur Wasser!)

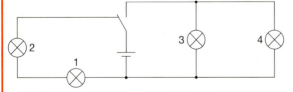

A3 Begründe den Aufbau des abgebildeten Kabels.
a) Warum werden unterschiedliche Materialien verwendet? Beantworte das auch im Elektronenmodell.
b) Weshalb hat jedes Gerätekabel mindestens zwei Leitungen?
c) Was geschieht, wenn das Strom führende Kabel einer Heckeschere vom metallenen Messer durchtrennt wird?

A4 Beschreibe und skizziere den Elektronenfluss durch eine Glühlampe.

A5 In der folgenden Schaltskizze sind gleiche Lampen über einen Umschalter mit einer elektrischen Quelle verbunden. Bei jeder Schalterstellung leuchten zwei Lampen.

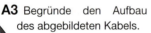

a) Leuchten die Lampen in beiden Schalterstellungen gleich hell? Begründe.
b) Welche Veränderungen treten ein, wenn
• Lampe 1 oder Lampe 2 defekt ist;
• Lampe 3 oder Lampe 4 defekt ist?
c) Wenn Lampe 1 defekt ist, wird sie durch ein Kabel überbrückt. Vergleiche die Helligkeiten der drei verbliebenen Lampen bei beiden Schalterstellungen.

A6 In der folgenden Schaltskizze gelangt der Strom über verschiedene Schalter zu den Lampen.

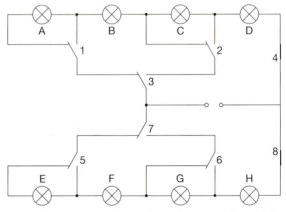

a) Die Schalter 4 und 8 sind geschlossen. Um welche Art von Schaltern handelt es sich bei ihnen? Welche Art von Schaltern sind alle anderen?
b) Wenn die Schalter so stehen wie eingezeichnet, dann leuchten alle Lampen. Welche Schalter musst du betätigen, damit
• nur die Lampe A ausgeht;
• nur die Lampen A und B ausgehen;
• nur die Lampen A, B und C ausgehen;
• nur die Lampen E, F, G und H ausgehen?
c) An welcher Stelle müsste ein Schalter eingefügt werden, mit dem alle Lampen gleichzeitig ausgeschaltet werden können?
d) Welche Schalter haben zusammen die Wirkung einer UND-Schaltung? Gibt es auch eine ODER-Schaltung? Begründe deine Antwort.

A7 a) Zähle alle vorgeschriebenen Beleuchtungseinrichtungen (aktive und passive) am Fahrrad auf und begründe sie.
b) Erkläre, warum bei Fahrrädern normalerweise nur jeweils ein Kabel zu Scheinwerfer bzw. Rücklicht verlegt werden muss. Was ist bei Kunststoff-Schutzblechen zu berücksichtigen?

A8 a) Zeichne sinnvolle Schaltbilder, die jeweils die folgenden Elemente enthalten: 2 Lampen, 1 Motor, 1 Quelle, 2 EIN-AUS- und 1 UM-Schalter. Davon soll in mindestens einer Schaltung eine UND- und in einer anderen eine ODER-Schaltung enthalten sein.
b) Zeichne, wie drei in Reihe geschaltete Lampen mit einer Wechselschaltung gemeinsam geschaltet werden können. – Welche Schalter benötigst du und wie viele davon brauchst du?
c) Zeichne, wie drei parallel geschaltete Lampen jede für sich durch eine eigene Wechselschaltung geschaltet werden können.

A9 Viele Taschenlampen, in denen Monozellen verwendet werden, haben ein metallenes Gehäuse. Wie viele Kabel sind in solchen Lampen in der Regel vorhanden? – Zeichne und begründe.

A10 a) Welche Wirkungen kann der elektrische Strom haben?
b) Ordne die nachfolgenden Geräte diesen Wirkungen zu: Leuchtstoffröhre, Klingel, Lötkolben, Fernsehbildschirm, Tauchsieder, Elektromotor, Modelleisenbahn, Kaffeemaschine, Bohrmaschine, Föhn.
c) Was passiert mit der elektrischen Energie in den oben genannten Geräten? Was also sind diese Elektrogeräte?
d) Zeichne für die vier Wirkungen des elektrischen Stromes je ein Energiefluss-Schema.

A11 Zähle möglichst viele Quellen und Geräte (Wandler) so auf, dass je zwei auch zusammen passen. Schreibe eine sinnvolle Leitung dazu.

A12 a) Verfolge in der Zeichnung einer elektrischen Klingel den Elektronenstrom von der Quelle zur Quelle.
b) Beschreibe die Wirkung, die der Elektromagnet auf die Blattfeder hat, wenn Strom fließt. Was geschieht an

der Kontaktstelle und dadurch wieder am Elektromagneten?

A13 Immer wenn auf elektrischem Wege eine Bewegung entsteht, wird dies durch eine bestimmte Wirkung des elektrischen Stromes hervorgerufen. Welche Wirkung ist das? Nenne Beispiele.

A14 a) Die Nutzung des elektrischen Stroms birgt auch Gefahren. Unter welchen Umständen treten diese Gefahren auf?
b) Schmelzsicherungen sind eine bewusste „Schwachstelle" im Stromkreis, den sie absichern. Begründe diese Schwächung.
c) Auf welcher Wirkung des elektrischen Stromes beruht das Prinzip einer Schmelzsicherung?

A15 a) Wie müsste ein Schalter im Wasserkreislauf aussehen und wie unterscheidet er sich in seiner Schaltfunktion von einem Schalter im Stromkreis?
b) Zeichne Wasserkreisläufe, in denen je zwei Wandler in Reihe bzw. parallel geschaltet sind. Beschreibe jeweils das Verhalten der Wandler gegenüber einem Einzelgerät bei gleichem Antrieb.
c) Zeichne einen Wasserkreislauf mit Kurzschluss. Bemühe dich, auch die anderen drei Gefahrenarten des Stromkreises durch den Wasserkreislauf darzustellen und erläutere die Schwierigkeiten dabei.
d) Der Wasserkreislauf ist das „Modell" des Stromkreises. Stimmt das?

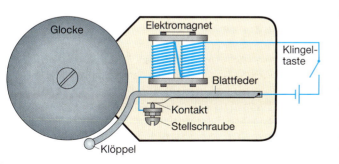

Die wichtigsten Begriffe

- elektrische Energie .... S. 137, 142
- elektrische Quelle .... S. 127, 137, 153
- Elektrogeräte .... S. 125–127, 137
- Elektromagnet .... S. 145
- Elektronen .... S. 133, 136/137, 148/149
- Energiefluss-Schema .... S. 137
- Gefahren und Schutzmaßnahmen .... S. 152–155
- Isolator .... S. 132
- Leiter und Nichtleiter .... S. 132
- Nennspannung .... S. 153
- Reihen- und Parallelschaltung .... S. 130
- Schaltskizze .... S. 128
- Sicherungen .... S. 140, 143
- Stromkreis .... S. 125–127, 133, 136/137
- Stromstärke .... S. 149/150
- Stromwirkungen .... S. 140–147
- Wandler elektrischer Energie .... S. 137, 142